# SCHNELLFILTER
## ihr Bau und Betrieb

Von

### P. ZIEGLER, BAURAT
Clausthal

**Mit 151 Figuren und 1 Tabellentafel**

Springer-Verlag Berlin Heidelberg GmbH
1919

**Additional material to this book can be downloaded from http://extras.springer.com**

ISBN 978-3-662-42087-4          ISBN 978-3-662-42354-7 (eBook)
DOI 10.1007/978-3-662-42354-7



Spamersche Buchdruckerei in Leipzig

# Vorwort.

Die Erschließung ausgiebiger und nachhaltiger Bezugsquellen von Rohwasser, die Verbilligung der Anlage, Erweiterungs- und Betriebskosten der
Wasserwerke gegenüber dem ständig steigenden Bedarf ist ein Gegenstand
der Sorge für Gemeindevorstände und Wasserwerksdirektoren. Sie beschäftigt
aber auch neuerdings mehr oder weniger die Baubeamten der Marine-, Militär
und allgemeinen Bauverwaltung.

Durch die ins Ungemessene wachsenden Verbrauchsmengen tritt der
Bezug aus Quellen und Untergrundströmen gegenüber der Benutzung offenen
Wassers aus Flüssen und Seen (Talsperren) in den Hintergrund. Selbst wenn
dieses offene Wasser keine größeren Anforderungen an die Aufbereitung
stellt, beanspruchen die in Deutschland üblichen sogenannten Langsamfilter
Flächen, deren Erwerb, Herrichtung, Betrieb und Überwachung außerordentliche Schwierigkeiten und Kosten verursacht.

Der hohe Verbrauch an Sand für die erste Füllung und auf die Dauer
zum Ersatz des beim Waschen verlorengegangenen, die Sandreinigung selbst,
die Zeit- und Wasserverluste beim Reifen, nach dem unappetitlichen und
umständlichen Abkratzen des Filters, die Gefahr des Durchreißens, die Unmöglichkeit des Schutzes vor Verunreinigungen und Temperatureinflüssen
sind weitere Nachteile, die mit der Verwendung von Langsamfiltern ver-
knüpft sind.

Für stark verschlammtes Wasser sind Vorkläranlagen zur Entlastung
aller Arten Filter erforderlich. Fällmittel haben bei Langsamfiltern für diesen
Zweck meines Wissens z. B. in Hamburg, Altona und anderen Orten zu wenig
befriedigenden Ergebnissen geführt, weil sie entweder in Lösung bleiben oder
selbst wieder die Betriebszeit der Filter durch Verschlammung abkürzen.
Ausgezeichnete Wirkung haben dagegen die Vor- und Grobfilter, wie z. B.
die Puechfilter in Paris, Marseille, Pau, Derwent, Magdeburg ergeben. Sie
bestehen in einer Anzahl Schnellfilter abnehmender Korngröße mit Rück-
spüleinrichtung, welche das Wasser mit hohem Aufwand an Zeit, Bedienung
und Kosten so weit entschlammen, daß es auf Langsamfiltern verarbeitet
werden kann, ohne indessen irgendeine Ersparnis an Filterfläche oder eine
Beseitigung der übrigen Nachteile der Langsamfilter zu zeitigen.

Wenn man auf Rohwasserbezugsquellen zurückzugreifen genötigt ist,
welche Vorkläranlagen bedingen, dann sind Schnellfilteranlagen am Platze,
die nicht nur an und für sich einen höheren Schlammgehalt des Wassers

vertragen, sondern auch gleichzeitig gestatten, die Filterfläche auf $^1/_{50}$ bis $^1/_{80}$ zu verkleinern. Es ist hervorzuheben, daß die Fällmittel gleichzeitig eine Enthärtung bewirken.

Vorbehandlung des Wassers ist für Schnellfilter auf alle Fälle erforderlich, aber sie bleiben, selbst mit diesen — Fällmittel und Niederschlagsbecken — belastet, in bezug auf Ersparnis an Flächenausdehnung, Anlage, Betriebskosten und in bezug auf Ergiebigkeit den Langsamfiltern auch dann überlegen, wenn solche keine Vorkläranlagen erfordern. Bei Raum- und Sandmangel und trübem oder hartem Rohwasser bilden sie die einzig vorteilhafte Lösung. Diese Vorbedingung in Verbindung mit dem außerordentlich schnellen Anwachsen der amerikanischen Städte und dem großen Kopfbedarf (meist 300 bis 400 l/Tag) haben dazu geführt, daß dort seit etwa 6 bis 8 Jahren der Bau von Langsamfiltern

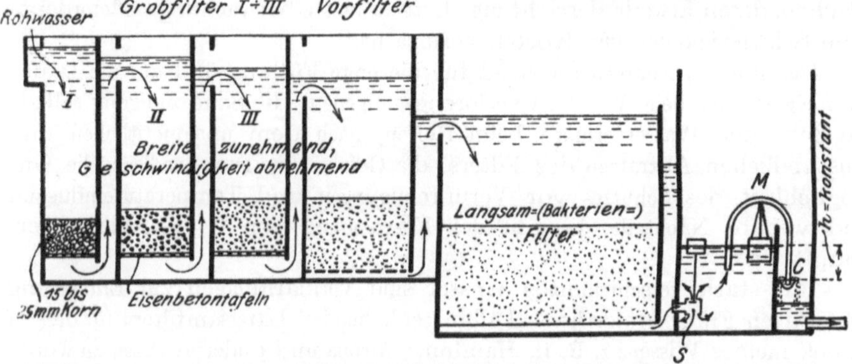


Fig. 1. Pau (Frankreich). Puechfilteranlage für 9600 cbm/Tag Néez-Flußwasser. (E. R. 63/511.) S Schwimmerventil zur Konstanthaltung des Wasserspiegels. M Schwimmender Heber zur Konstanthaltung der Abflußmenge. C Überlaufschale.

| Grobfilter ......... | I | II | III | Vorfilter | Langsam-Sandfilter |
|---|---|---|---|---|---|
| Anzahl der Filterbehälter . | 2 | 2 | 2 | 6 | 12 |
| Oberfläche qm ....... | 62 | 80 | 124 | 293 | 3200 |
| Filterschichthöhe cm. . . . | 30 | 35 | 40 | 40 | 120 |
| Korngröße mm. ...... | 15—25 | 12—15 | 8—12 | 2—5 | — |
| Filtergeschwindigkeit m/Tag | 155 | 120 | 77 | 33 | 3,0 |

vollständig aufgehört hat. Ja, die großen Flächen der Klärbecken und Langsamfilter werden allmählich als Baustellen für die kompendiösen Schnellfilter verwandt. Gegen letztere besteht in Deutschland dasselbe Vorurteil, mit dem seinerzeit die von England eingeführte Langsamfiltration zu kämpfen hatte. Obgleich zahlreiche unanfechtbare Untersuchungen sowohl in Deutschland als in Amerika nachweisen, daß die Verwendung von Fällmitteln und Schnellfiltern zwar eine Kosten- und Zweckmäßigkeitsfrage ist, aber in bezug auf hygienische und qualitative Beschaffenheit des Trinkwassers durchaus auf der Höhe von Langsamfiltern steht, herrscht eine unbegreifliche Scheu, ihrer Einführung näherzutreten. (Vgl. *Lueger-Weyhrauch*, Wasserversorgung der Städte, Bd. II, S. 121.)

Noch am 4. Februar 1918 schrieb mir der erfahrene Schriftleiter einer der angesehensten technischen Zeitschriften, daß „eine Übertragung der amerikanischen Reinigungsanlagen nach Deutschland einstweilen wenig wahrscheinlich sei". Trotzdem sind solche für einige Talsperrenversorgungen — Aachen, Plauen i. V., Komotau und anderen Orten — ferner als Druckfilter für den Kleinbetrieb von industriellen Anlagen — letztere meist in Verbindung mit Enthärtung oder Entsäuerung — in Gestalt von Modifikationen der veralteten Jewellfilter mit bestem Erfolg eingeführt (vgl. *Lueger*, Bd. II, S. 63 bis 76 und 122 bis 135).

Der Grund des Mißtrauens ist wohl in dem allgemeinen Vorurteil gegen amerikanische sanitäre Einrichtungen zu suchen, welches in diesem Falle vollständig ungerechtfertigt ist.

Ferner in der irreführenden Bezeichnung „Schnellfilter", mit welcher der Begriff des Oberflächlichen verbunden ist.

Unter Filtergeschwindigkeit wird ganz allgemein die Höhe derjenigen in der Zeiteinheit ablaufenden Reinwassermenge verstanden, deren Grundfläche gleich der lichten Filterfläche ist.

Die „Filtergeschwindigkeit" ist beim Schnellfilter vorteilhafterweise 30- bis 50 mal größer als beim Langsamfilter. D. h., 1 qm Filterfläche des Schnellfilters liefert bis zu 140 cbm/Tag, die gleiche Fläche des Langsamfilters nur 2 bis 3 cbm/Tag. Das Ausschlaggebende sind aber die Einzel- oder Porengeschwindigkeiten, die in Verbindung mit der Saugwirkung und Vakuumbildung beim Langsamfilter unter Umständen ebenso groß sind wie beim Schnellfilter.

So wenig die Vorgänge beim Filtern erforscht sind, so kann man doch nach den Erfahrungen der biologischen Abwasserklärung (vgl. *Dunbar*, II. Aufl., R. Oldenbourg, München und Berlin 1912; ferner Zeitschrift für Berg-, Hütten- u. Salinenwesen, Jg, 1918, Heft III: *Ziegler*, Die Behandlung der Abwässer) den Unterschied der Langsam- und Schnellfilter so definieren:

Das Langsamfilter bildet die Filterschicht („Schmutzdecke") durch Niederschlag der natürlichen Verunreinigungen des Wassers äußerst langsam, zunächst durch Berührung mit der Oberfläche der Sandschicht, und wirkt und regeneriert sich eine bestimmte Zeit lang hauptsächlich durch biologische Prozesse. Die dünne Schicht ermöglicht die Reinigung des Filters durch Abkratzen.

Die Schmutzschicht des Schnellfilters dagegen wird künstlich durch Zusatz von Chemikalien in wenigen Minuten erzeugt, dringt in größere Tiefen des Sandkörpers ein und wird, nachdem sie ihre Aufgabe hauptsächlich durch Absorption der Verunreinigungen erfüllt hat, ebenso schnell durch Rückspülung wieder entfernt, um einer Neubildung Platz zu machen.

Ich habe diese eigentlichen, charakteristischen und wesentlichen Unterschiede des natürlichen biologischen Oberflächenfilters (Langsamfilters) und des künstlichen, absorbierenden Raumfilters mit Rückspülung (Schnellfilters) nirgends deutlich hervorgehoben gefunden.

Das Verständnis vieler hier in Betracht kommenden Vorgänge kann man sich m E. dadurch erleichtern, daß man die sog. Aggregatzustände als Schwingungszustände der Moleküle auffaßt. Dabei ist der starre Zustand der Ruhezustand. Derselbe kann vornehmlich durch Wärmeschwingungen, elektrische Schwingungen u. dgl., aber auch durch die Schwingungen bereits flüssiger oder gasförmiger Körper, immer von der Oberfläche beginnend, geändert werden. Die starren Moleküle beginnen mitzuschwingen, bis die Kraft der Schwingungen des Lösungsmittels nicht mehr zureicht — echte Lösungen, Sättigungspunkt. Durch mechanische Hilfsmittel (Umrühren — Erneuerung des in unmittelbarer Berührung mit dem zu lösenden Körper stehenden schwingenden Lösungsmittels) kann der Lösungsvorgang beschleunigt, durch Druck und Umhüllung verzögert werden. Die Einwirkung der Temperatur, der Elektrizität u. dgl. stelle ich mir als fördernde oder hindernde Beeinflussungen der Schwingungszahlen und Weiten sowohl des Lösungsmittels als des zu lösenden Körpers vor. Ein Körper kann sich in seiner eigenen Lösung lösen. Lösungsmittel haben ihre eigenen Schwingungszahlen und Weiten, welche durch verschiedene Umstände, auch durch Mischung (chemische Zusätze) verändert und auf ein für die beabsichtigte Lösung mehr oder weniger günstiges Verhältnis gebracht werden können.

Die Schwingungen reichen unter Umständen auch hin, starre Körper feinster Verteilung schwebend zu erhalten, bis irgendwelche Einflüsse die Schwingungszahlen und Weiten nach oben oder unten ändern — unechte Lösungen.

Für das Ausfällen kommen Chemikalien in Betracht, welche dies bewirken oder die Schwebestoffe einhüllen, verkitten, ihre Schwere, ihr Volumen, ihren elektrischen Zustand verändern, ferner Ruhe, Temperaturänderungen, die Berührung mit Gefäßwänden oder endlich die Filterporen mit ihren mechanischen, biologischen, biochemischen und Absorptionswirkungen.

Dialyse, Katalyse und Absorption dürften demnach ebenfalls auf Änderung der Schwingungszustände beruhen.

Es ist die Aufgabe meiner langjährigen Arbeit gewesen, aus den zahlreichen Einzelbeschreibungen amerikanischer Zeitschriften die Grundsätze und Erfahrungen über die Wahl, die Behandlung und Wirkung der geeigneten Chemikalien mit Bezug auf verschiedenartiges Rohwasser, über den Bau und Betrieb der Absitz-, Misch- und Niederschlagsbecken, der Filter und Wascheinrichtungen herauszuschälen.

Bei der Beschreibung einiger besonders interessanten ausgeführten Anlagen sind Wiederholungen nicht ganz zu vermeiden gewesen.

Gerade in der jetzigen Zeit ist es von der höchsten wirtschaftlichen und hygienischen Bedeutung, daß diese Verfahren und Einrichtungen, welche den finanziell schwer belasteten Gemeinden neue, billige und zuverlässige Möglichkeiten der Erweiterung und Vervollkommnung ihrer Wasserversorgung eröffnen, in Deutschland bekannt und eingeführt werden.

Clausthal im Harz, März 1918.

**Ziegler.**

# Inhaltsverzeichnis.

# Figurenverzeichnis.



[1] Quelle = entnommen aus **Engineering Record** Vol./Seite; **Engineering News** Vol./Seite; Skizze = vom Verfasser.

Additional material from *Schnellfilter, ihr Bau und Betrieb,*
ISBN 978-3-662-42087-4, is available at http://extras.springer.com

# I. Die Entwicklung der Wasserversorgung und Wasserreinigung in den Vereinigten Staaten von Nordamerika und die allgemeine Anordnung der Schnellfilteranlagen.

Der Wasserverbrauch in den Städten Nordamerikas ist selten unter 300 bis 400 l für den Kopf und Tag.

Diese hohe Zahl ist begründet:

1. in dem großen Reinlichkeitsbedürfnis, dem Verbrauch für Bäder, Spülanlagen, Straßensprengen, Kunsteis usw.;
2. in der hochentwickelten Industrie;
3. in der Art der Abgabe gegen Pauschsumme, welche erst neuerdings, mit der kostspieligen Verbesserung der Beschaffenheit des Wassers, der Einführung von Wassermessern zu weichen beginnt.

Das Leitungswasser wurde früher beinahe ausnahmslos von Privatgesellschaften als Rohmaterial geliefert. Dem Verbraucher blieb es überlassen, dasselbe „genußfähig" zu machen.

Patentierte Hausfilter und Reinigungsmethoden fragwürdiger Art und noch fragwürdigerer, ungeschulter und nachlässiger Bedienung genügten der Lösung dieser Aufgabe in höchst unzureichendem Maße, ein Verfahren, welches die Entstehung eines schwunghaften Handels mit sog. „bottled water", Quell- und Filterwasser, in verschlossenen, entkeimten Flaschen nach Art des Mineralwassers begünstigte.

Verschlammung und Rosten der Leitungsnetze, mannigfache industrielle Schädigungen, Infektionskrankheiten, insbesondere verheerende Typhusepidemien zwangen die Privatgesellschaften allmählich zu einer verbesserten Wasserversorgung.

Wo dies nicht geschah, griffen unter dem Druck der öffentlichen Meinung und der Gesundheitsbehörden (boards of health) die Stadtverwaltungen teils durch Ankauf, teils als Konkurrenten der Privatgesellschaften ein.

Die Ansprüche an die gesundheitliche Güte blieben immer noch äußerst bescheiden. New York hat erst in den letzten Jahren für die Versorgung seiner 5 Mill. Einwohner mit Talsperrenwasser aus dem besiedelten Niederschlagsgebiet des Croton eine „provisorische" Chlorkalkdesinfektion eingeführt[1]. Eine Stadt wie St. Louis begnügte sich bis 1904 damit, das Mississippiwasser ihrer Versorgung von 0,1 bis 7 kg/cbm Schlammgehalt einige Stunden in großen Becken absitzen zu lassen. Erst dann wurde durch Einführung von Fällmitteln diese oberflächliche Klärung zur hohen Befriedigung der Bürger etwas verbessert.

Engineering News erwähnen 1913, Bd. 70, S. 474, daß man vor wenigen Jahren noch eine Typhussterblichkeit von 20 Todesfällen auf 100 000 Einwohner im Jahr als zufriedenstellenden Gesundheitszustand betrachtete. In den Rentabilitätsberechnungen daselbst wird ein durch Verbesserung des Wassers erhaltenes Menschenleben mit 5000 Dollar bewertet.

Von 51 Städten mit über 100 000 Einwohnern schöpfen nach E. N. 70/473[2]) nur 5 Untergrundwasser, die übrigen aus Flüssen und Seen. 17 trinken das Wasser ungereinigt, 3 sedimentieren und koagulieren durch Fällmittel. 2 haben Filtergalerien, 10 sterilisieren und nur 7 besitzen Langsam- und 12 Schnellfilteranlagen.

In der Zahl 51 ist New York mit $\infty$ 5 Mill. Einwohnern (Sterilisation), Chicago mit 2,2 Mill. Einwohnern (teilweise Sterilisation), Philadelphia mit 1,55 Mill. Einwohnern 1910 (Langsamfiltration) enthalten.

Die durchschnittliche Typhussterblichkeit dieser 22 Mill. Menschen war 1906 35/100 000 und fiel 1912 auf 15/100 000 im Jahr.

Die Entwicklung der Reinigungsanlagen wird durch verschiedene Umstände in ganz bestimmte Bahnen geleitet. Der an und für sich sehr hohe Bedarf und die fabelhaft rasche Entwicklung amerikanischer Gemeinwesen zwingen dieselben dazu, weniger auf die Qualität als auf die ununterbrochene Versorgung mit ständig steigenden Wassermengen Wert zu legen.

Als ausgiebige unerschöpfliche Bezugsquellen kamen daher Flüsse und Seen und als Ersatz der letzteren Talsperren und nur ausnahmsweise Quell- und Grundwasser in Frage. Die Verbesserung eines solchen Rohmaterials erfordert nun wieder leicht erweiterungsfähige Anlagen, welche eine rasche, billige und doch gründliche Behandlung solch großer Mengen stark verunreinigten Wassers wechselnder Beschaffenheit gestatten.

Nach europäischem Muster wurden zunächst Langsamfilter gebaut, von denen eine große Anzahl noch ausschließlich oder neben Schnellfilteranlagen in Betrieb ist: Philadelphia, Montreal[3], Pittsburg, Toronto u. a.

Das erste Langsamfilter ist 1875 zu Poughkeepsie N. Y. in Betrieb genommen.

Die Nachteile der Langsamfilter zeigten sich besonders bei Flußwasserbezug.

---

[1] Vgl. den Aufsatz des Verfassers im Zentralblatt der Bauverwaltung vom 28./VIII. und 1./IX. 1915: Die Wasserversorgung von New York.

[2] NB. E. R. 63/65 heißt Engineering Record, Vol. 63, S. 65; E. N. 69/1281 heißt Engineering News, Vol. 69, S. 1281.

[3] Über die Hälfte der 550 000 Einwohner wird durch das städtische Leitungsnetz mit doppelter Sandfiltration, der Rest durch Schnellfiltration seitens einer Privatgesellschaft mit 190 000 cbm/Tag versorgt.

Die amerikanischen Ströme, der Mississippi[1], Missouri[2], Arkansas, Ohio[3], Redriver, Monongahela[4], Susquehanna, Delaware u. a. enthalten bei Hochfluten, aber auch die großen Seen bei Stürmen, ungeheure Schlammassen, welche die Feinsandfilter im Handumdrehen verschlammten.

Ganz allgemein sucht man zur Vermeidung dieser Mißstände das beste erreichbare Wasser aus und legt die Entnahme an solche Stellen und in solche Tiefe, wo Gehalt und Temperatur des Wassers am günstigsten sind: Stellen ruhigen tiefen Wassers, vor Strömung, Eisgang und Sturm geschützt (Fig. 2). Bei kleineren Flüssen wird die Wassertiefe und der Vorrat durch Entnahmewehre, die sich bis zur Talsperre steigern, erhöht.

Für Chicago, Cleveland, Buffalo (vgl. *Lueger* I, S. 563), Toronto, Milwaukee, Gary, Erie und andere Orte errichtete man

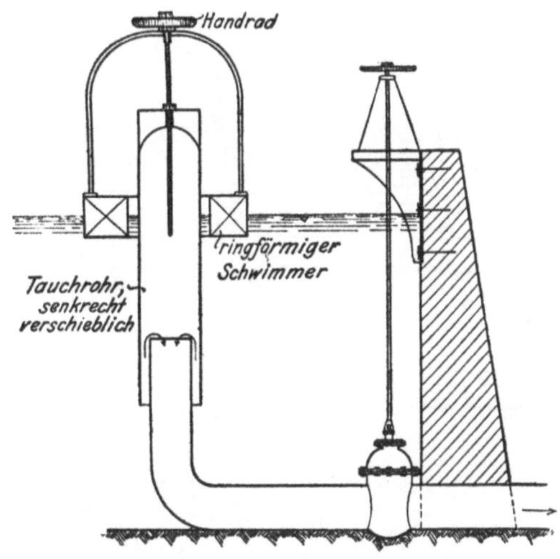


Fig. 2. Tauchrohrentnahme von Rohwasser aus verschiedenen Wassertiefen. (Vgl. auch *Lueger* I, S. 561.)

in den großen Seen und Flüssen Entnahmetürme[5]. Dieselben bestehen in brückenpfeilerähnlichen Bauwerken mit reichlich bemessenen, durch herausnehmbare Gitter und Schieber geschützten Einlauföffnungen in 10 bis 15 m Tiefe, um die vor Sturm, Strömung und Eis jeweilig freie Seite benutzen zu können.

Der neue Entnahmeturm für Chicago (Fig. 3) hat zur Verteilung der Entnahme ein strahlenförmig anschließendes Rohrnetz auf der Seesohle mit aufgebogenen, haubengeschützten Einlaufenden auf einer Betonsohle. In der Mitte des Turmes ist ein Schacht abgesenkt, welcher durch einen Stollen mit dem Pumpenschacht am Lande verbunden ist. Der Stollen wird von beiden Seiten, wegen der Entwässerung mit ansteigender Sohle, in Angriff genommen.

Trotz Entfernungen von 2 bis 7 km vom Ufer gelangen bei Stürmen Abwasserströmungen in die Entnahme. Auch durch Grundeisbildung hat

---

[1] Bei St. Louis (E. R. 70/127) 60 bis 5000 g/cbm feste Bestandteile. Durch Zusatz von 128 bis 73 g/cbm Kalk und 73 bis 17 g/cbm Eisenvitriol wurde die Kohlensäurehärte von 133 auf 50, die Gesamthärte von 186 auf 107 vermindert, die Mineralsäurehärte von 43 auf 57 Millionstel gesteigert.

[2] Der Missouri führte bei Kansas City 0,17 bis 0,8 Proz. Suspensionen (E. R. 65/88), namentlich im Frühjahr.

[3] Der Ohio bei Louisville 0,17 kg/cbm.

[4] Bei Clarksburg 40 bis 2000 g/cbm Schlamm.

[5] Milwaukee: Michigan E. N. 71/1364, 73/686, 73/1058; E. R. 70/96. — Chicago: Michigan. E. N. 69/1278, 71/848. — Cleveland: Erie. E. N. 73/4; E. R. 70/552. — St. Louis: Mississippi. E. N. 71/1058; 71/400; E. R. 69/525.

dieselbe zu leiden, wenn kältere, schwerere Wasserschichten von der Oberfläche herabgesaugt werden.

Eine weitere Maßregel zur Erhöhung der Betriebsdauer der Filter war die Anlage von Absitzbecken, und um deren Flächenausdehnung und die

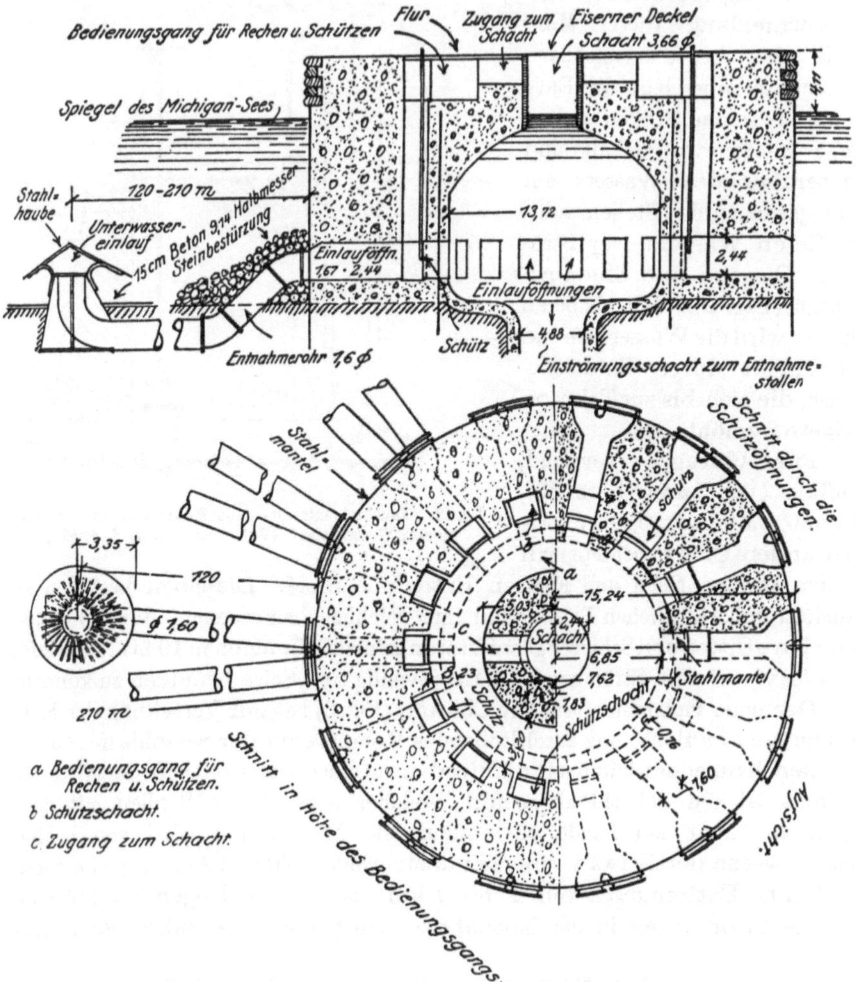


Fig. 3 u. 3 a.  Chicago-Wasserversorgung.  Entnahmeturm für Michigan-Seewasser.  E. N. 69/1281. Oben Schnitt, unten Grundriß.

notwendige „Ruhezeit" zu beschränken, die Verwendung von Fällmitteln, also die Einrichtung von Niederschlagsbecken.

In dieser Weise ist z. B. die Leistungsfähigkeit der Pittsburgh-Langsamfilter vermehrt, welche bei schlechtem Wasser von 94 cbm für das Quadratmeter Filterfläche auf 19 cbm in einer Filterperiode herabsank. E. R. 67/437.

Das Alleghanywasser wurde in ein Einlaufbecken von 45 000 cbm Inhalt zur Aufnahme des ärgsten Schlammes gepumpt, verteilte sich dann auf zwei Absitzbecken von je 204 000 cbm und dann auf die Filter.

Eines dieser Absitzbecken, in einer Talsenkung auf $\sim$ 400 m Länge und 150 m Breite eingeschnitten, ist zum Niederschlagsbecken umgebaut (Fig. 4—7). Es wird durch drei A-förmige Scheidewände $A$, $B$, $C$ in vier Teile zerlegt. Im untersten, tiefsten, tritt das Rohwasser in 24 Grobfilter ein, durchfließt diese, die Scheidewände und die drei übrigen Becken und verläßt das oberste in einer Leitung, um nach den Filtern zurückzukehren. Ebenfalls im Talgefälle,

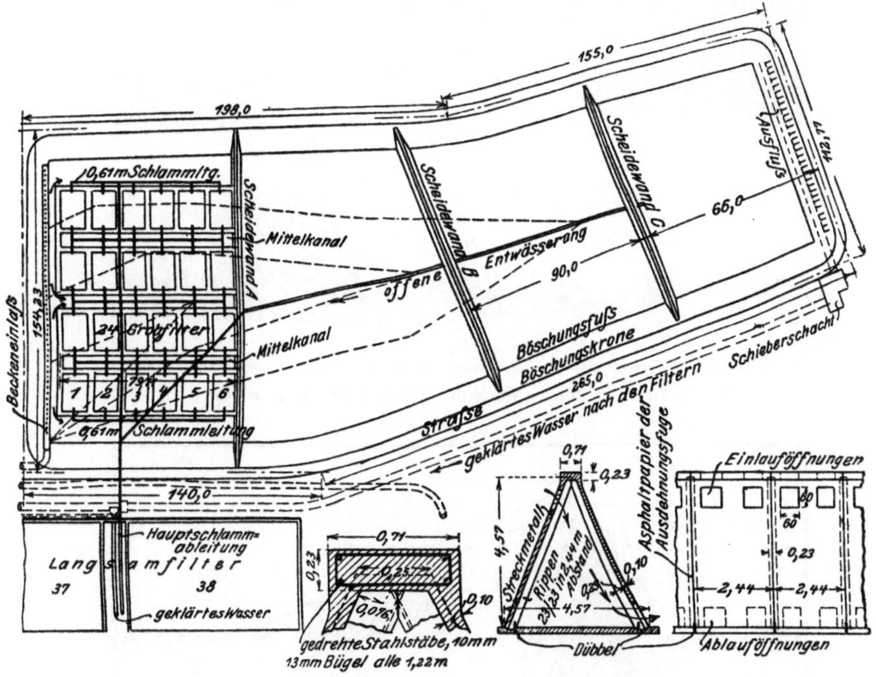


Fig. 4 u. 4a. Pittsburg. Grobfilteranlage zur Entlastung der Langsamfilter. (E. R. 67/437.)
Zwei Systeme von je 12 Grobfiltern stehen frei im ersten Becken mit je einem Ablauf durch einen Mittelkanal. Das' schwarz ausgezogene Drainagenetz entwässert nach der Hauptschlammableitung.
Unten rechts: Einzelheiten der Scheidewände A, B, C.

aber innerhalb der Becken, führt ein in der Sohle eingeschnittener Kanal während der Reinigung den Schlamm ab.

Das Alleghanywasser ist durch Ölraffinerien, Gerbereien und Brennereien verunreinigt, alkalisch und von dunkelbrauner bis grauer Farbe.

24 km oberhalb der Reinigungsanlagen bringt der Kiskiminetasfluß die sauren Abwässer eines Kohlenbergbaugebietes hinzu.

Bei richtiger Mischung ist das Rohwasser gut, doch wechselt die Reaktion, und besonders die grüne klare Flut des alkalischen Wassers enthält viele Kolloide. Ferner dürfen die Ölrückstände nicht auf das Langsamfilter gelangen.

Zur innigen Mischung mit dem Alaunzusatz dienen die 24 Grobfilter von je ·18,75 · 12,65 m Fläche.

Ein Rost von Betonbalken 20/7,6 cm mit 5 cm Zwischenräumen wird 91 cm über Betonsohle durch Mauerabsätze und vier niedrige Zwischenpfeiler in 2,23 m Achsabstand unterstützt. Darauf ruht eine Filterschicht von 2,44 m Höhe und 76 bis 13 mm Korngröße (Fig. 7).

Fig. 5. Pittsburg. Einschalung der Scheidewand. (E. R. 67/437.)

Fig. 6. Pittsburg. Ansicht der ausgeschalten Scheidewand. (E. R. 67/437.)

Es scheint, als ob je 12 Grobfilter eine Einheit mit gemeinsamem Mittelkanal für den Filterabfluß bilden. Jede Einheit steht von drei Seiten frei im ehemaligen Absitzbecken und schließt auf der vierten an die Scheidewand $A$ an. So kann das Rohwasser durch je ein 61-cm-Rohr unmittelbar über Filterschicht in jedes Grobfilter gelangen und das Filtrat durch ein gleiches Rohr in den Mittelkanal in Sohlenhöhe wieder abgelassen werden.

Das Rohwasser wird schon vor Eintritt in die Verteilungsrinne des Beckeneinlaufes mit Alaun und nach Bedarf auch mit Chlorkalklösung versetzt. Die Spiegelhöhe innerhalb des Grobfilters wird 1,22 m über Filterschicht gehalten. Der Spiegel im gemeinsamen Mittel- und Abflußkanal ist nach den drei übrigen Becken so weit gesenkt daß die Filtergeschwindigkeit etwa 70 m/Tag beträgt.

Nachdem durch die Berührungs- und Mischwirkung des Filters eine Verschlammung desselben und des darunter liegenden Raumes eingetreten ist, erfolgt die Spülung unter dem Drucke des darüber stehenden Wassers durch plötzliches Öffnen zweier Schlammabflußrohre. Diese, je eines an den beiden Schmalseiten jedes Filterkastens in Sohlenhöhe, sind an fünf Sammelstränge (je einer an den Außenseiten und in den drei Mittelkanälen) und weiterhin an einen dazu senkrecht liegenden Hauptsammelstrang angeschlossen.

Das Öl und andere schwimmende Verunreinigungen werden in den drei folgenden Abteilungen des früheren Absitzbeckens zurückgehalten. Das Wasser durchfließt oben ein- und unten austretend den Zwischenraum zweier A-förmig gegeneinander gestellter Eisenbeton-Scheidewände in dreimaliger Wiederholung.

Die vorerwähnten Hilfsmittel: Absitz- und Niederschlagsbecken, Vor- und Grobfilter, wozu noch die Entkeimung des Wassers durch Zusatz von Chlorkalklösung tritt, haben bei fast allen größeren Langsamfilteranlagen zur Entlastung derselben Anwendung gefunden. So in Albany, Philadelphia, Washington, Wilmington, Steelton, Springfield, Indianapolis u. a. O.

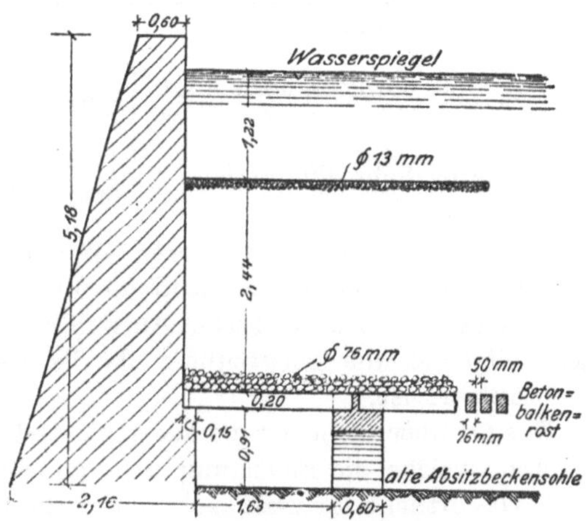


Fig. 7. Pittsburg. (E. R. 67/437.)
Querschnitt des Grobfilters.

Sie haben zur Aufrechterhaltung des Betriebes der Langsamfilter genügt, wo die Rohwasserbeschaffenheit eine verhältnismäßig gute und gleichmäßige, die Bedarfssteigerung nicht zu groß war, passendes ausreichendes Filtermaterial und billiges Erweiterungsgelände zur Verfügung stand.

Das Gegenteil dieser Voraussetzungen — die Notwendigkeit ausgedehnter Filterflächen und Vorkläranlagen für nur zeitweise stark verunreinigtes Rohwasser, das rasche Steigen des Bedarfes, die Wertsteigerung des Grund und Bodens und der Mangel an Erweiterungsgelände, hohe Transportkosten geeigneten Sandes — gab den Ausschlag für Einrichtungen, welche die äußerste Leistungsfähigkeit, Übersichtlichkeit und Bequemlichkeit des Betriebes auf kleinem Raume gewährleisten: für Schnellfilteranlagen (Mechanical filters). Selbst wo bereits Langsamfilter vorhanden waren, wie in Albany, Montreal[1], Toronto u. a. O. werden solche erbaut.

Das erste Schnellfilter in den Vereinigten Staaten wurde 1885 in Sommerville (New Jersey) in Benutzung genommen. Seit 1910 sind Langsamfilter fast gar nicht mehr erbaut (E. R. 70/589). Sie versorgten 1914 nur 5,5 Mill. Menschen mit rund 3 Mill. cbm/Tag, während etwa 500 Schnellfilter für 12 Mill. Menschen 6,6 Mill. cbm/Tag liefern.

Die mittleren Anlagekosten für 7 der größten Langsamfilter sind zu 34 556 Mk., für 6 große und 2 mittlere Schnellfilteranlagen zu 12 800 Mk. für die 1000 Tageskubikmeter berechnet. Die Betriebskosten der letzteren sind allerdings höher zu 4,26 Mk. für 1000 cbm ermittelt, während sie für Langsamfilter nur 2,92 Mk. betragen.

5 Proz. Verzinsung des Anlagekapitals angenommen, ergibt dies für die 1000 Tageskubikmeter

$$\text{einer Langsamfilteranlage} \quad \frac{34\,560}{360} \cdot \frac{5}{100} + 2,92 = 7,72 \text{ Mk.}$$

$$\text{einer Schnellfilteranlage} \quad \frac{12\,800}{360} \cdot \frac{5}{100} + 4,26 = 6,03 \quad \text{,,}$$

Trotzdem also der komplizierte Apparat der Schnellfilter ein ständiges geschultes Bedienungspersonal und die hier unbedingt notwendigen Chemikalienzusätze nicht unerhebliche Aufwendungen erfordern, sind sie alles in allem billiger als die Langsamfilter, da die Ausnutzung eine intensivere und gleichmäßigere ist.

Es sind aber nicht nur die Kosten, sondern eine große Anzahl weiterer Ursachen, welche die Einführung der Schnellfilter begünstigen:

1. Die örtliche, teilweise auch finanzielle Unmöglichkeit der Anlage oder Erweiterung von Langsamfiltern aus Mangel an Baugelände. Ihre Ergiebigkeit ist auf 2 bis 3 cbm/Tag für das Quadratmeter zu veranschlagen. Daraus ergibt sich gegenüber Schnellfiltern mit 75 bis 140 cbm/Tag für das Quadratmeter das 25- bis 50fache an Flächenausdehnung. Langsamfilter hätten z. B. für Baltimore mit $1/_2$ Mill. cbm Tagesbedarf etwa 8 ha erfordert, während man für die Schnellfilter einschließlich allem Zubehör mit 0,64 ha, also rund $1/_{12}$, ausgekommen ist. (Filtergeschwindigkeit 117 m/Tag.)

2. Flächen, wie sie Langsamfilter erfordern, vor Vereisung oder Erwärmung, dem Eindringen von Staub, Samen, Blättern, Insekten und anderem Ungeziefer zu schützen, ist nur mit ungeheuren Kosten und Schwierigkeiten möglich.

3. Soweit das Rohwasser aus Flüssen entnommen wird, sind zeitweise (Hochfluten) ungeheure Schlammassen auszuscheiden. Absitzbecken sind dafür in den seltensten Fällen ausreichend, es müssen zur Beschleunigung des Ausfällens Fällmittel zugesetzt werden. Die Beschaffung derselben, Lösung, Zuführung und Mischung mit dem Rohwasser ist für den Zweck

---

[1] Vgl. Anm. 3 S. 2.

der Entlastung der Filter für Langsamfilter zwingender als für Schnell-filter. Diese Vorbehandlung bildet aber andererseits für den Zweck der Schnellfiltration (nicht der Langsamfiltration) die unbedingte Voraus-setzung und spricht für die Einrichtung dieser.

Aber auch für Süßsee- oder Talsperrenwasser[1] können ähnliche Ver-hältnisse vorliegen. Die Verunreinigungen werden ihnen durch Wind und die Zubringer aus den Niederschlagsgebieten und durch die Bewohner des Ufer-randes zugeführt und durch Sturm, Wellenschlag und Schiffahrt aufgerührt.

Im flachen Ufergürtel entstehen und vergehen bei wechselnden Wasser-ständen Land- und Wasserflora und Fauna.

Man muß auf das plötzliche Auftreten von Plankton und Algen, auf Frösche, Fische, Muscheln, Würmer, Insekten und deren Abgänge gefaßt sein.

Zur Enthärtung, Entgasung, Enteisenung, Aufbesserung von Geruch und Geschmack eignet sich das Schnellfilterverfahren vorzüglich.

4. Der Sandverbrauch des Schnellfilters beschränkt sich beinahe aus-schließlich auf die erste Füllung der kleinen Fläche.

Statt der zeitraubenden vollständigen Leerung des Filters, des ober-flächlichen Abkratzens der versohlammten Schicht, des Sandwaschens in Strahl- und Rührwerken, des Sandersatzes, des langsamen Wiedereinstauens und Einarbeitens sind Methoden gefunden, das Filter an Ort und Stelle ohne jeden Sandverlust zu reinigen und sofort wieder betriebsfähig zu machen.

5. Die Leistungen des Schnellfilters in bezug auf die Klärung übertreffen diejenigen des Langsamfilters.

Eine Verschlammung und Verstopfung, welche das Langsamfilter zwecks Reinigung und Wiedereinarbeitens wochen- und monatelang außer Betrieb setzt, wird durch Aufrühren, Lüften und Rückspülen der für diesen Zweck besonders aufgebauten Schnellfilterschichten binnen wenigen Minuten be-seitigt. Freilich scheint es, als ob das oberhalb Filterfläche in festen Schlamm-trögen aufgefangene Spülwasser samt demjenigen der Niederschlags- und Absitzbecken in Amerika mit weniger Schwierigkeiten untergebracht werden kann, als in Deutschland. Nur in Baltimore finde ich eine Art Talsperre als Waschwasserabsitzbecken und Schlammbehälter. Im übrigen wird das Schlammwasser in die Flüsse und Seen wieder eingeleitet.

6. In bakteriologischer Hinsicht ist das Filtrat von Langsam- und Schnell-filtern, wie unzählige mit größter Sorgfalt und dauernd durchgeführte Unter-suchungen beweisen, gleichwertig. Keimfreiheit wird ja bei keinem der beiden Verfahren erreicht. Jedoch ist die Keimarmut entsprechend dem gleichen Klärungsergebnis hinreichend. Die empfindlichen Krankheitserreger und als deren Anzeiger Bacterium coli werden mit ausreichender Sicherheit entfernt.

Die Klärung des Wassers gestattet eine weitere Behandlung mit ultra-violetten Strahlen oder Ozon, auf jeden Fall aber die am meisten übliche Keimtötung durch Zusatz von flüssigem Chlor oder Chlorkalklösung.

Man scheut sich nicht, an die Aufbereitung von Wasser mittels Schnell-

---

[1] Vgl. den Abschnitt aus *Ziegler*, Der Talsperrenbau, Berlin 1911, Verlag von *Wilh. Ernst & Sohn*, 2. Aufl.: „Die Benutzung des Talsperrenwassers als Trinkwasser."

filtration heranzutreten, welches von Natur oder durch die Abwässer von Städten, Bergbaubezirken, Industrien nach unseren Begriffen unverwendbar ist. Ein Beispiel dafür bietet Niagarafalls, eine Stadt von 30 000 Einwohnern mit ungeheurem Fremdenverkehr. Sie wurde teils von einem städtischen, teils von einem privaten Wasserwerk mit Rohwasser aus Kanälen versorgt, welche vom amerikanischen Ufer des Niagaraflusses abzweigen.

In diesen ergießen sich 30 km oberhalb die Abwässer von 425 000 Einwohnern der Stadt Buffalo.

Niagarafalls galt als einer der schlimmsten Typhusseuchenherde mit einer jährlichen Typhussterblichkeit von 1,3 bis 1,8 auf 1000 Einwohner. Dieser Zustand wurde nicht nur in der Stadt, sondern vom ganzen Lande als ein Skandal betrachtet.

Die neue Schnellfilteranlage der Stadt kam am 1. Januar 1912 in Betrieb und macht der Privatgesellschaft, deren Auskauf nicht gelang, Konkurrenz.

Sie schöpft wesentlich besseres Wasser durch eine 1,22-m-Stahlrohrleitung rund 700 m vom amerikanischen Ufer des Niagara in $\sim$ 5 m Wassertiefe. Trotzdem enthält dasselbe 10 bis 300 Tausend Keime auf das Kubikzentimeter und ist zeitweise stark gefärbt und schlämmig.

Den 16 Schnellfiltern von je 4,42 $\times$ 7,62 m Grundfläche und 3785 cbm Tagesleistung (Geschwindigkeit 117 m/Tag) sind zwei Niederschlagsbecken vorgeschaltet. Es wird Druckluft (von 0,35 Atm) und Wasserspülung gleichzeitig verwendet. Unter den Konsumenten städtischen Wassers sollen keine Typhusfälle mehr vorgekommen sein. Jedenfalls ist ein bemerkenswerter Rückgang dieser Krankheit im ganzen festzustellen gewesen.

Die Jewell-Rapidfilter New York sind wohl die ersten gewesen, welche den Beweis lieferten, daß

1. mit Hilfe einer künstlichen Schmutzdeckenbildung durch Alaunzusatz $Al_2(SO_4)_3$ von 7 bis 40 g/cbm die biologische Einarbeitung des Filters erspart werden kann;
2. die dann mögliche Steigerung der Filtergeschwindigkeit (Ergiebigkeit) bis auf 140 m/Tag nicht die Beschaffenheit des Filtrats, sondern nur des Filters beeinträchtigt;
3. daß die Wiederherstellung der Filterfähigkeit im Filter selbst durch Rückspülung mit Druckluft und Wasser erfolgen kann.

Das Jewell-Rapidfilter ist das in Europa bekannteste (Talsperrenwasser für Königsberg, Plauen, Aachen u. a. O.) und sei hier als Vorbild und Vorläufer der sog. „Mechanical filters" beschrieben (vgl. *Lueger* II, S. 63 ff. und 127 ff.).

Das Filtergefäß besteht aus einem aufrechtstehenden Stahl-, Beton- oder Holzzylinder von 5 bis 6 m Durchmesser und bis 3,5 m Höhe. Ein Stammrohr liegt radial auf dem Zylinderboden, in welches auf der einen Seite das Spül- oder Waschwasser eintreten, auf der anderen Seite das Filtrat oder auch — durch einen Abzweig nach der Schlammableitung — das Nachspülwasser austreten kann. Von dem Stammrohr sind beiderseits rechtwinklig wagrechte Filtratsammel- und Waschwasserverteilungsrohre (also beiden Zwecken abwechselnd dienend) fischgrätenartig abgezweigt. Oberhalb dieses Netzes liegt ein zweiter Boden aus durchlochtem Blech, auf welchem eine 20 bis 30 cm hohe Trag- und eine 60 bis 80 cm hohe Filterschicht aufgebaut ist. Am oberen Rande des Filtergefäßes ist durch einen eingehängten oder besser umschließenden Zylinder ein ringförmiger Raum gebildet, dessen Boden ebenso tief unter Filterschichtoberfläche liegt wie sein innerer Rand über derselben (30 bis 40 cm). In den ringförmigen Raum wird nun einerseits das mit Alaun versetzte Rohwasser eingeführt und strömt über den inneren Rand gleichmäßig auf die Filteroberfläche zur Filterung und zum Abfluß durch das Sammelnetz nach der Reinwasserleitung. (Beim Nachspülen in die Schlammabflußleitung.) Nach Absperrung dieses Zu- und Abflusses kann andererseits das Spülwasser durch das nunmehr als Verteilungsnetz benutzte Sammelnetz von unten nach oben durch das Filter

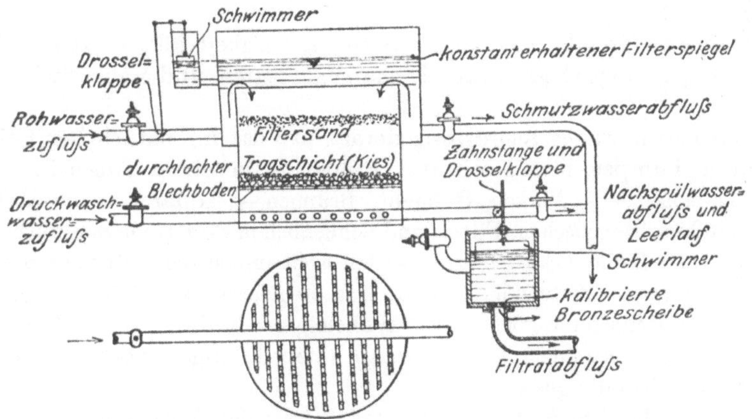


Fig. 8 u. 8a. Schematische Darstellung eines Jewell-Filters.
NB. Der Krümmer und Schieber des Filtratabflusses muß hinter der Drosselklappe abzweigen.
Unten: Druckwaschwasserverteilung und Filtratsammelnetz auf der Filtersohle (perforierte Rohre).

dringen und sich ebenfalls über den inneren Rand in den ringförmigen Zwischenraum ergießen, der aber jetzt mit der Schmutzwasserableitung in Verbindung steht.

Das Waschen dauert nur wenige Minuten und wird bis zum klaren Abfluß des Spülwassers von Hand geregelt.

Der Rohwasserzu- und Reinwasserabfluß dagegen besitzt eine automatische Regelung auf konstante Abflußmenge. Ein Schwimmer je auf dem Filter- und Abflußspiegel, welcher je in einem besonderen Gefäß über und unter der betreffenden Leitung hergestellt wird, erhält diese Spiegel durch Drosselklappen konstant.

Die Abflußmenge wird durch die kalibrierte Öffnung einer Messingscheibe, welche in die Sohle des Abflußgefäßes eingelassen wird, bestimmt. Die Scheibe kann je nach der gewünschten Filtergeschwindigkeit durch eine solche mit engerer oder weiterer Öffnung ausgetauscht werden („Weston-controller").

Vor dem Spülen wird wohl auch Druckluft zur Auflockerung und Regeneration des Filters in das Sammelnetz gepreßt. Beim Nachspülen verfährt man wie beim Filtern, nur daß das Filtrat nicht in die Reinwasserleitung gelangt, sondern getrennt abgeführt wird. Die Spülung erfordert 10 bis 15 Minuten und 2 bis 10 Proz. des Filterwassers und muß je nach dem Schlammgehalt innerhalb 12 bis 36 Stunden wiederholt werden.

Nach demselben Grundgedanken, aber in größerem Maßstabe und unter schärferer räumlicher Trennung der einzelnen Operationen, ist die erste größere Schnellfilteranlage in Little Falls (New Jersey) erbaut und 1902 in Betrieb genommen (E. R. 67/382).

Bei neueren Anlagen (Louisville, Harrisburg, Cincinnati, Columbus, Toledo, New Orleans und vielen anderen) hat sich folgende allgemeine Anordnung bewährt.

Der oberste Grundsatz ist die Erweiterungsfähigkeit aller einzelnen Teile und ihre Anpassungsfähigkeit an die mannigfaltigsten und wechselnden Bedürfnisse.

Im Grundriß ist die Anordnung derart, daß das im natürlichen Gefälle oder durch Pumpen herangeschaffte Rohwasser in einen Ausgleich- und Verteilungsbehälter — Becken, Schacht, Brunnen —, sodann in die Absitz-, Misch-, Niederschlagsbecken, Filter und schließlich in den Reinwasserbehälter fließt. Einzelne Teile dieser Anlage werden wohl ausgelassen oder zusammengelegt, andererseits Verteilungs , Meß- und Regulierungsschächte eingefügt. Die einzelnen Behälter werden unter Wahrung der Reihenfolge und der Zugänglichkeit so zusammengelegt, daß an Einschließungswänden, Zwischenleitungen und Gefälle gespart wird.

Der Höhenlage nach durchfließt das Wasser die Anlage in verhältnismäßig niedrigem natürlichen Gefälle, welches aber doch so reichlich bemessen ist, daß an jedem Übergang aus einem Behälter in den anderen die Wassermenge durch Querschnittsdrosselung reguliert werden kann. Je nach der Länge der Anlage scheinen 0,2 bis 0,5 m zu genügen. Dazu kommt das Gefälle von Filter- bis Reinwasserspiegel mit 1,5 bis 3,5 m. Der annähernd wagerechte Wasserspiegel in allen den Filtern vorgeschalteten Behältern hat den überwiegenden Vorteil, daß Schwankungen in den Zuflüssen des Rohwassers und Abflüssen der Filter (Ausschaltungen) durch eine große Fläche ausgeglichen und alle Druck- und Ausflußhöhen auf diesen konstanten Spiegel bezogen werden. Ferner liegen alle Umschließungsmauern, Zugänge und Regulierungsvorrichtungen übersichtlich in gleicher Höhe; dem gegenüber steht der Nachteil, daß der Inhalt aller Vorbehälter dem Wasservorrat des Reinwasserbeckens nur dann zugezählt werden darf, wenn er durch Hilfspumpen auf die Filterhöhe gehoben werden kann. Er würde sonst für Reinigungs- und Ausbesserungsarbeiten in den Vorbehältern ungenützt abgelassen werden müssen.

Eine Abweichung von dieser Höhenanordnung bietet Cincinnati (E. R. 65/484). Hier wird die Rohwassermenge von 2 cbm/Sek. aus den hochliegenden Absitzbecken mit 8,5 m Gefälle zum Betriebe von zwei wagerechten Turbinenaggregaten ausgenutzt, ehe sie vor der Filtration mit Kalk und Eisenvitriol versetzt wird. Der Strom der mit den Turbinen je auf einer Welle sitzenden Elektromotoren von 230 Volt Spannung dient zusammen mit dem von drei Dampfturbinen erzeugten zum Betriebe des Wasserwerks.

Der Querschnitt und die Längenentwicklung der Absitz- und Niederschlagsbecken wird so bemessen, daß die Ruhe-(Fließ-)Zeit für die Abscheidung des Schlammes und die Einwirkung der Chemikalien einschließlich etwaiger kurzer Unterbrechungen der Rohwasserzuleitung oder während der Entschlammung der Becken auch bei der größten Trübung des Wassers ausreicht.

Man rechnet bis 40 mm/Sek. durchschnittliche Fließgeschwindigkeit des ganzen Querschnitts und eine Zeit von $1^1/_2$ bis 6 Stunden, ausnahmsweise bis 4 Tage.

Die Filter liegen entweder an der Stirnwand der Niederschlagsbecken oder sie werden von denselben — gewöhnlich sind es zwei — eingeschlossen.

Einige ganz große Anlagen (Cleveland, St. Louis) ordnen die Misch-, Niederschlagsbecken und doppelten Filterreihen in drei nebeneinander liegenden Reihen an, so daß die Erweiterung einfach durch Anschluß weiterer Einheiten in der Verlängerung erfolgt. Aus diesem Grunde, und um das behandelte Wasser zusammenzufassen und mit den übrigen Regulierungseinrichtungen von einer Stelle aus zu beherrschen, ist es selten, daß die Filter unmittelbar von der Sammelrinne der Niederschlagsbecken aus gespeist werden.

(Unmittelbare Speisung: Trenton, E. R. 69/541; Ottumwa, E. R. 65/494; Gatun, E. N. 70/654; Grand Forks, E. R. 63/598.)

Man führt das behandelte Wasser in den sog. Rohrkanal, der meist beiderseits von den Stirnwänden der Filter eingeschlossen wird. Hier sind in geraden Strängen auch die übrigen Zu- und Ableitungen — Druckwaschwasser, Druckluft, Druckwasser zur hydraulischen Betätigung der Schieber, elektrische Leitungen, Reinwassersammel- und Schmutzwasserableitung mit Abzweigen, Meß- und Regulierungsapparaten für die einzelnen Filter — übersichtlich untergebracht.

Nun ist es leicht, alle Handgriffe für jedes Filter von Tischen über dem Filterflur aus zu betätigen, den Filterspiegel, die Kontroll- und selbstregistrierenden Vorrichtungen zu beobachten.

Ein großer Teil der Apparate arbeitet selbsttätig, und Handeinstellung ist nur für Notfälle da.

Jede Filtereinheit kann für sich betrieben oder ausgeschaltet werden. Ebenso ist dafür gesorgt, daß jedes Becken ausgeschaltet und trotzdem der Betrieb durch Umleitung oder durch die Benutzung eines zweiten und dritten Beckens aufrechterhalten werden kann.

Bei besonders guter Beschaffenheit des Rohwassers (Talsperrenwasser) für Feuersbrünste und andere Notfälle ist häufig sogar die Möglichkeit vorgesehen, nicht nur einzelne Teile, sondern die ganze Anlage auszuschalten und unmittelbar ins Reinwassernetz zu arbeiten.

Die Rohrkanalsohle muß wegen des Gefälles für Filtrat und Schmutzwasser tiefer liegen als Filtersohle, und es ist zweckmäßig, die unter der letzteren liegenden Sammel- und Verteilungsleitungen zugänglich zu erhalten, also die Filtersohle zu unterkellern. Dieser auch mit Rücksicht auf die Fundierung in gleicher Höhe gewonnene Raum wird meist als ein Teil des Reinwasserbehälters benutzt. Er liegt bequem für den Filterabfluß und ist gegen Temperaturschwankungen und Verunreinigungen geschützt.

Die Filter werden ganz oder teilweise, mindestens aber auf die Breite des Rohrkanals zum Schutze der Apparate und Bedienung überbaut. Auch die Reinwasserbehälter und Niederschlagsbecken sind gewöhnlich mit gewölbten oder bewehrten Betondecken und Erdschüttung versehen. Die Kanäle und Rohrleitungen haben große Querschnitte, möglichst wenig Krümmungen und gleiches Gefälle nach Reinigungsöffnungen. Für Frostschutz und selbst für Zentralheizung wird gesorgt.

Ein wesentliches Zubehör jeder Schnellfilteranlage ist das sog. Haupthaus. Es ist meist unter Benutzung der Grundmauern des Reinwasser- oder der Niederschlagsbecken und möglichst in der Nähe der letzteren errichtet, da die Zusatzlösungen im natürlichen Gefälle diesen oder den Misch- und Vorkammern zugeleitet werden.

Für kleinere Anlagen ist das Haupthaus nur mit einigen Lagerräumen für Chemikalien, Lösungs-, Lösungsvorrats- und Aufgabebehältern ausgerüstet.

Größere sind mit einer entsprechend größeren Zahl, mit Silos, Hebe- und Becherwerken, Hängebahnen, Transportschnecken und Bändern, Rührwerken, Pumpen u. dgl., chemischen und biologischen Laboratorien und Verwaltungsräumen ausgestattet.

Es empfiehlt sich wegen der Staub- und Geruchbelästigung und des Angriffs der Chemikalien die der Behandlung und Lagerung derselben gewidmeten Gebäudeteile abzutrennen und gut, eventuell künstlich[1], zu lüften.

Wie weit die Maschinen- und Kesselhäuser für Erzeugung von elektrischer Kraft und Beleuchtung, Druckluft, Kraft und Waschwasser, die Niederdruckpumpen für Zwischenhebung und die Hochdruckpumpen für das Reinwassernetz zusammengefaßt werden können, hängt von den örtlichen Umständen ab.

Bemerkenswert ist, daß die Hochdruckpumpen zum Hintereinanderschalten eingerichtet werden, um bei Feuersgefahr den Leitungsdruck zu verstärken.

Der Anlage oder Erweiterung großer Wasserwerke gehen gewöhnlich gründliche Untersuchungen der Wasser- und Bodenverhältnisse, vergleichende

---

[1]) Chlorgas ist etwa $2^{1}/_{2}$mal schwerer als atmosphärische Luft.

Entwürfe und Versuchsanlagen voraus, um mit dem gegebenen Rohwasser und Sandmaterial die in bezug auf Menge, Beschaffenheit, Einfachheit und Betriebssicherheit der Apparate günstigste und billigste Lösung zu finden.

Es sei nochmals hervorgehoben, daß mit der Notwendigkeit der Aufbereitung ungeheurer Tageswassermengen mit starken und stark wechselnden Verunreinigungen (Flußwasserversorgungen Berlin, Magdeburg, Hamburg, Bremen ·u. a. O.) Schnellfilter immer mehr an außerordentlicher wirtschaftlicher und hygienischer Bedeutung auch für Deutschland gewinnen.

# II. Die Fäll- und Sterilisations- (Keimtötungs-) Mittel für Trinkwasser.

## 1. Die Wirkungen dieser Mittel.

Bei der Schnellfiltration handelt es sich um die Einleitung und Beschleunigung einer großen Anzahl ineinandergreifender und teilweise noch unerforschter Vorgänge mit dem Hauptzweck, die sog. unechten (kolloidalen) Lösungen und die Bakterien zu beseitigen. Kolloide sind feste oder flüssige (Emulsionen) Teilchen: Gelatine, Leim, Gummi, Eiweiß, Tonerde — Eisenoxydhydrat, Humusstoffe usw., welche im Gegensatz zu echten Lösungen in einem Sinne elektrisch geladen, sich durch gegenseitige Abstoßung im Wasser schwebend erhalten. Dieser. Zustand kann durch Wärme, Verdünnung, Zusatz von Elektrolyten, Kolloiden entgegengesetzter Ladung oder durch Berührung mit festen Körpern — also durch Filtern — aufgehoben werden.

Die Entspannung äußert sich im Gerinnen (Koagulieren) und Ausfallen der Kolloide in losen, schwammigen Flocken von ungeheuerer Flächenausdehnung.

Diese bilden, durch das Wasser fallend oder sich auf oder in einem Sandfilter ablagernd, ihrerseits ein Filter, welches die Eigenschaft hat, echte Lösungen durchzulassen, andere Kolloide aber, Gase, Gerüche und kolloidale Färbungen zurückzuhalten (Dialyse). Die Bakterien scheinen nicht im Wasser frei zu schweben. Nach Entfernung der gröberen, schwimmenden und mechanisch mitgerissenen Verunreinigungen ist anzunehmen, daß die Kolloide die Nährböden und Träger der Bakterien sind. Mit der an sich notwendigen Ausfällung der Kolloide findet daher nicht nur eine weitgehende Entkeimung des Wassers statt, sondern es werden auch den kleinsten Lebewesen in einem derartig gereinigten Wasser die zu ihrer Entwicklung und Fortpflanzung notwendigen Lebensbedingungen entzogen. Eine Trennung der in der Mehrzahl vorkommenden unschädlichen, vielleicht für den Lebensprozeß sogar nützlichen Bakterien von den schädlichen (pathogenen) Keimen, den Krankheitserregern des Typhus, der Cholera u. a. Infektionskrankheiten, bei der Behandlung des Wassers ist nicht möglich. Glücklicherweise sind die letzteren die weniger widerstandsfähigen. Keimarmut des Wassers überhaupt — man hat als höchste Keimzahl willkürlich 100 Keime/ccm festgesetzt — und insbesondere die Abwesenheit des Bacterium coli[1] ist also ein Zeichen unschädlichen Wassers.

Keimfreiheit ist durch Ausfällen und Filtrieren nicht zu erreichen, auch die Keimtötung — Desinfektion — Sterilisation — durch ultraviolette Strahlen, Ozonisierung und Chemikalien — nur von letzterem, in Amerika meist üblichem Verfahren soll hier die Rede sein — bietet keine absolute, aber erfahrungsgemäß eine ausreichende Sicherheit.

Der gesunde menschliche Körper kann eine Anzahl schädlicher Keime verarbeiten und vertragen.

Einige elektrolytische Fällmittel, wie z. B. Ätzkalk, wirken, im Überschuß zugesetzt, keimtötend. Umgekehrt sind sämtliche Desinfektionsmittel auch Fällmittel (Elektrolyte).

Es läge daher nahe, für beide Zwecke Desinfektionsmittel zu verwenden. Verschiedene Gründe sprechen dagegen:

1. Die Desinfektionsmittel scheinen stark verunreinigtes Wasser nicht in ausreichendem Maße durchdringen und ihre doppelte Wirkung äußern zu können, wenn sie nicht in großen Mengen zugesetzt werden.

Ein solches Verfahren verbietet sich aber mit Rücksicht auf Gesundheitsschädigungen, Geschmack, Geruch, Angriff auf die Leitungen und technische Verwendbarkeit des Reinwassers, ist zudem auch erheblich teurer als die Benutzung unschädlicher Fällmittel.

2. Die Ausfällung und Filterung ist für die Entkeimung meist ausreichend und die Desinfektion nicht für jedes Wasser und für dasselbe Wasser nicht immer erforderlich.

3. Die Ausfällung, sei es durch Desinfektions-, sei es durch Fällmittel, ist unvollkommen. Es werden nach *Lueger* II, S. 125 nur 25 bis 30 Proz. der organischen Substanzen ausgeschieden, und außerdem müssen die Reste des Fällmittels selbst, wenigstens für die Zwecke der städtischen Wasserversorgung, nach Möglichkeit wieder aus dem Wasser entfernt werden. Die Ausfällung kann nur durch die Schmutzdecke eines Filters geschehen, welche die Verunreinigungen in eine so innige Mischung und Berührung bringt, wie sie im freien Wasser niemals zu erreichen ist.

Für die Schmutzdeckenbildung und deren Wiederentfernung durch Rückspülung müssen aber an das Fällmittel besondere Ansprüche gestellt werden, welche die Desinfektionsmittel nicht erfüllen.

Bei der Wahl des Fällmittels scheiden Säuren von vornherein aus, weil sie die Lösungsfähigkeit des Wassers und damit die Entwicklung der Bakterien begünstigen, durch Filtration nicht zu entfernen sind, den Filtersand, die Leitungen und Gefäße angreifen. Sie müssen neutralisiert werden[2].

---

[1] Bacterium coli = B. c. ist ein Darmbacterium der Warmblüter, widerstandsfähiger als die Krankheitserreger und leicht nachweisbar durch das Eijkmannsche Verfahren (*Lueger* I, S. 46). Die Abwesenheit von B. c. läßt darauf schließen, daß das Wasser entweder von vornherein frei von schädlichen Keimen war, oder daß diese schon vor dem unempfindlicheren B. c. zugrunde gegangen sind.

[2] Ein Beispiel für die natürliche Neutralisierung bildet der Zusammenfluß des sauren Kiskiminetas mit dem alkalischen Aleghany. (Wasserversorgung Pittsburg E. R. 67/437.)

Andererseits ist aber auch ein zu hoher Alkali- oder ein Fettgehalt des Rohwassers zu vermeiden und durch Vorbehandlung zu entfernen, welche beide das Gerinnen stören würden. Eine starke Abkühlung des Wassers oder lebhafte Bewegung, nachdem die innige Mischung mit dem Fällmittel vollzogen ist und das Gerinnen eingesetzt hat, sind ebenfalls nachteilig.

Das einfachste Fällmittel ist hartes Wasser. Es ist bekannt, daß dasselbe einen Teil seiner Lösungsfähigkeit einbüßt, und diese Tatsache weist darauf hin, Substanzen, die sich in echter oder unechter Lösung befinden, damit auszufällen. In E. N. 70/15 wird berichtet, daß man durch hartes Brunnenwasser das schmutzige, trübe La-Plata-Wasser für die Versorgung von Buenos Aires allerdings nicht mit vollem Erfolge aufzubessern versuchte[1]. In Posen hat die Einwirkung entgegengesetzt geladener Kolloide — stark braun gefärbtes artesisches Brunnenwasser, gemischt mit eisenhaltigem Flachbrunnenwasser — eine zufriedenstellende Entbräunung und Enteisenung herbeigeführt (*Lueger* II, S. 87). Die Ausnutzung derartiger Gelegenheiten wird durch den wechselnden Gehalt des Mischwassers erschwert.

Wir besitzen in Deutschland in den Endlaugen der Kalifabriken ein vorzügliches Fällmittel. Trotzdem verschiedene Verwendungsmöglichkeiten vorliegen, wird es in solchem Überschuß erzeugt, daß die Einleitung der nicht benutzbaren Endlaugen in die Flußläufe zu einer Versalzung und Verhärtung geführt hat, welche den Gedanken an einen besonderen Ableitungskanal nach dem Meer nahelegte.

(Auch das Meerwasser ist ein Fällmittel. Die gewaltigen Schlammausscheidungen und Versandungen in den Flußmündungen sind meines Erachtens viel mehr auf die Mischung kolloidhaltigen, weichen Flußwassers und magnesiahaltigen Meerwassers als auf Temperatur- und Geschwindigkeitsänderungen zurückzuführen.)

Der wirksame Bestandteil, die Magnesia, hat keine kolloidalen Zersetzungsprodukte und könnte für Filterzwecke nur da in Frage kommen, wo das Rohwasser selbst für den Filterprozeß genügende und geeignete Kolloide enthält. Es ist außerdem zu prüfen, ob die Magnesia nicht auf den verwendeten Sand verkittend wirkt.

Als Beispiel für die Verwendung der Endlaugen möge hier eine im Oberharz auf Vorschlag des Verfassers im großen Maße durchgeführte Vorklärung der Abwässer der Erzbergwerksaufbereitungen beschrieben werden. (Vgl. Zeitschrift für Berg-, Hütten- und Salinenwesen 1915: *Ziegler*, „Über gespülte Dämme, mit besonderer Berücksichtigung der Wäscheschlammablagerungen im Oberharz".)

Die Harzer Erze, hauptsächlich silberhaltiger Bleiglanz, Zinkblende und Kupferkies, werden durchwachsen oder in feinster Verteilung mit taubem Gestein, hauptsächlich Grauwacken und Tonschiefer, gewonnen.

Zur Trennung der reichen Erze von den Beimengungen findet schließlich für die feinsten Rückstände ein Mahl- und Schlämmverfahren Anwendung, welches als Abwasser Tonbrühe liefert.

---

[1] Die Bevölkerung war der Verwendung von Fällmitteln („drugs") abgeneigt.

Diese wurde seit Jahrhunderten in die Harzflüsse abgelassen. Aber erst seit einigen Jahrzehnten, seit der Entwicklung der Kaliindustrie, wurden hauptsächlich an der Innerste Klagen über Versandung und Verschlammung dieser Flüsse laut.

Diese Mißstände mögen früher infolge der geringeren Intensität der Benutzung des Flußwassers und der landwirtschaftlichen Ausnutzung des Grund und Bodens weniger empfunden worden sein. Ich bin aber erst nachträglich darauf gekommen, daß sie infolge der konzentrierten und beschleunigten Ausscheidung des Schlammes durch die eingeleiteten Endlaugen einiger Kalifabriken erheblich verschärft wurden.

Klagen in der Presse und in den Parlamenten veranlaßten die fiskalische Bergverwaltung, für die Tonbrühe der Aufbereitungen in Clausthal, Lautenthal und Grund große Absitzbecken anzulegen, um sie schon vor dem Eintritt in die Wasserläufe zu klären. Die kolloidalen Tonteilchen erhielten sich jedoch monatelang schwebend und durchdrangen Kiesfilter[1], ja sogar Betonmauern. Nach den Erfahrungen der Klärung für Wasserversorgungen schlug ich als Fällmittel zunächst Alaun vor. Die Versuche hatten vollen Erfolg, veranlaßten mich aber, wegen der Kosten solche mit Endlaugen ins Werk zu setzen, die von dem ebenfalls fiskalischen Kaliwerk Vienenburg in unbegrenzter Menge um den Preis der Frachtkosten bezogen werden konnten. Die Endlauge ist seitdem überall im Verhältnis von 5 bis 30 g/cbm der Trübemenge mit dem Ergebnis einer Ausscheidung von 95 bis 97 Proz. des Schlammgehaltes (3 bis 6 kg/cbm) in den bisherigen Absitz- und Ablagerungsbecken verwandt worden.

Die letzteren werden durch Schotterdämme talsperrenartig abgeschlossen, welche mit dem Anwachsen der Schlammablagerungen höher geführt werden.

Die Vienenburger Endlauge hat ein spez. Gewicht von $\sim 1{,}3$ und enthält nach zwei verschiedenen Analysen (die Werte der zweiten in Klammern) im Liter:

$$388{,}2 \text{ g } (295) \quad \text{Chlormagnesium}$$
$$5{,}7 \text{ ,, } (22{,}2) \quad \text{Schwefelsaure Magnesia}$$
$$6{,}6 \text{ ,, } (12{,}5) \quad \text{Chlorkalium}$$
$$14{,}8 \text{ ,, } (9{,}5) \quad \text{Chlornatrium}$$
$$3{,}0 \text{ ,, } (\text{—}) \quad \text{Brommagnesium.}$$

Bei diesen und anderen Abwässern kommt natürlich Filterung, Geschmack, Schmutzdeckenbildung usw. nicht in Frage.

Für die Schnellfilterung ist eine vorherige Ausfällung notwendig, welche durch den verbleibenden Kolloidgehalt der ursprünglichen Verunreinigungen und die Reste des koagulierten Fällmittels eine beinahe augenblickliche Bildung der Schmutzdecke auf der Filteroberfläche ermöglicht.

Ohne eine solche Nachhilfe würde die Schmutzdeckenbildung auf dem

---

[1] Filtration war übrigens schon wegen der sehr bald eintretenden Verschlammung ausgeschlossen.

Schnellfilter viel länger auf sich warten lassen als beim Langsamfilter, weil das rasch durchströmende Wasser eine natürliche Schmutzdeckenbildung verhindert.

Die Zweckmäßigkeit der Ergänzung der beiden Verfahren — des Ausfällens und Filterns — durch einander, aber auch der Trennung derselben, hat sich an Hunderten von Schnellfilteranlagen gezeigt.

Der Kolloidgehalt muß in Niederschlagsbecken entsprechend dem Gehalt des Rohwassers durch die Zusatzmenge des Fällmittels so ausbalanciert werden, daß er einerseits das Filter nicht zu rasch verschlammt, andererseits genügend Material zur Schmutzdeckenbildung liefert. Letzteres ist unschwer zu erreichen, und ein Schlammüberschuß hat nur den Nachteil, die Betriebsperiode des Filters zu verkürzen.

Es ist nur eine scheinbare Ausnahme, wenn Schnellfilter ohne Fällmittel arbeiten, wie z. B. *Urbana* E. R. 69/419: Das Wasserwerk verarbeitet eisenhaltiges Rohwasser, welches schon von Natur den notwendigen Kolloidgehalt zur Schmutzdeckenbildung besitzt. (Vgl. S. 139.)

Zur vollen Wirkung des Fällmittels gehört, daß es selbst zersetzt in koagulierten Flocken ausfällt. Dies macht eine Vorbehandlung hierfür nicht von Natur geeigneten Wassers mit Kalk oder Soda notwendig.

Man hat in einzelnen Fällen das Desinfektionsmittel gleichzeitig mit dem Fällmittel zugesetzt. Dies hat den Vorteil der Mitwirkung desselben beim Ausfällen, einer innigen Mischung und einer längeren Wirkungsdauer und der Ersparnis doppelter Misch- und Aufgabevorrichtungen. Vielleicht werden auch durch die nachherige Filterung Geruchs- und Geschmacksbelästigungen vermindert oder vermieden. Keinesfalls findet eine Störung des Filtervorgangs statt, da dieser auf Absorption und nur in geringem Grade auf biologischer Wirkung der Schmutzdecke beruht. Vorteilhafter, billiger und wirksamer ist der Zusatz des Desinfektionsmittels zum geklärten Wasser.

Festzuhalten ist, daß es nicht darauf ankommt, den Schlamm und bis zu 30 Proz. der organischen Substanz (*Lueger* II, S. 125) überhaupt auszuscheiden, sondern in solcher sich leicht bildender und leicht entfernbarer Form, daß er, soweit er nicht zur Entlastung der Filter schon in den Absitz- und Niederschlagsbecken zurückgehalten werden kann, zusammen mit Teilen des Fällmittels selbst die Filterkörner mit der sog. Netzhaut oder Schmutzschicht umhüllt.

Es sind daher im allgemeinen nur solche Fällmittel verwendbar, die, unschädlich, billig und leicht löslich, für den Filterbetrieb geeignete Zersetzungsprodukte bilden: einerseits schwer lösliche, damit sie in Niederschlags- und Absitzbecken schon ausfallen und nicht das Filterbett verkitten und verstopfen oder in Lösung gehen und die Beschaffenheit des Wassers beeinträchtigen, andererseits solche, die als koagulierte Kolloide ausfallend an der Bildung der Schmutzdecke mitwirken, daselbst zurückgehalten werden und durch Rückspülung leicht wieder zu entfernen sind.

Die Kolloidbildung des Fällmittels ist für verhältnismäßig reines — kolloidarmes — Wasser besonders wichtig, um das Filter schnell zu reifen;

ebenso wie man einen zu geringen Eisengehalt des Wassers zur Erleichterung der Enteisenung erhöht.

Während sich die Langsamfiltration mit der entspannenden Berührungswirkung der Filterkörner auf die im Wasser bereits enthaltenen Kolloide und der deshalb Tage und Monate dauernden Bildung einer oberflächlichen Schmutzdecke begnügt — Reifen des Filters —, ist es **Kennzeichen und Voraussetzung des Schnellfilters, daß die Entspannung durch Fällmittel, die Schmutzdeckenbildung durch die Zersetzungsprodukte derselben aufs äußerste beschleunigt und die Filterkörner bis zu großer Tiefe der Filterschicht mit einer kolloidalen absorbierenden Netzhaut überzogen werden.**

Eine häufige bequeme Entschlammung (Spülung) der Filter muß der gesteigerten Wirkung dieser beschleunigten Reinigungsmethode entsprechen.

## 2. Die bewährten und in Amerika üblichen Fäll- und Desinfektionsmittel.

Als ein allen Anforderungen entsprechendes Fällmittel kommt in Nordamerika (in Europa Triest, Wiental-Wasserversorgung, Groningen, Hamburg, Altona, Bremen, Plauen, Müggelseewasserwerke u. a. O.) beinahe ausschließlich Alaun, schwefelsaure Tonerde $Al_2(SO_4)_3$, und zwar der künstliche Alaun, frei von Arsen, Mangan und Eisen mit mindestens 15 Proz. $Al_2O_2$ zur Verwendung.

Alaun zersetzt sich mit dem in beinah jedem Wasser enthaltenen Kalk oder kohlensauren Kalk zu unlöslichem Gips — Enthärtung — und Aluminiumhydroxyd. Das letztere fällt als koaguliertes Kolloid in Flocken, die feinsten Verunreinigungen — Algen, Bakterien, Färbungen, Gase — umhüllend, absorbierend und filternd, aus[1].

$$Al_2(SO_4)_3 + 3\,CaCO_3 + 3\,H_2O = 2\,Al(OH)_3 + 3\,CaSO_4 + 3\,CO_2 .$$

---

[1] Ein wie wesentlicher Teil des $Al(OH)_3$ in das Filter gelangt, zeigen die nachstehenden Durchschnittsgehalte des Filterspülwassers (E. R. 68/430).

Waschwasser der Schnellfilteranlage zu Moline Ill. für Mississippiwasser.

| Spülzeit Minuten | In 1 Millionteil Wasser sind enthalten | | Prozentsatz an $Al(OH)_3$ | Bakterien Zahl |
|---|---|---|---|---|
| | Suspendierte Stoffe | $Al(OH)_3$ | | |
| 0 | 2344 | 633 | 27 | 1900 |
| 3 | 892 | 416 | 45,9 | 1300 |
| 6 | 292 | 168 | 57,5 | 900 |
| 9 | 123 | 73 | 59,3 | 200 |
| 12 | 38 | 28 | 73,7 | 110 |

Alaunbehandlung, $2^1/_2$ Stunden Ruhezeit im Niederschlagsbecken, darauf Chlorkalkzusatz und Schnellfilterung, 5 Min. Druckluft, dann Waschwasser mit 28 cm/Min. Geschwindigkeit. Trogfläche = $^1/_5$ Filterfläche.

Dem Wasser des Redlakeflusses für die Wasserversorgung von Grandforks werden 10 bis 15 g/cbm Alaun und 1 g/cbm Chlorkalk zusammen schon in der Pumpenleitung zugesetzt. Es wird ausdrücklich hervorgehoben, daß ein hinreichender Teil Alaun und Ton auf die Filter gelangt. (E. R. 63/698.)

Die Alkalinität zu weichen Wassers muß zwecks dieser Umsetzung durch Zusatz von Kalkhydrat (Dervaux und Stanhopescher Kalksättiger *Lueger* II, S.139 und 141), Soda und dgl., Rieselung durch Marmorfilter (*Lueger* II, S. 160) erhöht werden. Andererseits bedingt eine größere Härte einen großen Alaunverbrauch und dementsprechende Schlammbildung[1].

Das Weichmachen des Wassers durch Kalkzusatz beruht darauf, daß die freie Kohlensäure gebunden und die Bicarbonate des Kalkes und der Magnesia (vorübergehende oder Carbonathärte) in die einfachen, schwer löslichen Verbindungen überführt werden. Die freie und halbgebundene Kohlensäure wirkt nur soweit aggressiv auf Leitungen u. dgl., als ihr Säurewert den Alkaliwert der Lösung übersteigt. Außerdem scheinen freie und halbgebundene Kohlensäure die Vorbedingung für die Lösbarkeit der Bicarbonate[2] und die Lebensfähigkeit der Bakterien. Ein Überschuß — Lösung $\frac{1}{5000}$ — an Kalk wirkt unmittelbar keimtötend[3]. Zur Ausfällung schwefelsaurer Härtebildner ist der teurere Sodazusatz erforderlich.

---

[1] E. R. 65/88, 168, 188, 555. Der Schlammgehalt des Missouriwassers bei Kansas City war im Frühjahr 1899/1900 2,2 bis 5,3 kg/cbm, im Sommer 1,73 bis 8 kg/cbm, im Winter 0,5 bis 0,8 kg/cbm und wurde am 22. IX. 1912 zu 10 kg/cbm beobachtet. Die Alkalinität fiel nicht unter 85 g/cbm, war also hinreichend, um das Doppelte an Alaun zu zersetzen. (Man rechnet, daß durch je 17,2 g/cbm Alaunzusatz die Alkalinität um 8 g/cbm reduziert wird.) Der Alaunzusatz wurde nur bis 86 g/cbm gesteigert. Der in den ersten beiden Becken fallende Schlamm betrug 85 Proz. der Gesamtmenge (im dritten nur 15 Proz.) und riß die am Einlauf zugesetzte Alaunlösung unwirksam zu Boden. Darauf wurde das erste Becken nur als Absitzbecken benutzt und die Alaunlösung geteilt, mit besserem Erfolg erst beim Übergang ins zweite und dritte Becken gegeben. Ein viertes neues Becken soll die „Ruhezeit" bei großer Verschlammung von 6 auf 18 Stunden erhöhen, da die Filter über 150 bis 200 g/cbm Schlamm nicht bewältigen können.

Verdigrisriver-Stauwasser für Coffeyville hatte 3 bis 5 kg/cbm Schlamm und benötigte 17 bis 70 g/cbm Alaun. (E. R. 69/538.) (Enthärtung durch Kalk-Soda, Kalkbaryt; Permutitfilter, *Lueger* II, S.135, 143.) In Louisville Ohio wurde die bleibende Härte durch Kalkzusatz von 43 auf 57 Millionstel gesteigert, die vorübergehende von 186 auf 107 Millionstel vermindert. (E. R. 70/127.)

[2] Es ist eine bekannte Tatsache, daß vorgewärmtes Kesselspeisewasser — Austreiben von $CO_2$ und O — weicher wird, und daß Siedehitze zur vollständigen Enthärtung — Kesselstenbildung — führt.

[3] *Lueger* I, S. 22; II, S. 137, 160.
Clarksburg Kalk in 1,7 proz. Lösung im Verhältnis $\frac{1}{215\,000}$ an ein oder zwei Stellen der Zuleitung. Alaun in 3,3 proz. Lösung im Verhältnis $\frac{1}{43\,000}$ zum eisenhaltigen Monongahela-Rohwasser. 0,46 bis 0,62 g/cbm Chlorkalk werden nach der Filterung in 0,33 proz. Lösung zugesetzt, die Trübung des Monongahelawassers betrug 40 bis 2000 g/cbm. (E. R. 68/7.)

Kalkzusatz in Owensboro 180 g/cbm, Enthärtung von 0° d auf 6° d, zugleich Enteisenung und Entsäuerung. Die Förderung erfolgt aus artesischen Brunnen mittels Druckluft von 3,3 bis 4,2 Atm aus rund 30 m Tiefe. (*Lueger* II, S. 142; E. R. 65/597.)

Kalkzusatz in London 270 g/cbm zur Entschlammung und Entkeimung, $^1/_3$ cbm Rohwasser hinzugesetzt, um das kalkbehandelte Wasser trinkbar zu machen. (E. R. 65/600.)

Sehr umfangreiche Versuche für Columbus mit Sciotoflußwasser, Härte 153°

*Lueger* gibt in Bd. II, S. 138 die Zusatzmengen von Kalk und Soda in bezug auf die vorübergehenden (Kohlensäure) und bleibenden (Mineralsäure) Härtegrade an:

10 g/cbm CaO = 14 g/cbm MgO (= $MgCl_2$) = 1 deutscher Härtegrad.

1 deutscher = 1,786 französ. = 1,25 engl. Härtegrad.

Kesselspeisewasser soll nicht übe: 1—2 Härtegrade besitzen.

Die Neutralisierung des Wassers findet zeitlich und örtlich in der Regel vor dem Alaunzusatz statt[1]. Der Alaun wird in 2 bis 5 Proz. Lösung verwandt, das Zusatzverhältnis zum Rohwasser richtet sich nach dem Schlammgehalt, der Färbung, der Temperatur, der Ruhezeit.

Einen Anhalt gewährt unter Berücksichtigung dieser Umstände der Versuch:

Zusatz von 1, 2, 3 ccm der Alaunlösung des beabsichtigten Prozentgehaltes (2 bis 5 Proz.) zu einer abgemessenen Rohwassermenge und Beobachtung der Wirkungszeit 1 bis 3 Stunden.

In Springfield Mass. (E. N. 70/974) war für Entfärbung eines sonst einwandfreien Wassers ein Überschuß von etwa 3,5 g/cbm Alaun über die auf diese Weise gefundene Menge periodisch 4 bis 6 Stunden lang hinzugesetzt für 24 Stunden wirksam.

Zu- und Abfluß des Niederschlagsbeckens von 150 000 cbm Inhalt = Vorrat für 3 Tage wurden nicht unterbrochen. Die gleiche Alaunlösungszuflußmenge, über 24 Stunden verteilt, ergab nach der Platinkobaltskala (Am. Public-Health Assoc.) keine Entfärbung.

Dieselbe Erfahrung wurde am Panamakanal mit Brazoswasser gemacht. 1,7 g/cbm Überschuß brachte erst die Wirkung Niederschlag und Entfärbung zustande. (E. N. 70/832.) (Vgl. S. 186.)

Der Alaunverbrauch betrug in Hamburg und für die Wientalwasserleitung 40 bis 50 g/cbm, in Plauen genügten 10 g/cbm (und 10 g/cbm Soda) für das Talsperrenwasser. (*Lueger* II, S. 122.)

Rock Island braucht für Mississippiwasser 17 bis 136 g/cbm in $4^1/_2$proz. Lösung und Chlor in 0,13proz. Lösung. (E. R. 68/609.)

Charleroi Pa. bedurfte nur je 8,6 g/cbm Soda und Alaun, welches schon in der Druckstrecke der Niederdruckpumpenleitung zwecks inniger Mischung

---

(E. N. 72/586 und E. N. 72/682) haben günstige dauernde Ergebnisse in bezug auf Enthärtung, Klärung, Entfärbung gezeigt. Die Entkeimung konnte statt durch Überschuß an Kalk auch durch längere Einwirkung desselben, 130 bis 190 g/cbm 5 bis 72 Stunden erreicht werden, erstreckte sich aber hauptsächlich nur auf die empfindlichen Krankheitserreger. Die Schlammuntersuchungen bewiesen, daß dieselben nicht nur ausgefällt, sondern dauernd vernichtet wurden.

*Dunbar* (II. Aufl., Oldenbourg, 1912) hält mit bezug auf die geringere Wirkung Kalk für doppelt so teuer wie Chlorkalk. Er ist daher nur da anzuwenden, wo es gleichzeitig auf Enthärtung, Entsäuerung oder Alkalisierung des Wassers für nachherigen Alaun- oder Eisenvitriolzusatz ankommt.

$8^1/_2$ g/cbm Kalk $\cong$ rund 1 g/cbm Alaun.

[1] In Trenton wird die Soda bei Hochfluten in die Zuleitung 40 m vor dem Zusatz des Alauns eingeführt, um dessen Zersetzung sicherzustellen. (E. R. 69/541.)

dem eisenhaltigen Monongahelawasser zugesetzt wurde. (E. R. 63/664.) Im Niederschlagsbecken teilt sich das Zuleitungsrohr in vier senkrechte Standrohre, deren Strahl durch Teller gebrochen, kaskadenartig herabfällt. Das so gelüftete und enteisnete Wasser wird am anderen Ende des Beckens durch vier unter Wasserspiegel mündende niedrige Standrohre wieder gesammelt und nach den Filtern geführt. Vgl. Fig. 64 bis 66, S. 86/87.

Ebenso wie für die Schlammausfällung ist auch die Zusatzmenge für die Entfernung der kolloidalen Färbungen, namentlich der Huminsubstanzen, wichtig. Die Verminderung betrug bei 17 g/cbm Alaunzusatz $\infty$ 0, bei 25 g/cbm $\infty$ 50 Proz., bei 34 g/cbm $\cong$ 80 Proz.; Bangor Maine (E. R. 63/64) Penobscotflußwasser.

Die Ruhezeit des behandelten Wassers im Niederschlagsbecken hat man erfolgreich bis auf $1^1/_2$ Stunden verkürzt. Eine längere Ruhezeit erhöht den Prozentsatz der Ausscheidungen, ist bei gehaltreichem, stark gefärbtem, kaltem Wasser erforderlich, doch kommt man mit 4 bis 5 Stunden in der Regel aus.

Der Einfluß der Temperatur auf den Fällprozeß zeigte sich im Wasser des Penobscot, Bangor Maine (E. R. 63/64), nach Zusatz von 26 g/cbm Alaun und 5,3 g/cbm Soda durch Ausscheiden von großen braunen Flocken bei über 10° C. Niedrige Temperaturen hatten eine langsame Ausscheidung in so feiner Verteilung zur Folge, daß sie das verhältnismäßig grobe Sandfilter (Korngröße 0,85 bis 0,97 mm) durchdrangen. In Hamburg wird der Alaunzusatz bei Temperaturen unter 4° C unterbrochen.

Das Niedersinken der ausfallenden Flocken darf nicht gestört werden.

In den großen Behältern von Louisville mit 90 000 cbm Tagesdurchlauf zerstäubten die Flocken durch die Gewalt des Einlaufs und durchdrangen das Filter. (E. R. 65/556 und 592.) Das Ohiowasser enthielt bis 0,17 kg/cbm Schlamm und benötigte durchschnittlich 30 g/cbm Alaunzusatz. Von dem Schlamm wurden 42 Proz. durch Absitzen, 51 Proz. durch Niederschlag und 7 Proz. durch Filtern entfernt. Es wurde Eisenvitriol am Saugrohr der Pumpen und Kalk in den Niederschlagsbecken zugesetzt.

Das Aufwühlen durch Wind und Wellenschlag wird in den offenen Niederschlagsbecken für die Oberharzer Pochsandtrübe durch Flöße gemildert.

Als Niederschlagsmittel wird vielfach auch Eisenvitriol benutzt, z. B. für Erieseewasser der Stadt Lorain Ohio; für das schlammige Mouseriverwasser der Stadt Minot North Dakota (E. R. 64/408) 86 g Kalk, 26 g Eisenvitriol, 3,4 g Chlorkalk auf 1 cbm. Für das Ohiowasser in Evansville (E. R. 65/508) wird in den beiden ersten Behältern Kalk 1,3proz. Lösung und $^1/_2$ Minute später Eisenvitriol 4 bis 6proz. Lösung, Chlorkalk erst beim Austritt aus den drei Niederschlagsbecken zugesetzt[1].

Eisenvitriol backt beim Lagern und verwittert.

In Columbus hat man die Erfahrung gemacht, daß der Kalk- und Eisenzusatz durch Inkrustation der Filtersandkörner deren Durchmesser von

---

[1] Kalk und Eisenvitriol wird ferner benutzt in Baltimore (E. R. 69/520), Cincinnati, New Orleans, Grand Rapids u. a. O.

0,415 mm auf 6,2 mm und deren Gewicht bis 250 Proz. und mehr erhöhte, sowie dieselben zu Klumpen verkittete. Zweimaliges Umschaufeln im Laufe des Jahres wurde nötig.

(E. R. 69/419.) Kalk und Eisenvitriol verstopfte die Filter in Urbana. Aufrühren mit Spritzenschlauch, Befördern des Sandes mit Zentrifugalpumpe und zweimal jährliches Waschen erwies sich als erforderlich.

Zur Lockerung des Filtersandes ist eine Durchströmung mit Hochofengas vorgeschlagen. (E. R. 69/531 und E. R. 65/305.)

Beinahe ebenso allgemein wie Alaun als Fällmittel wird Chlorkalk als Desinfektionsmittel für amerikanische Wasserversorgungen verwendet. Er ist im Verhältnis zu seiner Wirksamkeit das billigste Desinfektionsmittel[1].

Der im Handel erhältliche Chlor- oder Bleichkalk ist ein Doppelsalz von Calciumhypochlorit $Ca(OCl)$ (unterchlorigsauren Kalk) und Chlorcalcium $CaCl_2$.

Den Wert des Chlorkalkes bestimmt sein Gehalt an „wirksamem“ Chlor, 33 bis 37 Proz. oder rd. $1/_3$ seines Gewichtes, welches an das Hypochlorit gebunden ist. Man stellt sich vor, daß nicht das wirksame Chlor selbst, sondern eine gleichwertige Menge aktiven Sauerstoffs infolge der Einwirkung des Wassers in Gegenwart oxydabler organischer Substanzen in Tätigkeit tritt. Chlor selbst scheint in der Schmutzdecke des Filters gebunden und unwirksam gemacht zu werden. Die Oxydation dürfte auf einer Verbrennung der Bakterien und ihrer Nährstoffe beruhen.

Damit scheint die Tatsache begründet, daß Chlor weder die Wirkung des Fällmittels, noch den biologischen Prozeß des Filters stört.

Infolgedessen können besondere Misch- und Aufgabeanlagen für die Desinfektion gespart und dieselbe kann, wie es tatsächlich geschieht, vor oder gleichzeitig[2] mit dem Absitz- und Fällverfahren und der Filterung oder auch erst nach letzterer vor sich gehen.

Je eher der Zusatz von Chlor erfolgt — allenfalls sogar in den Saugbrunnen der Pumpen (Minneapolis) —, je inniger die Mischung, je länger die Wirkungsdauer, je größer die Entlastung des Filters, welches seinerseits wieder das Wasser von Geschmack und Geruch des Desinfektionsmittels befreit. Andererseits ist ein Angriff und eine Verschmutzung der Leitungen und ein größerer Zusatz als für vorgereinigtes Wasser zu erwarten.

---

[1] Nach *Gärtner* kosten 100 kg wirksames Chlor in Gestalt von Chlorkalk 33 Mk., Calciumhypochlorit 45 Mk., flüssiges Chlor 60 Mk., Natriumhypochlorit 120 Mk.

[2] In der Grand-Forks-Schnellfilteranlage werden 12 bis 18 g/cbm Alaun und 1,2 g/cbm Chlorkalk zwar getrennt gemischt, aber durch ein gemeinsames Zuflußrohr der Entnahmeleitung aus dem Redlakefluß zugeführt.

Das behandelte Wasser gelangt durch zwei Vorbecken mit Überlaufrinnen nach den beiden Hauptniederschlagsbecken und braucht im ganzen 24 bis 36 Stunden, ehe es auf die Schnellfilter gelangt.

Die Mischung wird eine sehr innige, und das Verhältnis des Chemikalienzusatzes zu Menge und Gehalt des Rohwassers braucht nicht so genau geregelt zu werden, wie bei kurzer Wirkungszeit. Der Gehalt von 30 bis 40 Colibakterien auf den Kubikzentimeter verschwindet vollständig. Einmal im Jahre muß das Doppelniederschlagsbecken gereinigt werden.

Zusatzmengen bis zu 200 g/cbm Chlorkalk sind für die Gesundheit unschädlich. 1,8 g/cbm ist die kleinste Menge, deren Geschmack und Geruch noch deutlich wahrnehmbar sein soll[1]. Anlagen, welche für gewöhnlich 0,7 bis 1 g/cbm benutzen, erhalten einen Sturm von Klagen, wenn diese Menge überschritten wird.

Die Belästigung verschwindet bei längerem Stehen, Lüften, Holzkohlefilterung, ebenso bei Zusatz gleicher Mengen von Thiosulfat (Antichlor = $Na_2S_2O_3$ 16 Pfg/kg), dann allerdings augenblicklich auch die keimtötende Wirkung. Diese hängt von dem Gehalt des Wassers, dem Verhältnis des Zusatzes, der Innigkeit der Mischung und der Wirkungsdauer ab, welch letztere keinesfalls unter 20 Minuten betragen soll.

Die keimtötende Wirkung hat sich beinahe in allen Fällen als eine außerordentliche herausgestellt, so z. B. bei Typhusepidemien im Ruhrgebiet schon bei Verdünnungsgraden 1 g/cbm Chlorkalk, also $^1/_3$ g/cbm wirksames Chlor. Keimverminderung von rd. 40 000 auf 6. (*Lueger* II, S. 153.)

In der Lawrence-Versuchsstation wurden durchschnittlich auf den Kubikmeter 17 g Alaun, 10 g Soda, 2,5 g Chlorkalk zusammen dem Rohwasser zugesetzt. Die bakteriologische Wirkung des Niederschlagsbeckens betrug 93 Proz., die des Filters 82 Proz.[2], im ganzen 98,3 Proz., sobald das Desinfektionsmittel weggelassen wurde. Mit demselben und ohne das Filter stieg die Entkeimung auf 99,6 Proz.

In bakteriologischer Beziehung war also das Desinfektionsmittel wirksamer als das Filter.

Andererseits fanden sich in Baltimore noch Colibakterien in 18,7 Proz. der untersuchten Proben aus dem Loch-Raven-See trotz Zusatz von 1,5 g/cbm wirksamen Chlors. Der nachträgliche Zusatz von 14 g/cbm Alaun verbesserte mit einem Schlage die bakteriologische Beschaffenheit. (E. R. 67/249.)

Über die Verwendung von flüssigem Chlor siehe S. 59 unter 9.

---

[1] Die Wahrnehmung von Geruch und Geschmack ist eine subjektive Empfindung und beruht, wie viele Versuche gezeigt haben, häufig auf Selbsttäuschung.

In E. R. 65/360 wird angegeben, daß

    1,8 Teile Chlorkalkzusatz auf 1 Mill. Teile Wasser

    0,9 „ Chlorgaszusatz „ 1 „ „ „

die untere Grenze für die Geruchswahrnehmung bildeten, daß aber schon 0,6 Tl. Chlorkalk oder Chlorgas durch den Geschmack festzustellen waren.

Das Talsperrenwasser von Neuyork wird im Durchschnitt mit 1,93 g/cbm Chlorkalk versetzt.

[2] Verringerung von 530 auf 95 Keime/ccm.

$$530 - 95 = 435 = \frac{530 \cdot 82}{100}, \quad \text{(E. R. 64/758.)}$$

# III. Die Lösungs- und Aufgabevorrichtungen der Chemikalien.

## 1. Allgemeine Gesichtspunkte.

Die Verwendung von Chemikalien bedingt im höchsten Grade die Beobachtung aller meteorologischen und hygienischen Erscheinungen im Bezugs- und Versorgungsgebiet, die dauernde Messung und Untersuchung des Roh- und Reinwassers auf Menge, Gehalt an organischen, anorganischen, bakteriellen Verunreinigungen, Färbung[1], Temperatur, Geruch und Geschmack.

Ein größerer Vorrat an Chemikalien ist in unverändert guter Beschaffenheit zu lagern, im richtigen Verhältnis zu lösen, die Lösungsmenge im Verhältnis zur Beschaffenheit und Menge des Rohwassers diesem zuzuführen und mit ihm aufs innigste zu mischen.

Ein chemisch-bakteriologisches Laboratorium ist deshalb bei allen größeren Anlagen vorgesehen.

Es hat sich als vorteilhaft herausgestellt, wenn Alaun, Eisenvitriol, Kalk, Soda, Chlormagnesium in 1- bis 5 proz. Lösungen gebracht werden, um die schnelle innige Durchdringung der großen Rohwasser- mit den geringen Zusatzmengen (10 bis 240 g/cbm) zu sichern. Geringe Schwankungen in Menge und Beschaffenheit der Lösung und des Rohwassers (Tagesbedarfsschwankungen) gleichen sich um so mehr aus, je länger die Einwirkungen in Entnahmebrunnen, Rohrleitungen, Misch-, Absitz- und Niederschlagsbecken dauert. Ein weiterer Ausgleich findet in der mehr oder weniger großen verbleibenden Belastung des Filters statt[2].

Ein vorübergehender Mangel oder Überschuß der unschädlichen Fällmittel ist daher von keiner großen Bedeutung für den Filtervorgang, aber wegen der Kosten und der Abkürzung der Betriebsdauer der Filter zu vermeiden.

Änderungen im Schlamm- und Bakteriengehalt sowie der Temperatur des Rohwassers müssen durch Menge, Art und Zusatzstelle des Fällmittels berücksichtigt werden.

---

[1] Die Durchsichtigkeit wird geprüft an Hand von Wasserproben, deren Schlammgehalt in g/cbm bestimmt ist. Elektrische Birne mit stark liniiertem Papier überzogen als Zielobjekt. (E. R. 68/352.)

[2] Zur innigen Mischung für die Langsamfilter ist in Pittsburgh das außerordentlich wirksame Grobfilter herangezogen (vgl. S. 5; Wasser u. Abwasser Bd. 7, S. 509; E. R. 67/437), ebenso in Philadelphia (E. R. 69/534).

Der Chlorkalk bedarf einer genaueren Zusatzreglung wegen eintretender Geschmacks- und Geruchsbelästigung einerseits und unzureichender Keimtötung andererseits. Die Höchstmenge ist 1,8 g/cbm Chlorkalk $\cong$ 0,6 g/cbm wirksames Chlor, der Verdünnungsgrad der Zusatzlösung nicht über 1 Proz., um das Verhältnis genau einzuhalten und den Angriff auf die Lösungseinrichtung zu mildern.

Die zeitliche und örtliche Reihenfolge der Zusätze ist in der Regel: Kalk, Soda — Alaun oder Eisenvitriol — Chlor, Chlorkalk. Je früher der Zusatz — Entnahmebrunnen, Rohwasserzuleitung —, je inniger die Mischung, doch machen sich in diesen Anlagen auch schon die Einwirkungen der Zusätze bemerkbar. Sehr schlammiges Wasser verbraucht sehr viel Zusatz. Es wird deshalb in Absitzbecken vorgeklärt und die Zusätze an verschiedenen Stellen entsprechend der eintretenden Wirkung nach Bedarf später gegeben.

Die Ausscheidung darf in großen und tiefen Niederschlagsbecken auch nicht zu weit getrieben werden, damit es an den zur Bildung der Filterschmutzdecke nötigen Kolloiden nicht fehlt.

Die Fällmittel lösen sich in der Regel nicht vollständig. Ein Teil des Rückstandes ist trotzdem noch wirksam und wird in den Vorrats- und Mischbehältern schwebend erhalten. Für die Ablagerung und unschädliche Abführung des unlöslichen Restes ist durch Siebe, Schlammschächte, Ableitungen und Spülvorrichtungen zu sorgen.

Das Aufspeichern, Abmessen, Befördern, Zerkleinern, Sieben und Einbringen der Chemikalien ist ohne gesundheitsschädliche Staubentwicklung, Verluste und Zersetzung zu bewirken.

Die Lösungsbehälter bestehen aus Eisenbeton, Eisen, Holz, Porzellan, Mauerwerk mit Einwurftrichtern und Deckeln. Ein Asphalt- oder Teeranstrich hat sich bewährt.

Die Lösung wird durch warmes Wasser, Einpressung von Dampf, Luft, Wasser, mechanisch angetriebene Rührwerke aus Bronze oder Holz unterstützt.

Lösewasser, Lösungs-, Misch- und Vorratsbehälter (mit Meßvorrichtungen) werden nach Möglichkeit untereinander angeordnet, so daß die Verteilung zuverlässig im natürlichen Gefälle erfolgt und Pumpen und Leitungen gespart werden. Letztere sind in möglichst geraden Strecken großen Durchmessers, regelmäßigen Gefälles mit Reinigungs- und Spülöffnungen, Entlüftungs- und Ausdehnungsvorrichtungen zu versehen. Gußeiserne verzinkte Eisenrohre, Bronze-, Blei-, Glas-, Hartgummi-, glasierte Tonrohre, vor Frost geschützt, finden Verwendung. Gummischläuche werden zur Verteilung benutzt. Der Angriff und die Inkrustation findet hauptsächlich an Muffen, Flanschen, Ein- und Austrittsöffnungen (Hartgummi) statt.

Da alle Chemikalien wegen der notwendigen Lösungsfähigkeit hygroskopisch sind, ist ihre Abmessung nach Gewicht oder Rauminhalt ungenau. Daher sind Chargenmischer mit quantitativ festgestelltem Lösungsgehalt kontinuierlichen Lösungseinrichtungen vorzuziehen.

Die Zusatzregler sind meist auf das Verhältnis: Lösungsmenge bestimmten Prozentgehaltes zu Rohwassermenge abgestimmt. Stark wechselnder Rohwassergehalt kann nur durch Handregelung des Prozentgehaltes oder des Lösungszusatzes berücksichtigt werden an Hand von Probeentnahme oder Erfahrung.

Die Meßvorrichtungen der Lösungs- und Rohwassermengen bestehen in Überfällen oder Unterwasseröffnungen mit konstant erhaltener oder registrierter Druckhöhe, kalibrierten Hähnen, Schiebern und Ventilen, Venturimetern, Flügelradmessern, Hub- und Tourenzählern, Manometern u. dgl.

Lösungs- und Rohwassermesser werden zur selbsttätigen Herstellung des richtigen Mengenverhältnisses durch Schwimmer, Hebel, Tauchgewichte mit mechanischer, elektrischer, hydraulischer oder Druckluft-Übertragung in regulierbare Verbindung gebracht.

Nachfolgende Ausführungsbeispiele lassen die für Einzelfälle getroffenen gebräuchlichsten Vorrichtungen und Verfahren erkennen.

## 2. Die Lösungs- und Aufgabevorrichtung für die beiden Aquadukte der Wasserversorgung New Yorks.

Vor der beabsichtigten Erbauung von großartigen Schnellfilteranlagen soll das aus besiedelten Niederschlagsgebieten stammende Talsperrenwasser mit durchschnittlich 217 Bakterien im Kubikzentimeter mit Chlorkalk desinfiziert werden.

Die Anlage ist bei Dunwoodie an einer Stelle errichtet, wo die Aquadukte sich auf 30 m einander nähern.

Sämtliche nachbeschriebenen Vorrichtungen sind in einem Gebäude von 15,24 m Länge und 9,75 m Breite untergebracht, welches von einem Laufkran mit Katze beherrscht wird. Pumpen und Motoren befinden sich in einem Anbau von 9,75 · 2,84 m Grundfläche.

Die Gesamtrohwassermenge im alten Aquadukt beträgt $\sim$ 300 000 cbm/Tag, im neuen 1 130 000 cbm/Tag.

Der Zusatz ist auf 1,93 g/cbm Chlorkalk bemessen und angenommen, daß dies 0,5 g/cbm wirksamen Chlors entspräche. Es sind demnach etwa

$$\frac{(300\,000 + 1\,130\,000) \cdot 1{,}93}{1000} = 2760 \text{ kg Chlorkalk in 2 proz. Lösung zu bringen}$$

und zuzusetzen.

Der Chlorkalk wird in Metallfässern von $\sim$ 350 kg angeliefert. Zur besseren Handhabung und Lagerung wird ein zweiteiliger Ring mit zwei hervorstehenden Zapfen angeschraubt. Mit Hilfe desselben wird das Faß durch einen Kran in den Zapfenlagern eines Bockes drehbar gelagert. Der Deckel wird herausgeschnitten und mittels eines Spannringes ein Schütttrichter mit Meßgefäß auf der Öffnung befestigt. Dann wird die Öffnung des Fasses in den Zapfenlagern nach unten gedreht, wo in einer Grube etwaiger Staub sich absetzt. Der Kran faßt dann aufs neue das Faß und führt es über die Lösungsgefäße. Unter der Öffnung des Schüttrichters be-

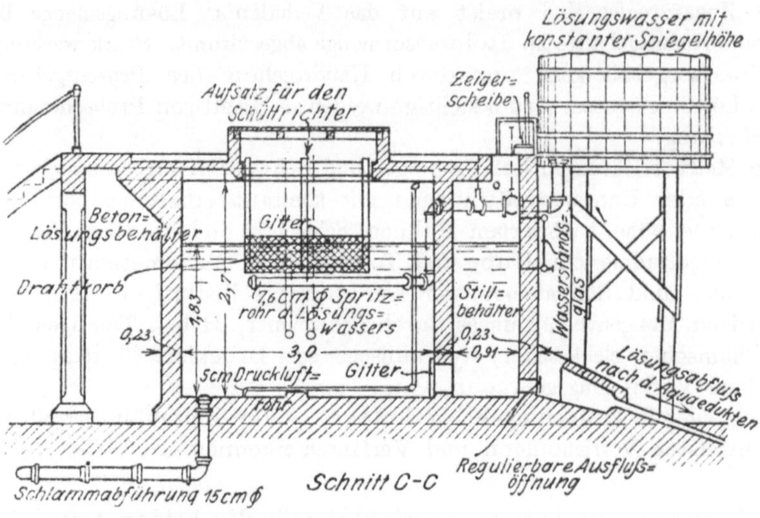


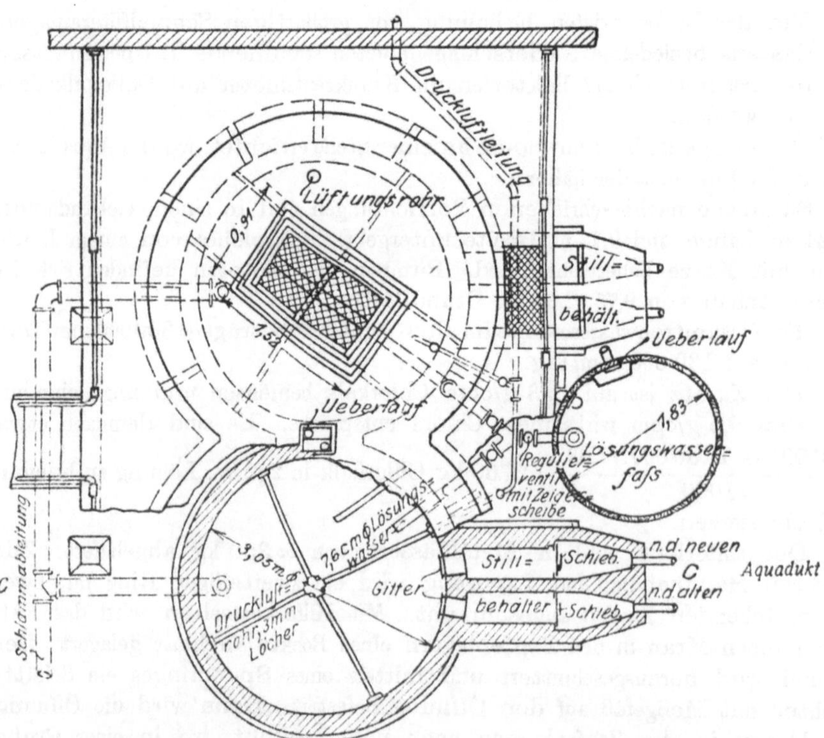


Fig. 9 u. 9a. New York. Chlorisierungseinrichtung für die Croton-Staubecken-Versorgung. (E. R. 65/595.
Grundriß und Schnitt C-C der beiden Lösungsbottiche und des Lösungswasserfasses.

finden sich zunächst drei drehbare Roste, welche mit ihren Zähnen in die Zahnzwischenräume der benachbarten greifen. Ihre gleichzeitige Drehung mittels einer Kurbel wird durch drei an ihren Längsachsen aufgesteckte gleiche Zahnräder gesichert. Der durchfallende gemahlene Chlorkalk gelangt in feinerer Verteilung in das von vornherein darunterhängende Gefäß, dessen Füllung man durch einen oberen Bodenschieber regulieren und durch graduierte Glaswände beobachten kann.

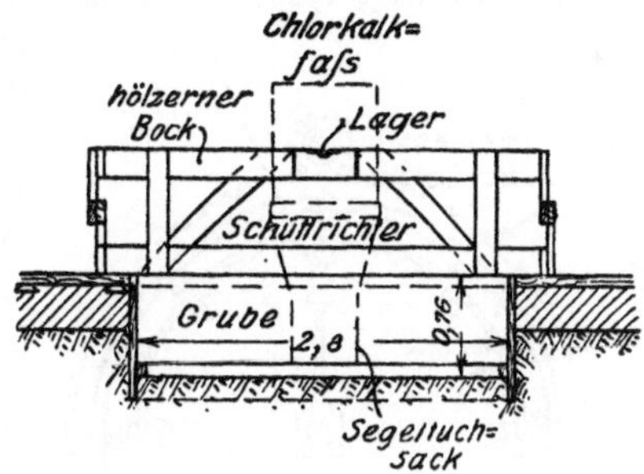


Fig. 10. New York. Chlorisierungseinrichtung für die Croton-Staubecken-Versorgung. (E. R. 65 595.) Gerüst und Grube für das Öffnen der Chlorkalkfässer und die Befestigung des Mahl- und Meßgefäßes an denselben.

Nach Öffnung des unteren Bodenschiebers stürzt der abgemessene Chlorkalk, geführt durch einen Segeltuchsack ohne Boden, in einen Korb von 1,52 m Durchmesser aus Bronzedrahtgeflecht (16 mm Maschenweite), von welchem je einer in jedem der beiden Behälter (zylindrische Eisenbetonbehälter von 3,05 m Durchmesser und 2,7 m Höhe) aufgehängt ist.

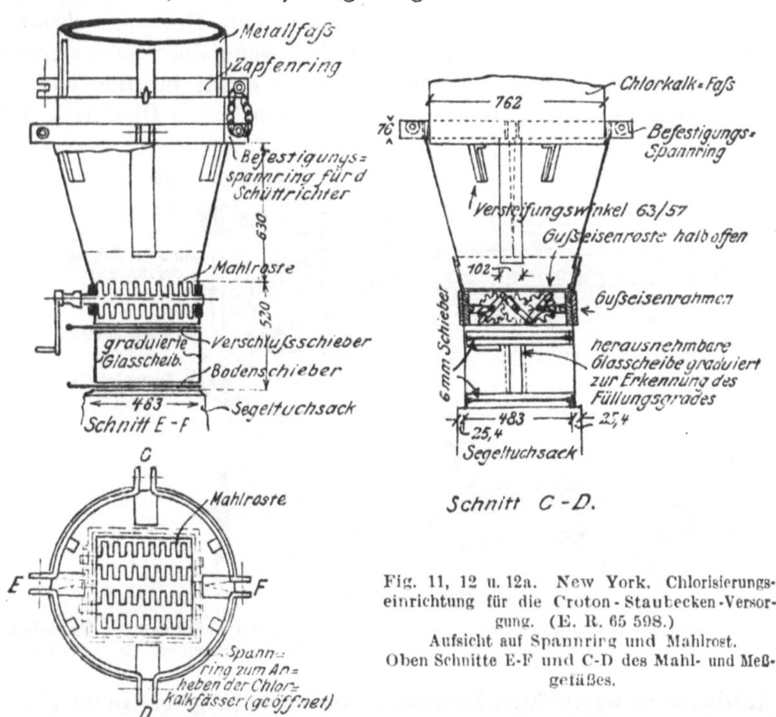


Fig. 11, 12 u. 12a.  New York.  Chlorisierungseinrichtung für die Croton - Staubecken - Versorgung.  (E. R. 65 598.) Aufsicht auf Spannring und Mahlrost. Oben Schnitte E-F und C-D des Mahl- und Meßgefäßes.

Das Lösungswasser wird aus dem neuen Aquadukt in einen hochliegenden Holzbehälter von 1,83 m Durchmesser gepumpt. Die Spiegelhöhe daselbst wird durch einen Überfall nach einem zweiten kleineren Behälter konstant erhalten. Die Abflußmenge und damit der Lösungsgrad kann durch einen kalibrierten Schieber mit wagerechter kreisförmiger Zeigerscheibe auf 0 bis 75 gallons = 265 l/Min. reguliert und unter 2,2 m konstantem Überdruck durch ein 76 mm wagerechtes, oben gelochtes verzinktes Gußeisenrohr von unten gegen den Boden des Drahtkorbes gespritzt werden. Das Überfallwasser, welches in den kleinen Holzbehälter gelangt, wird anderweitig verwendet.

Nur einer der Lösungsbehälter wird gleichzeitig benutzt und der Spiegel in demselben auf 1,80 m Höhe dadurch konstant erhalten, daß der Überschuß durch einen Überfall in den zweiten Lösungsbehälter abfließt. Der Boden des Drahtkorbes taucht dabei etwa 30 cm in die Lösung. Zur weiteren innigen Mischung wird Druckluft durch ein wagerechtes kreuzförmiges 5-cm-Rohr am Boden des

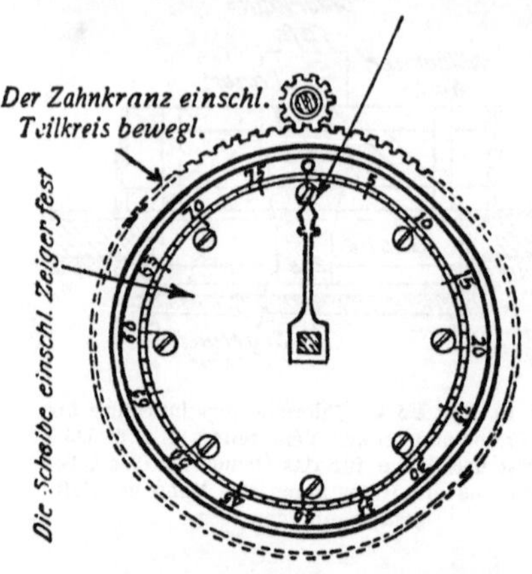


Fig. 13. New York. Chlorisierungseinrichtung. (E. N. 69 419.)
Zeigerscheibe für die Einstellung des Lösungswasserzuflusses.

Behälters eingepreßt. Von dort tritt auch die Lösung durch eine vergitterte Öffnung in zwei kanalartige Stillbehälter — je einen für den alten und neuen Aquadukt — und weiterhin ebenfalls unter 1,8 m Überdruck durch

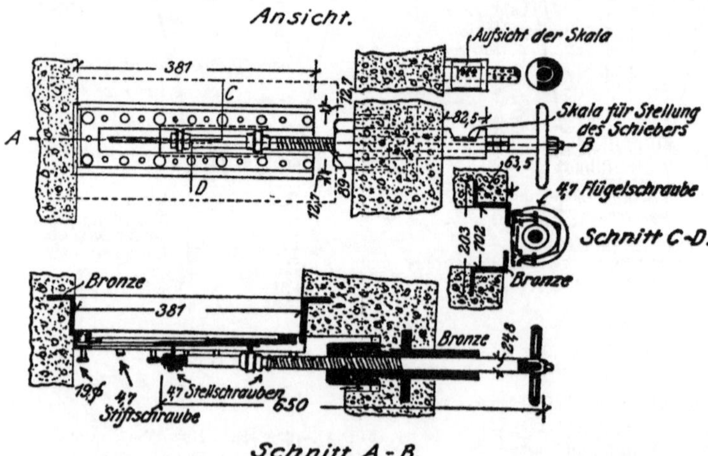


Fig. 14 u. 14 a. New York. Chlorisierungseinrichtung. Schieberschlitz für den Ablaß der Chlorkalklösung aus den Stillkammern in die Aquadukte der New-Yorker Wasserversorgung. (E. N. 69/421.)

einen kalibrierten wagerechten Bronzeschieberschlitz (Fig. 14) in die glasierte Tonrohrleitung von 15 cm Durchmesser nach den Aquadukten. An der entgegengesetzten Seite des Lösungsbehälters kann der Schlamm durch eine 15-cm-Drainrohrleitung abgelassen werden.

**Durch** diese Vorrichtungen mag es zwar gelingen, den Lösungszufluß der **Menge** nach gleichmäßig zu gestalten. Die Gleichmäßigkeit des Lösungsverhältnisses scheint mir aber, selbst wenn durch den Schieber des Meßgefäßes in gleichen Zeitabständen immer gleiche Raummengen Chlorkalk eingebracht werden, durch die ungleichmäßig erfolgende Lösung und den Überfall nach dem Nachbarbehälter stark beeinträchtigt.

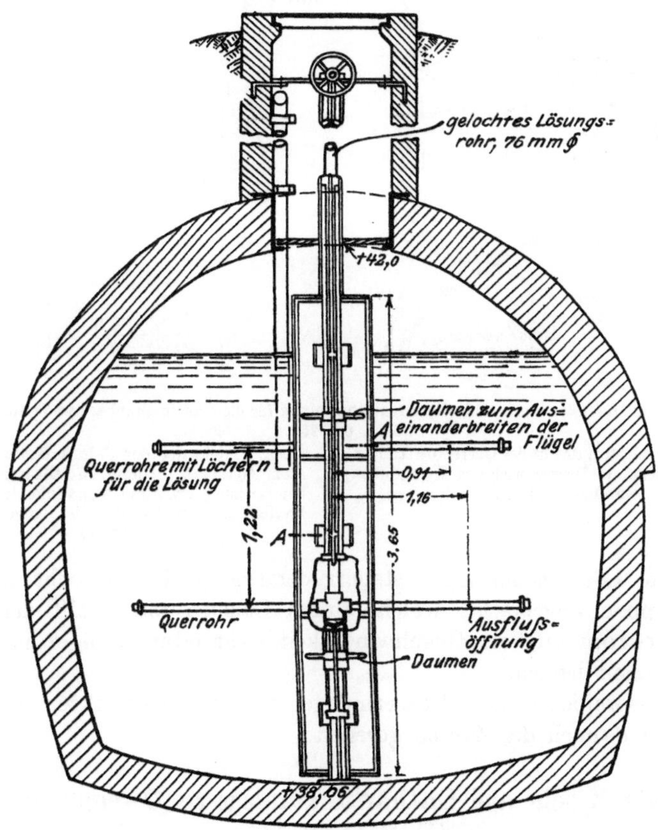


Fig. 15. New York. Chlorisierungseinrichtung für die Croton-Staubecken-Versorgung. (E. N. 65/596.) Die Einführung der Chlorkalklösung in den neuen Aquaduktquerschnitt.

Eine „Chargenmischung" nach Gewicht und ein Ablassen der fertigen, genau auf Gehalt geprüften Mischung aus einem Zwischenbehälter mit konstant erhaltener Spiegelhöhe oder einer ähnlichen Vorrichtung wäre sicherer.

Die Lösung wird in dem alten Aquadukt durch ein senkrecht eingehängtes Rohr von 5 cm Durchmesser mit zehn eingebohrten 3-mm-Löchern verteilt.

An zwei unterhalb liegenden Stellen ist zur Mischung des Wassers je ein Satz Prellbretter in den Aquaduktquerschnitt eingebaut.

Im neuen Aquadukt ist das Lösungsrohr von 76 mm Durchmesser in der Mitte des Querschnitts bis zur Sohle geführt und mit zwei wagerechten Querrohren versehen.

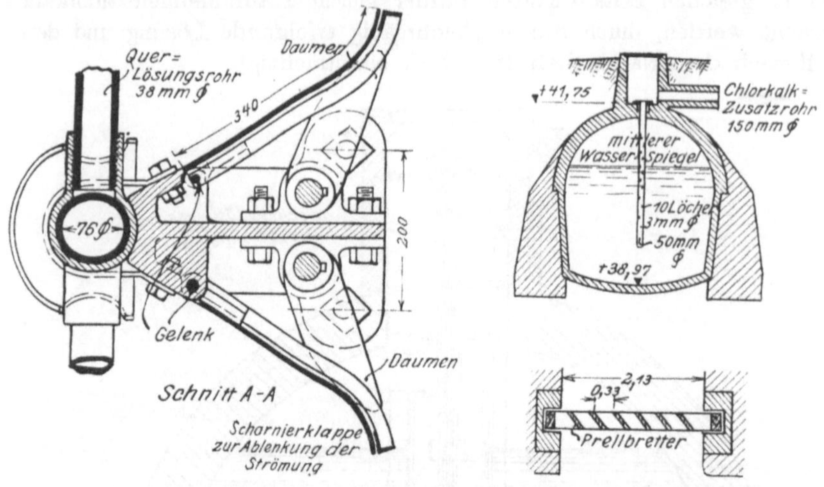



Fig. 15a, 16 u. 16a. New York. Chlorisierungseinrichtung für die Croton-Staubecken-Versorgung.
(E. R. 65/596.)

Stellvorrichtung, um das in der Querschnittmitte schneller fließende Wasser nach den Aquaduktwänden abzulenken.

Oben: Einführung der Chlorkalklösung in den alten Aquadukt. Unten: Seitliche Ablenkung der Strömung im alten Aquadukt durch Prellbretter. (Ein zweiter Satz ist entgegengesetzt gerichtet).

An dem Lösungsrohr sind steuerruderartig zwei senkrecht gestellte Scharnierklappen angebracht, welche durch Daumen eingestellt den mittleren Wasserstrom größerer Geschwindigkeit mehr oder weniger nach den Kanalwandungen lenken.

Die Wasserspiegelhöhe (Wassermenge) in den Aquadukten wird beobachtet und danach der Zusatz geregelt.

## 3. Die Misch- und Enthärtungsanlage zu Owensboro.
### (E. R. 65/597.)

Das Rohwasser, etwa 4000 cbm/Tag, hat eine Härte (Alkalinität) von 306 Millionstel, enthält Kohlensäure, Eisen (1,2 Millionstel) und Chlor und wird mittels Druckluftstrahlpumpe von 3,75 Atm aus einer Anzahl Rohrbrunnen von $\sim$ 70 m Tiefe einem Überfallbehälter zugeführt. Durch die Druckluftförderung findet bereits eine Lüftung und Enteisenung statt.

Die Enthärtungsanlage besteht aus einem von Betonwänden eingefaßten Behälter von 30,6 · 23,2 m Grundrißfläche im Lichten. In der kürzeren Symmetrieachse liegt ein wagerechter Sohlenstreifen etwa 6,0 m unter Wasserspiegel, auf welchem durch zwei Verbindungswände der längeren Behälterumfassungsmauern und fünf Trennungswände sechs Schächte gebildet sind. Zu beiden Seiten dieses Einbaues steigt die Betonsohle unter 30° nach den kürzeren Umschließungsmauern an. Dadurch wird an Aushub und Mauerwerk für die Umfassungswände gespart und sowohl die Ausscheidung des Schlammes aus dem an der tiefsten Stelle durch je 21 Tauchrohre von 10 cm Durchmesser 1,5 m über Sohle eingeführten behandelten Wasser in den entstandenen beiden Niederschlagsbecken, als auch dessen Beseitigung erleichtert.

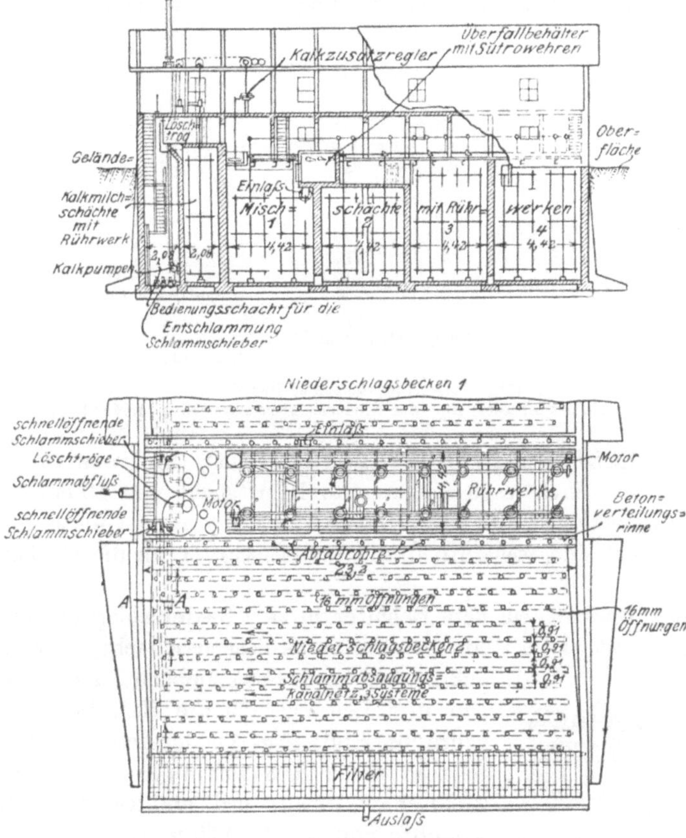


Fig. 17 u. 17a. Enthärtungsanlage zu Owensboro.
Oben: Längsschnitt durch die Kalkmilch- und Mischschächte. Unten: Grundriß der Schächte und Niederschlagsbecken. (E. R. 65/597.)

Es sei vorausgeschickt, daß zur Schlammbeseitigung gleichlaufend der wagerechten Erzeugenden der Betonsohlenoberfläche je 14 Drainagerohre in 0,91 m Abstand mit Einlaßöffnungen von 16 mm Durchmesser in $\sim 1{,}0$ Abstand in die Betonsohle der beiden Niederschlagsbecken eingebettet sind. Sie münden gruppenweise in je drei Schlammabführungskanäle (20·23 cm), welche im Gefälle der Sohle an der einen Langseite des Behälters nach dem dort liegenden zugänglichen Bedienungsschacht geführt sind.

Jedes der sechs Systeme kann durch die plötzliche Öffnung eines in ein 20-cm-Rohr eingebauten Schieberverschlusses unter dem Druck des Behälterwasserstandes ein Abfließen des abgelagerten Schlammes durch die Öffnungen der Drainstränge herbeiführen. Zwischen den Öffnungen bleiben allerdings noch Schlammkegel liegen, aber die Spülung kann während des Betriebes in beliebiger Reihenfolge der beherrschten Flächen erfolgen.

Längs der kürzeren Umschließungsmauern sind in Wasserspiegelhöhe krippenartige viertelkreisförmige Tröge von 1,53 m Halbmesser aus durchlochtem Stahlblech angehängt und durch Säulen unterstützt.

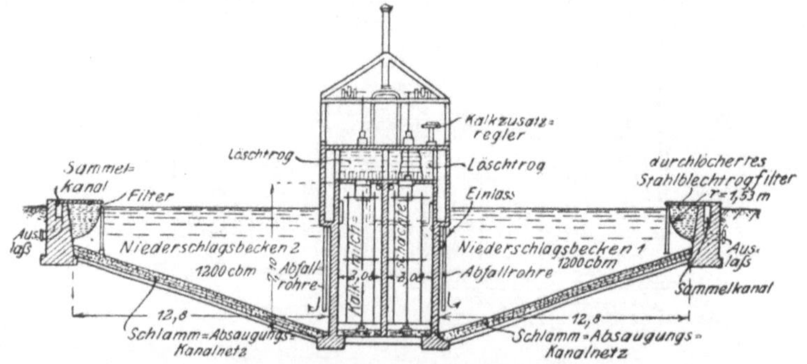

Fig. 17b.  Enthärtungsanlage zu Owensboro.
Querschnitt des Schachtes und der Niederschlagsbecken. (E. R. 65/597.)

Sie sind mit Holzfasern als Filtermaterial gefüllt[1], und aus ihnen gelangt das Wasser durch je 26 wagerechte Rohrstutzen von 10 cm Durchmesser in Sammelkanäle, welche in der Krone der kurzen Umschließungsmauern ausgespart sind, weiterhin in die Sammelbehälter für die Hochdruckpumpen.

Der Schachteinbau teilt den Behälter in zwei Niederschlagsbecken von je 1230 cbm Inhalt. Dem schon erwähnten Bedienungsschacht, in welchem

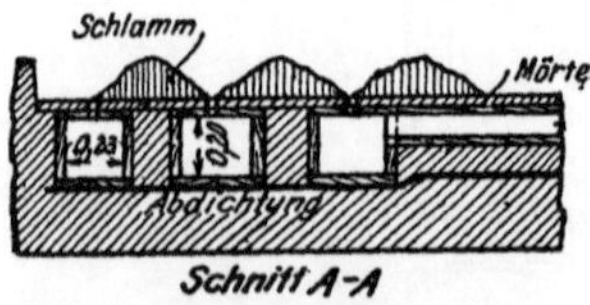

Fig. 18. Schnitt A-A (Fig. 17a) der drei Hauptschlammabzugskanäle mit Schlammablagerung.

außer den sechs Spülschiebern auch die Pumpen und Leitungen für die Kalklösung untergebracht sind, folgt für letztere ein Doppelschacht von 2·2,08·1,83 m Grundrißfläche und 2·30 cbm Inhalt, und endlich vier Mischschächte von je 4,42·4,20 m Grundfläche und je 120 cbm Inhalt.

Über der ganzen Schachtanlage liegt ein Bedienungsflur mit Fachwerküberbau.

Unter dem Flur über den Kalklösungsbehältern sind zwei Löschfässer aus Stahl von 2,13 m Durchmesser und 1,45 m Tiefe aufgestellt, welche von oben beschickt werden und mit Entlüftungsrohren versehen sind.

Durch Rührwerke wird das Löschen des Kalkes unterstützt und die Kalkmilch gelangt durch Bodenschieber in die ebenfalls mit Rührwerken ausgestatteten Vorratsbehälter. An deren Sohle wird sie durch Pumpen entnommen und nach einem Regulierungsgefäß (Kalkzusatzregler) gehoben.

---

[1] Die Holzfaserfilter haben sich, wie zu erwarten, wenig bewährt.

Der Überschuß fließt in die Vorratsbehälter durch Überfall zurück, so daß die Spiegelhöhe annähernd gleich erhalten bleibt. Der Ausfluß aus dem Kalkzusatzregler durch einen wagerechten Schlitz mit wagerechtem Schieberverschluß erfolgt daher unter konstantem Druck, und die Ausflußmenge ist proportional der Schlitzöffnungsweite.

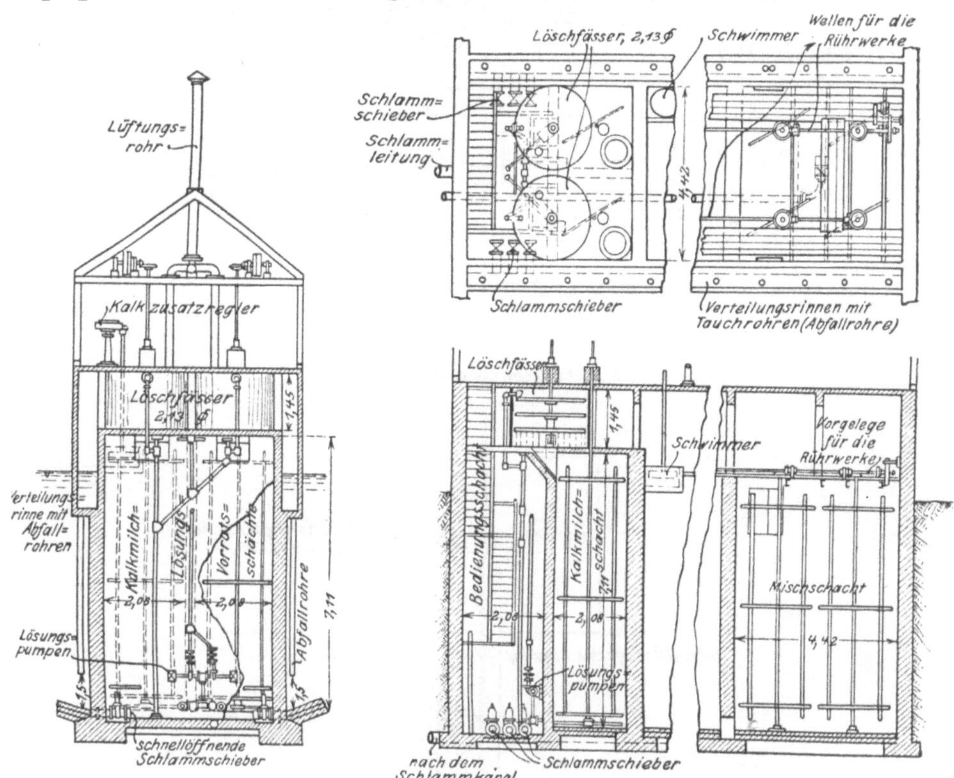


Fig. 19, 19a u. 19b. Enthärtungsanlage zu Owensboro. (E. R. 65/598.)
Links: Querschnitt des Bedienungsschachtes für die Schlammschieber und Pumpen.
Rechts oben: Aufsicht auf die Kalklöschfässer und die Rührwerkvorgelege.
Rechts unten: Längsschnitt durch Bedienungs-, Kalkmilch- und Mischschächte.

Um nun ein geradliniges Verhältnis zwischen Kalkmilchzufuhr und Rohwassermenge herzustellen, sind in der Wand des eingangs erwähnten Überfallbehälters des Rohwassers drei parabolische Überfälle (Sutrowehre) eingeschnitten. Dieselben sind seitlich so begrenzt, daß die zunächst in den ersten Mischschacht ausfließende Rohwassermenge geradlinig proportional der Überfallhöhe ist. Ein auf ihrem Spiegel ruhender Schwimmer reguliert daher mittels einer Zahnstange und Zahnradübersetzung die Schlitzöffnung des Kalkmilchzuflusses genau entsprechend dem Rohwasserabfluß. Dieses geradlinige Verhältnis des Lösungs- und Rohwasserabflusses läßt sich bei konstant erhaltenem Lösungsspiegel auch durch gleiche Überfallhöhen $h$ herstellen. Vgl. Fig. 20 u 21.

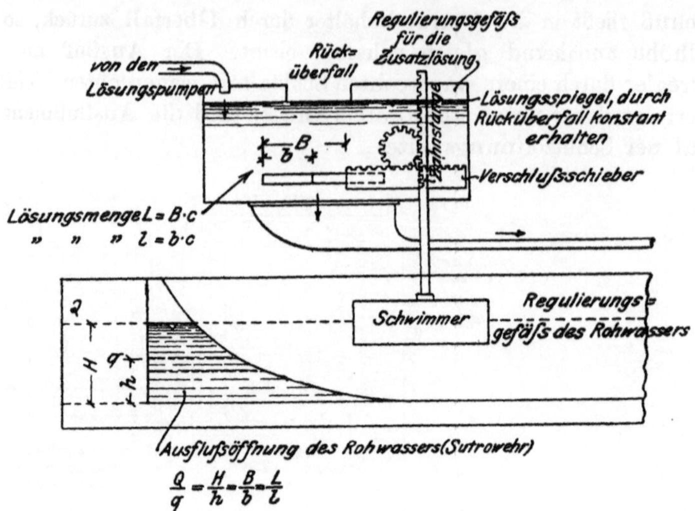



$$\frac{Q}{q} = \frac{H}{h} = \frac{B}{b} = \frac{L}{l}$$

Fig. 20. Sutrowehr oder Booth-Regler.

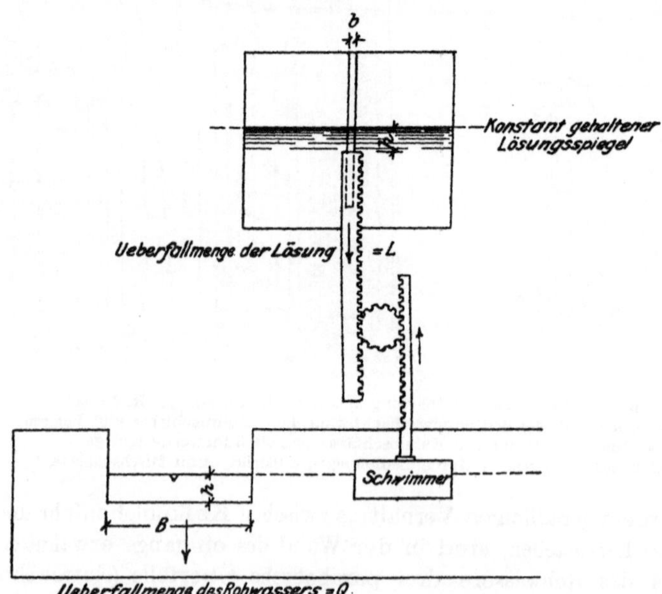



Fig. 21. Regelung durch gleiche Überfallhöhen $h$ für Lösung und Rohwasser.

$$\frac{L}{Q} = \frac{\tfrac{2}{3}\,\mu\,b\,\sqrt{2\,g\,h^3}}{\tfrac{2}{3}\,\mu\,B\,\sqrt{2\,g\,h^3}} = \frac{h}{B} = \text{Konstans}\,.$$

Das Zusatzverhältnis läßt sich durch das Lösungsverhältnis der Kalkmilch, durch Regelung der Höhe des Reglerüberfalls oder Ausflußschlitzes ändern[1].

---

[1] Die Aufgabe-Vorrichtung Booth-Regler oder Sutrowehr ist in Columbus, Indiana, für Alaunzusatz zu 15 000 cbm Tagesmenge des Weißwasserflusses vor der Schnell-

Die vier Mischbehälter sind je mit vier Rührwerken (6 Umdrehungen/Min.) ausgestattet. Sie bestehen je aus einer senkrechten Welle mit zwei parallelen Holzlatten, gehalten oben und unten und in der Mitte durch wagerechte Verbindungen, und werden von zwei wagerechten, elektrisch angetriebenen, auf den Brunnenrändern in der Längsrichtung verlagerten Wellen aus betätigt.

Das mit Kalkmilch versetzte Wasser durchfließt die vier Schächte, indem es aus dem Überfallbehälter, welcher auf der Trennungswand des ersten und zweiten Schachtes eingebaut ist, durch die Sutrowehre in den ersten oben eintritt, durch eine Bodenöffnung in den zweiten, durch einen Überfall in den dritten und eine Bodenöffnung in den vierten gelangt. Von hier fließt es über Einsatzbretter in die Verteilungsrinnen für die Niederschlagsbecken, welche sich beiderseitig an den Längswänden der Schachtanlage in Wasserspiegelhöhe hinziehen und das Wasser durch die Tauchrohre abgeben. Es ist möglich, zwei Mischbehälter und auch eines oder das andere Niederschlagsbecken auszuschalten.

Sämtliche Schächte sind mit Entschlammungsrohren versehen.

Für den durchschnittlichen Betrieb von 3785 cbm in $11^{1}/_{2}$ Stunden braucht das Wasser 1 Stunde, um die Mischschächte, und 5 Stunden, um die Niederschlagsbecken, diese mit 44 mm/Min. Geschwindigkeit, zu durchfließen.

# 4. Die Berechnung des Sutrowehres und der Vergleich der Überfallmengen eines Kimmenwehres mit denjenigen verschiedener anderer Ausflußöffnungen.
## (E. N. 71/1409 und E. N. 72/462.)

Die Grundbedingung für das Sutrowehr ist, daß die Wasserspiegelhöhe $h$ über der wagerecht angenommenen unteren Begrenzung der Ausflußöffnung direkt proportional der Ausflußmenge ist.

Dadurch, daß mit dem Sinken und Steigen des Wasserspiegels eine lineare Ab- und Zunahme der ausströmenden Wassermenge erfolgt, ist man in der Lage, auch die Schwimmeraufzeichnungen der Abflußmengen oder die Schwimmerregulierung wagerechter Abflußschlitze durch Veränderung der Strahlbreite ebenfalls durch lineare Übertragung vorzunehmen.

---

filtration (E. R. 67/262), ferner für den Kalk-Soda-, Chlorkalk- und Eisenvitriolzusatz (drei besondere Regler, von einem Schwimmer betätigt) zur Enthärtung und Desinfektion von 2840 cbm/Tag Rohwasser einer zeitweise schlammigen, verseuchten Quellwassergewinnung in Georgetown, Kentucky (E. R. 64/706) zur Anwendung gekommen. Der Chlorkalk wird erst nach der Enthärtung eingeführt.

Die letztere Anlage ist ebenso wie die beschriebene von der Booth Co. erbaut. Sie hat neun in einer Reihe liegende Mischschächte von 1,22 · 1,22 m Grundrißfläche und 5,0 m Höhe, welche die beiden Niederschlagsbecken trennen. Die Rohwasserzuleitung ist so eingerichtet, daß die fünf ersten Schächte ausgeschaltet werden können. Die Beckensohlen sind eben und je mit zwei Spülsystemen ausgerüstet.

Alle Motoren mit gemeinsamer Schalttafel können füreinander eintreten, alle Vorgelege einzeln ausgeschaltet werden (Leerlaufscheiben).

**Die Austrittsgeschwindigkeit einer Lamelle** $2 \cdot z \cdot dx$ **ist**

$$v = \sqrt{2g(h-x)},$$

die Menge

$$dQ_1 = v \cdot dF = \sqrt{2g(h-x)}\, 2 \cdot z \cdot dx\,; \qquad Q_1 = 2\sqrt{2g}\int_0^h (h-x)^{\frac{1}{2}} z \cdot dx.$$

Wir wollen nun die Breite der Öffnung $2z$ für verschiedene Höhen $h$ so einrichten, daß die Abflußmenge $Q_1$ proportional $h$ ist. Dieses Integral soll $h$ im ersten Grade enthalten. Die zu integrierende Menge muß daher einen Grad in $x$ geringer sein.

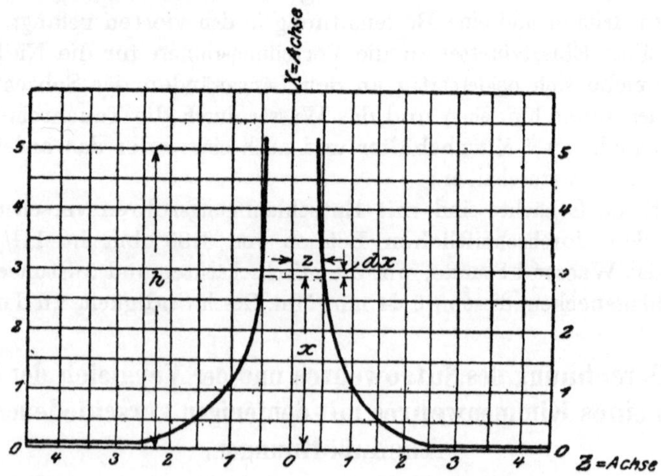


Fig. 22. Berechnung des symmetrischen Sutrowehr-Querschnitts.   (E. N. 71/1409.)

Setzen wir

$$2z = \frac{b}{\sqrt{x}}, \quad \text{wobei} \quad b = \text{Konstans,}$$

so wird: 

$$Q_1 = b\sqrt{2g}\int_0^h \frac{h-x}{(hx-x^2)^{\frac{1}{2}}} = b\sqrt{2g}\left[\int_0^h \frac{h\,dx}{(hx-x^2)^{\frac{1}{2}}} - \int_0^h \frac{x\,dx}{(hx-x^2)^{\frac{1}{2}}}\right]$$

$$Q_1 = \frac{1}{2}\, b\pi h\sqrt{2g}.$$

Für $x = 1$ wird $b = 2z$. Die Ausflußbreite $b$ in der Höhe 1 ist nach der gewünschten Ausflußmenge zu bestimmen und dann die Werte von $z = \dfrac{b}{\sqrt{x}}$.

Um den Ausflußkoeffizienten zu berücksichtigen, vergleicht E. N. 71/1410 die Öffnung mit einer 90°-Kerbe, für welche $x = z$ und deren Koeffizienten bekannt sind. Man kann wohl auch für den gegebenen Fall ein Modell mit wagerecht verschieblichen Öffnungsbegrenzungen herstellen und durch eine unmittelbare Einstellung und Messung der Abflußmengen die Begrenzung festlegen.

Eine zweite Ableitung für eine einhüftige Form der Ausflußöffnung mit einseitiger senkrechter Begrenzung derselben wird in E. N. 72/462 gegeben. Auch die andere Begrenzung der Öffnung ist nicht asymptotisch in die untere wagerechte Begrenzung verlaufend angenommen, sondern auf die Höhe $a \leqq 3$ mm ebenfalls senkrecht begrenzt.

Die wagerechte Ebene, oberhalb welcher die Proportionalität der Abflußmengen in bezug auf die Höhen stattfinden soll, kann man beliebig hoch innerhalb des Rechtecks $b \cdot a$ annehmen. Es erleichtert die Rechnung, wenn man sie in den Abstand $\frac{a}{3}$ oberhalb der wagerechten unteren Begrenzung der Öffnung legt.

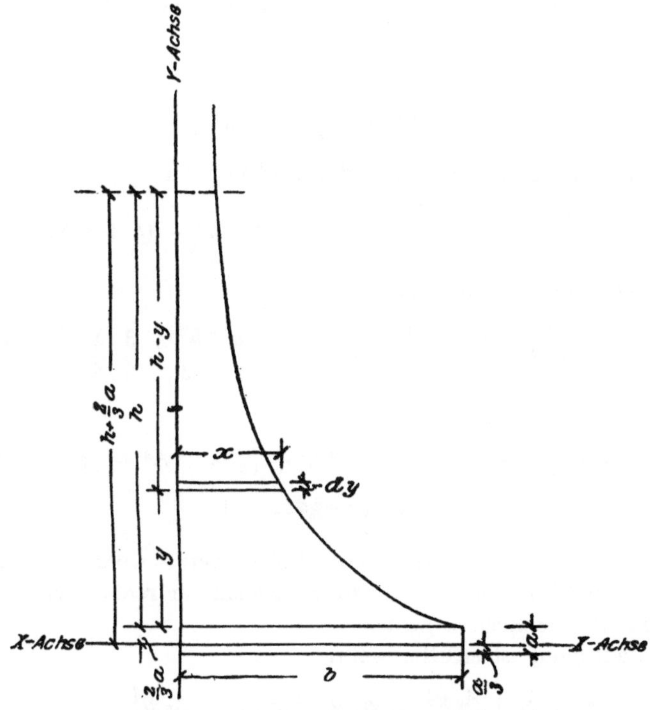


Fig. 23. Berechnung des einhüftigen (unsymmetrischen) Sutrowehr-Querschnitts. (E. N. 72/462.)

Die Abflußmenge durch die rechteckige Öffnung $a \cdot b$ ist

(1) $$Q_1 = \tfrac{2}{3}\, b\, \sqrt{2g}\left[(h+a)^{\frac{3}{2}} - h^{\frac{3}{2}}\right].$$

Die Abflußmenge eines Streifens in der Tiefe $h-y$

$$dQ_2 = x \cdot dy\, \sqrt{2g\,(h-y)}.$$

Die Abflußmenge für die Höhe $h$ ist:

(2) $$Q_2 = \sqrt{2g} \int_0^h \sqrt{h-y} \cdot x \cdot dy.$$

Die gesamte Abflußmenge

$$(3) \qquad Q = \tfrac{2}{3} b \sqrt{2g}\,[(h+a)^{3/2} - h^{3/2}] + \sqrt{2g}\int_0^h \sqrt{h-y}\cdot x\cdot dy.$$

Da $Q$ proportional der Höhe über $XX$ sein soll, so muß auch sein

$$(4) \qquad Q = k\,(h + \tfrac{2}{3}a).$$

Zur Bestimmung der Konstanten $k$ setzt man $h$ in (3) und (4) gleich 0. Denn die Gleichung muß auch gelten, wenn die Wassertiefe gerade $= a$ (Höhe über $XX = \tfrac{2}{3}a$).

$$(3\text{a}) \qquad Q = \tfrac{2}{3} b \cdot a^{3/2}\sqrt{2g}; \qquad\qquad (4\text{a}) \qquad Q = k\cdot \tfrac{2}{3} a.$$

$$(5) \quad \text{Daraus} \qquad\qquad k = b\,a^{1/2}\sqrt{2g}.$$

nach Gl. (4) wird dann

$$(6) \qquad Q = \tfrac{2}{3} b \sqrt{2g}\left(\tfrac{3}{2} h\,a^{1/2} + a^{3/2}\right).$$

Durch die Gleichsetzung von (3) und (6) erhält man

$$(7) \qquad \int_0^h x\sqrt{h-y}\cdot dy = \tfrac{2}{3} b\left[a^{3/2} + \tfrac{3}{2} h a^{1/2} + h^{3/2} - (h+a)^{3/2}\right].$$

Nach dem binomischen Satz ist:

$$(a+h)^{3/2} = a^{3/2} + \frac{3}{2} a^{1/2} h + \frac{3}{2}\frac{1}{2}\frac{a^{-1/2}h^2}{1\cdot 2} - \frac{3}{2}\cdot\frac{1}{2}\cdot\frac{1}{2}\frac{a^{-3/2}h^3}{1\cdot 2\cdot 3} + \frac{3}{2}\cdot\frac{1}{2}\cdot\frac{1}{2}\cdot\frac{3}{2}\frac{a^{-5/2}h^4}{4!}\cdots$$

daher

$$(8) \qquad \int_0^h x\sqrt{h-y}\,dy = \tfrac{2}{3} b\Big[h^{3/2} - \tfrac{3}{8}a^{-1/2}h^2 + \tfrac{1}{16}\cdot a^{-3/2}h^3 - \tfrac{3}{128}a^{-5/2}h^4$$
$$+ \tfrac{3}{256}a^{-7/2}h^5 - \dots\Big]$$

Ebenso kann $x\sqrt{h-y}$ durch eine Reihe ersetzt werden, welche nach Integration und Einsetzung der Grenzen eine mit der rechten Seite der Gleichung (8) identische Reihe ergibt.

Diese Bedingung ist erfüllt, wenn

$$(9) \qquad x = A_1 + A_2 y^{1/2} + A_3 y^{3/2} + A_4 y^{5/2} + A_5 y^{7/2} \dots,$$

in das Integral $\int x\sqrt{h-y}\,dy$ eingesetzt wird:

$$(10) \quad \int_0^h x\sqrt{h-y}\,dy = A_1\int_0^h \sqrt{h-y}\,dy + A_2\int_0^h \sqrt{hy-y^2}\,dy + A_3\int_0^h \sqrt{hy^2-y^3}\,dy \dots$$

Durch Einzelintegration ergibt sich

$$(11) \quad \int_0^h x\sqrt{h-y}\,dy = \tfrac{2}{3}A_1 h^{3/2} + \tfrac{1}{8}\pi A_2 h^2 + \tfrac{1}{16}\pi A_3 h^3 + \tfrac{5}{128}\pi A_4 h^4$$
$$+ \tfrac{7}{256}\pi A_5 h^5 + \dots$$

Die Koeffizienten gleicher Potenzen von $h$ der beiden Reihen in Gl. (8) und (11) müssen einander gleich sein.

$$A_1 = b; \quad A_2 = -\frac{2}{\pi} a^{-\frac{1}{2}} b; \quad A_3 = \frac{2}{3\pi} a^{-\frac{3}{2}} b; \quad A_4 = -\frac{2}{5\pi} a^{-\frac{5}{2}} b;$$

$$A_5 = \frac{2}{7\pi} a^{-\frac{7}{2}} b \ldots$$

Setzt man die Werte von $A$ in Gl. (9) ein:

$$x = b - \frac{2b}{\pi} a^{-\frac{1}{2}} y^{\frac{1}{2}} + \frac{2b}{3\pi} a^{-\frac{3}{2}} y^{\frac{3}{2}} - \frac{2b}{5\pi} a^{-\frac{5}{2}} y^{\frac{5}{2}} + \frac{2b}{7\pi} a^{-\frac{7}{2}} y^{\frac{7}{2}} \ldots$$

$$(12) \qquad x = b - \frac{2b}{\pi}\left[\frac{y^{\frac{1}{2}}}{a^{\frac{1}{2}}} - \frac{1}{3}\frac{y^{\frac{3}{2}}}{a^{\frac{3}{2}}} + \frac{1}{5}\frac{y^{\frac{5}{2}}}{a^{\frac{5}{2}}} - \frac{1}{7}\frac{y^{\frac{7}{2}}}{a^{\frac{7}{2}}} + \ldots\right]$$

$$= b - \frac{2b}{\pi}\left[\sqrt{\frac{y}{a}} - \frac{1}{3}\sqrt{\left(\frac{y}{a}\right)^3} + \frac{1}{5}\sqrt{\left(\frac{y}{a}\right)^5} - \frac{1}{7}\sqrt{\left(\frac{y}{a}\right)^7} + \ldots\right]$$

Der in Klammer befindliche Ausdruck ist aber die Reihe für $\operatorname{arc tg} x$ für

$-1 \leqq x \leqq 1$, wenn $x = \sqrt{\dfrac{y}{a}}$.

$$(13) \qquad x = b\left(1 - \frac{2}{\pi}\operatorname{arc tg}\sqrt{\frac{y}{a}}\right)\,{}^1.$$

Um eine angemessene Form der Ausflußöffnung festzulegen, kann man von Gl. (1) ausgehen, für $h = 0$ die Werte $a$ und $b$ annehmen und $Q_1$ ausrechnen. Es findet sich dann ferner die Höchstmenge $Q$ aus

$$\frac{Q_1}{Q} = \frac{\frac{2}{3}a}{h + \frac{2}{3}a}.$$

Die Vorrichtung ist der **L. M. Booth Co. N. Y.** patentiert.

E. N. 69/248 bringen einen Vergleich der Prozentsätze der Stundenmengen und Druckhöhen für Abflußquerschnitte in Gestalt

1. einer rechtwinkligen Kimme,
2. eines rechteckigen Überfalls,
3. eines symmetrischen Sutrowehres,
4. einer kreisförmigen Bodenöffnung.

Bei einer Wassertiefe oder Druckhöhe $h = 0,1524$ (6″) soll die Stundenmenge für alle diese Ausflußöffnungen die gleiche, nämlich 45 360 l (100 000 ℔ avoir du poids) sein.

Die Kimmenüberfallmenge wird nach Professor *James Thomson* gerechnet

in cubicfeet/Min. $= 0,305\, h^2 \sqrt{h}$    ($h =$ Kimmenhöhe in Zoll)

oder in cbm/Min. $= 83,73\, h^{\frac{5}{2}}$    ($h$ in m)

die Menge des rechteckigen Überfalls

in cubicfeet/Sek. $= 3,33\, b\, h^{\frac{3}{2}}$    ($b$ und $h$ in Fuß)

oder in cbm/Sek. $= \frac{2}{3} \cdot 0,621 b \cdot h^{\frac{3}{2}} \sqrt{2\,g}$    ($b$ und $h$ in m)

---

¹ Die Ableitung erscheint nicht ganz zutreffend.

Die Figur 24 zeigt, daß der Prozentsatz der Überfallmenge für das Kimmenwehr bei kleinen Überfallhöhen $h$ der kleinste, also die Empfindlichkeit der Höhenmessung die größte ist.

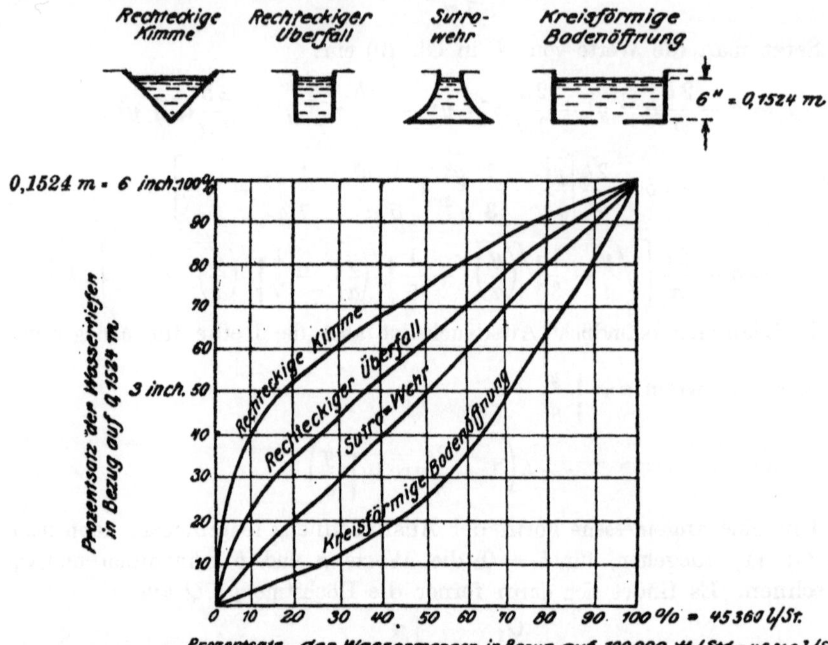


Fig. 24.  Ergiebigkeit der rechteckigen Kimme im Vergleich zu andern Formen der Ausflußöffnung.
(E. N. 69/248.)
Prozentsätze der Überfallmengen bei entsprechenden Prozentsätzen der Überfallhöhen bezogen auf die gleiche Ausflußmenge von 45360 l/Stunde der verschiedenen Öffnungen bei gleicher Ausflußhöhe von 0,1524 m.

Die Tabelle enthält die Stundenüberfallmengen der rechtwinkligen Kimme für Zoll = 0,0254 m nach *Thomson*s Formel.

### Stundenmengen der rechtwinkligen Kimme.

| Wassertiefe mm | cbm/Stunde | Wassertiefe mm | cbm/Stunde | Wassertiefe mm | cbm/Stunde |
|---|---|---|---|---|---|
| 25,4 (1″) | 0,5178 | 152,4 | 45,85 | 279,4 | 208,65 |
| 50,8 (2″) | 2,946 | 177,8 | 67,40 | 304,8 | 258,50 |
| 76,2 | 8,105 | 203,2 | 94,12 | 330,2 | 315,77 |
| 101,6 | 16,82 | 228,6 | 126,35 | 355,6 | 380,05 |
| 127,0 | 29,06 | 254 | 164,40 | 381 (15″) | 451,60 |

## 5. Die Misch- und Enthärtungsanlage zu Port Tampa.

Eine sehr einfach angeordnete Enthärtungsanlage für 38 cbm Stundenleistung ist im E. N. 72/594 für Port Tampa Fla. beschrieben.

Oberhalb des Entnahmebrunnens des harten Grundwassers sind in der einen Hälfte eines Fachwerkhäuschens von 4·9 m Grundfläche

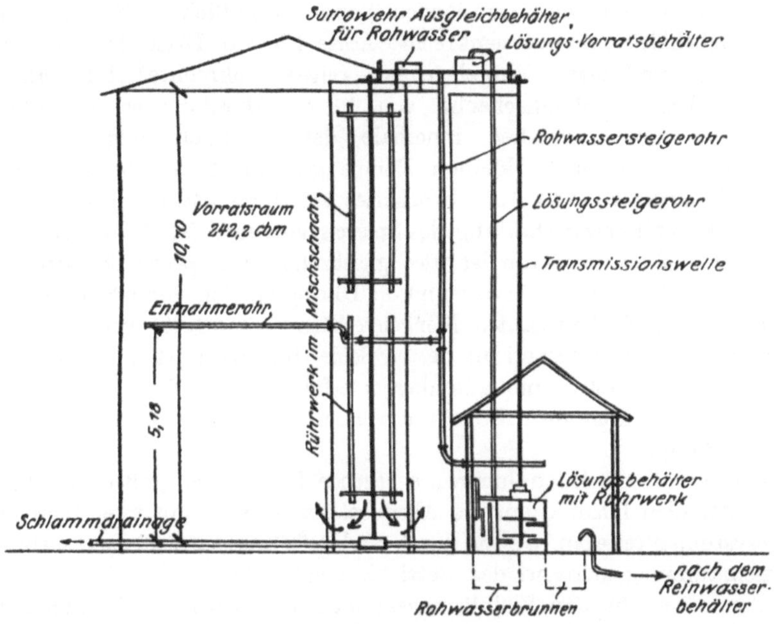


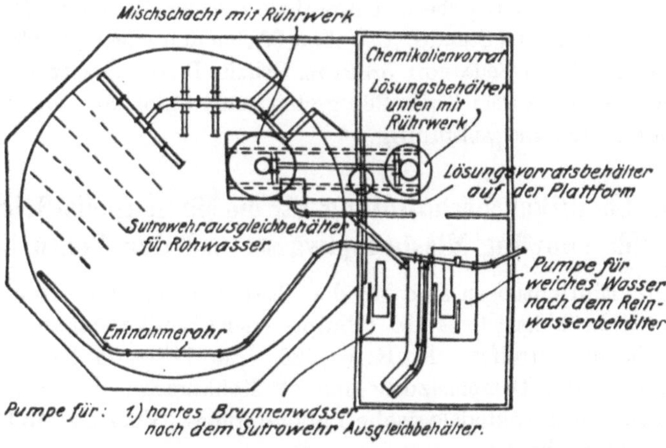


Fig. 25 u. 25a. Port Tampa. Enthärtungsanlage. (E. N. 72/594.)
Aufriß und Grundriß.

zwei Pumpen untergebracht. Die eine fördert das Rohwasser nach einem kleinen Ausflußbehälter mit Sutrowehr auf der Plattform eines zylindrischen Betonbehälters von 10,7 m Höhe und 7,6 m Durchmesser.

Sie treibt ferner ein im anstoßenden Raum befindliches Rührwerk des Kalklösungsbehälters, dessen senkrechte Achse bis zur Höhe der Plattform verlängert ist, und durch Vorgelege ein zweites senkrechtes Rührwerk in einem zylindrischen Mischschacht von 1,8 m Durchmesser und ebenfalls 10,7 m Höhe, welcher innerhalb des größeren aufgestellt ist. Endlich ist sie mit einer kleinen Pumpe gekuppelt, welche die Kalklösung nach einem zweiten Aufgabebehälter auf der Plattform hebt, der mit Rücküberfall zur Konstanthaltung des Spiegels versehen ist. Mit der Ingangsetzung der Rohwasserpumpe ist also gleichzeitig die ganze Enthärtungsanlage in Betrieb. Das Rohwasser und die Lösung fließen durch Schwimmerübertragung, auf ein konstantes Mengenverhältnis geregelt, von oben in den Mischschacht und treten an dessen Sohle durchgerührt in den großen Behälter aus. Die Entnahme aus diesem erfolgt in 5,18 m Höhe durch ein wagerechtes gekrümmtes Rohr mit verschiedenen Abzweigungen durch die zweite Pumpe.

Der unterhalb der Entnahmerohre liegende Raum des großen Behälters von etwa 242 cbm Inhalt dient als Absitzbecken und ist mit zwei Tonrohrdrainagesystemen versehen, welche durch rasches Öffnen eines 20-cm-Schiebers die Entschlammung während des Betriebes ermöglichen.

In dem Raum für den Kalklösungsbehälter ist auch noch Platz für den Kalkvorrat, so daß der Pumpenwärter in dem am Fuße des großen Betonbehälters liegenden Fachwerkhäuschen den ganzen Betrieb allein besorgen kann. Er löst den Tagesbedarf innerhalb weniger Minuten. Derselbe beträgt wahrscheinlich für 1 Stunde, also etwa 38 cbm Rohwasser, 0,933 kg gelöschten Kalk und 0,84 kg Soda von 58 Proz. Gehalt. Dieser Zusatz entfernt den Gehalt an kohlensaurem Kalk 285 g/cbm sowie Chlorkalk und Chlormagnesia 308 g/cbm beinahe vollständig.

## 6. Die Chemikalienbehandlung für die Minneapolis-Schnellfilter für 150 Tsd. cbm/Tag Mississippiwasser und der Venturizusatzregler.

Die Einrichtungen sind an der Stirnseite der doppelten Filterreihe in einem dreistöckigen Gebäude (Haupt- oder Chemikalienhaus) von 35 · 18 m Grundfläche getroffen. E. R. 64/586. Ein Teil von 8 · 18,0 m wird für zwei Kessel der Dampfheizung und als Kohlenraum benutzt, darüber sind chemische und bakteriologische Laboratoriums-, Vorrats- und Verwaltungsräume untergebracht.

Sohle Reinwasserbehälter und Kellersohle liegen in gleicher Höhe. Auf letzterer sind auf der Anfahrtsseite drei Alaunlösungsvorratsbehälter aus Eisenbeton von 4,0 · 3,66 m Grundfläche, drei Chlorkalklösungsvorratsbehälter von 3,0 · 3,35 m Grundfläche und auf der entgegengesetzten (Filterseite) drei Kalkmilchfässer aus Stahlblech von 3,8 m Durchmesser und 6,4 bzw. 8 mm Wandstärke, alle Gefäße etwa 4,0 m hoch, aufgestellt (Fig. 27—31).

Kalk und Alaun kommen in Höhe des mittleren Stockwerks an und werden von dort mittels 25-cm-Rohren unter 45° geneigt, der Kalk, wenn notwendig, zunächst einem Brecher, der Alaun unmittelbar dem Rumpf eines Becherwerks zugeführt, welches sie von der Kellersohle einem Schütttrichter unter Dach zuhebt. Von dort werden sie mit gelenkigen Schüttrohren auf 12 Eisenbetontaschen von 3,0 · 3,0 m Grundfläche und 5,5 m Höhe, welche in der Mitte des Gebäudes eingebaut sind, verteilt.

Im Falle das Becherwerk versagt, kann der Vertikaltransport auch durch einen Aufzug bis zur Höhe Oberkante Schächte erfolgen. Das Einfüllen muß dann von Hand geschehen.

Unter den trichterförmigen Schachtöffnungen befinden sich drei Hängebahngleise, welche die vier Lösungsbehälter für Kalk und Alaun beherrschen.

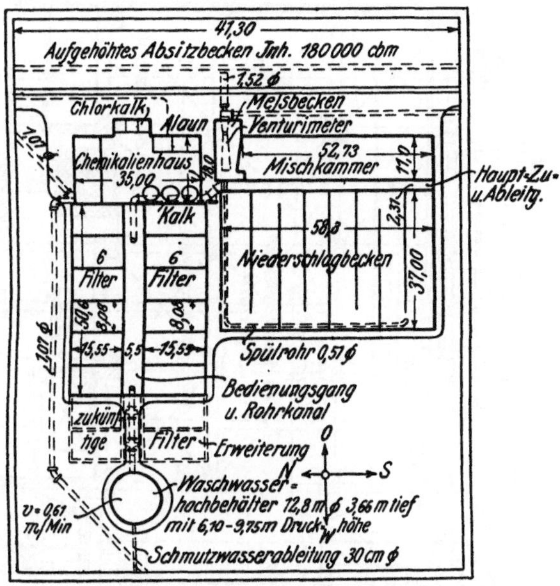


Fig. 26. Minneapolis-Schnellfilteranlage. Lageplan. (E. R. 64/586.)

Die Hängebahneimer von 76 cm Durchmesser laufen auf Kugellagern und sind mit Zeigerwagen ausgestattet, um den Vorratstaschenschieber nach Einlauf des bestimmten Gewichts rechtzeitig schließen zu können. Die Eimer werden über die Lösungsbehälter geschoben und entleert, welche oberhalb des Spiegels der Vorratsbehälter, aber, im Grundriß gesehen, neben denselben liegen.

Als Kalklöschbehälter dienen zwei rotierende Chicago-Betonmischtrommeln von je 1,13 cbm Inhalt. Sie ergießen sich in einen wagerechten Trog mit gittergeschützten Schützöffnungen nach den drei Kalklösungsvorratsfässern.

Der Alaun wird in zwei Eisenbetonbehälter von 1,83 · 0,91 m Grundfläche und 1,22 m Tiefe gestürzt, auf deren Sohle ein Stammrohr von 10 cm

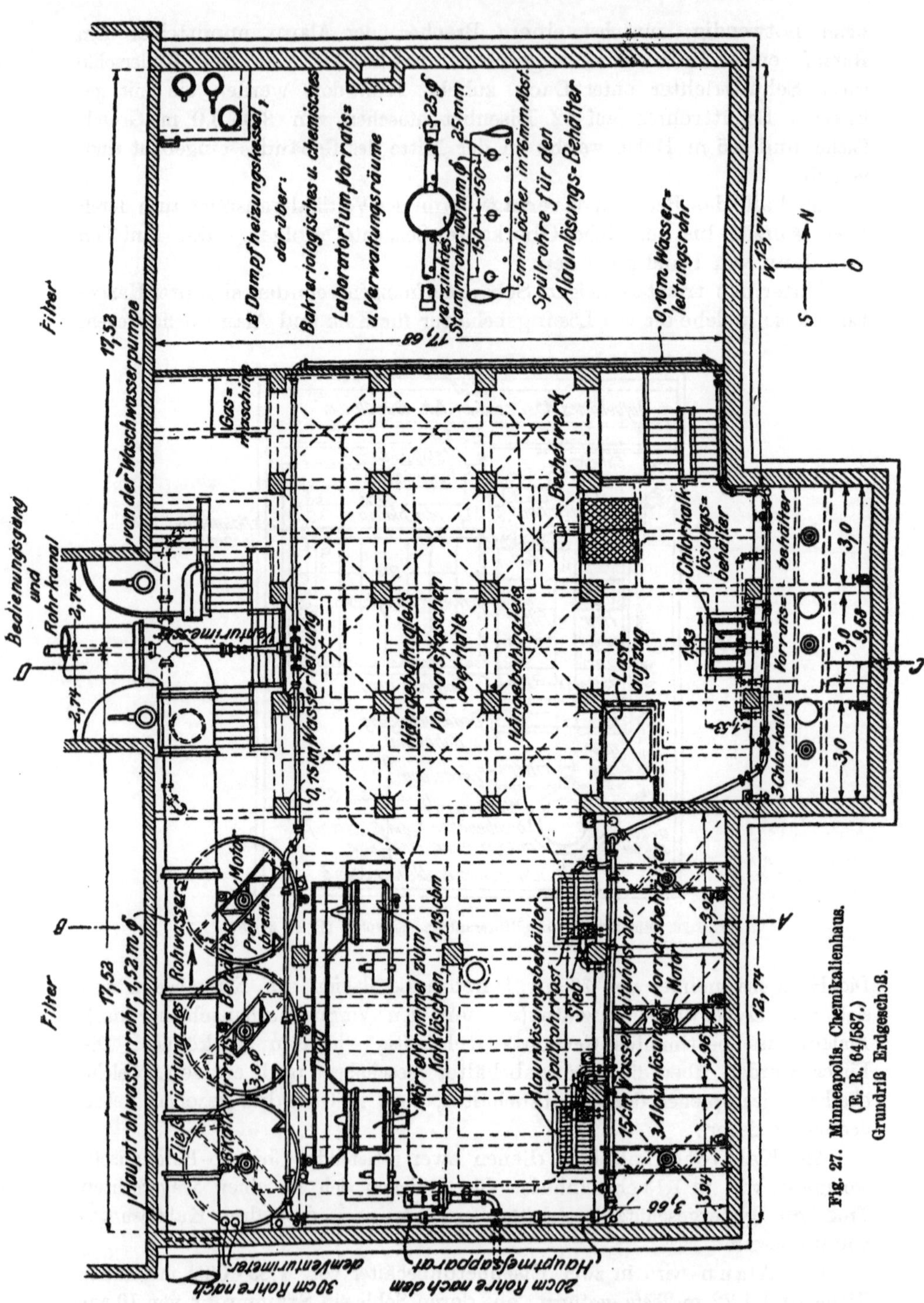



Fig. 27. Minneapolis. Chemikalienhaus.
(E. R. 64/587.)
Grundriß Erdgesch.B.

Durchmesser mit Abzweigen von 25 mm Durchmesser mit nach unten gerichteten Öffnungen von 5 mm Durchmesser in 76 mm Abstand das Lösungsdruckwasser einführt (Fig. 27 rechts). Der Abfluß nach den Eisenbetonvorratsbehältern ist ebenfalls durch Gitter und Schieber geschützt.

Die Metallfässer von ∽ 360 kg Chlorkalk werden mittels Kran auf Roste in die beiden Lösungsbehälter aus Eisenbeton gesetzt (Fig. 31), an den Stirnseiten zwischen einen an der Wand befestigten zentrischen Dorn (Drehachse) und eine mit vier Dornen versehene Platte geklemmt. Die Dornplatte setzt sich in einer Welle fort, welche mittels Stopfbüchse durch die Eisenbeton

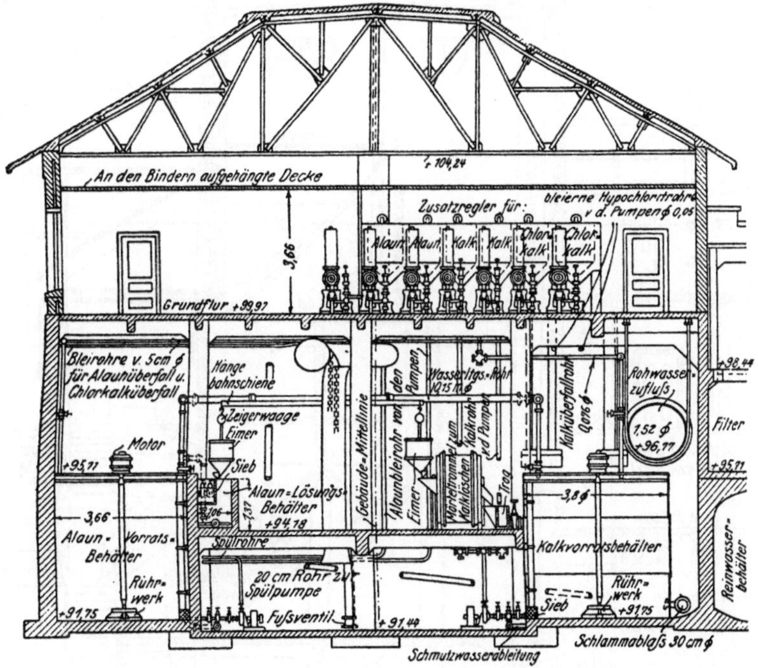


Fig. 28. Minneapolis. Chemikalienhaus. Schnitt A-B. (E. R. 64/586.)

wand des Behälters geführt ist. Durch einen Hebel kann die Welle und mit ihr die Dornplatte in den Deckel des Fasses gedrückt und durch eine Sperrklinke mit Hebel gedreht werden. Gelegentlich dieser Drehung wird, nachdem der Behälter unter Wasser gesetzt ist, der Deckel aufgeschnitten. Jedes Stäuben wird verhindert.

Alle neun Vorratsbehälter sind mit Rührwerken ausgerüstet. Ein oberhalb auf U-Eisen verlagerter Elektromotor treibt eine senkrechte, auf einem Stehlager der Sohle verlagerte Welle (Fig. 30). Unter den Zapfen ist Druckwasser eingeführt, welches das Eindringen von Schlamm und die Zapfenreibung vermindert. Oberhalb des Lagers sind zwei wagerechte Bronzeschaufeln von nur 15 cm Länge angebracht, welche die Lösung in eine kegelförmige Schutz-

haube heruntersaugen und zwischen deren unterem Rand und der Sohle
(Zwischenraum 76 mm hoch) wieder in die Höhe treiben.

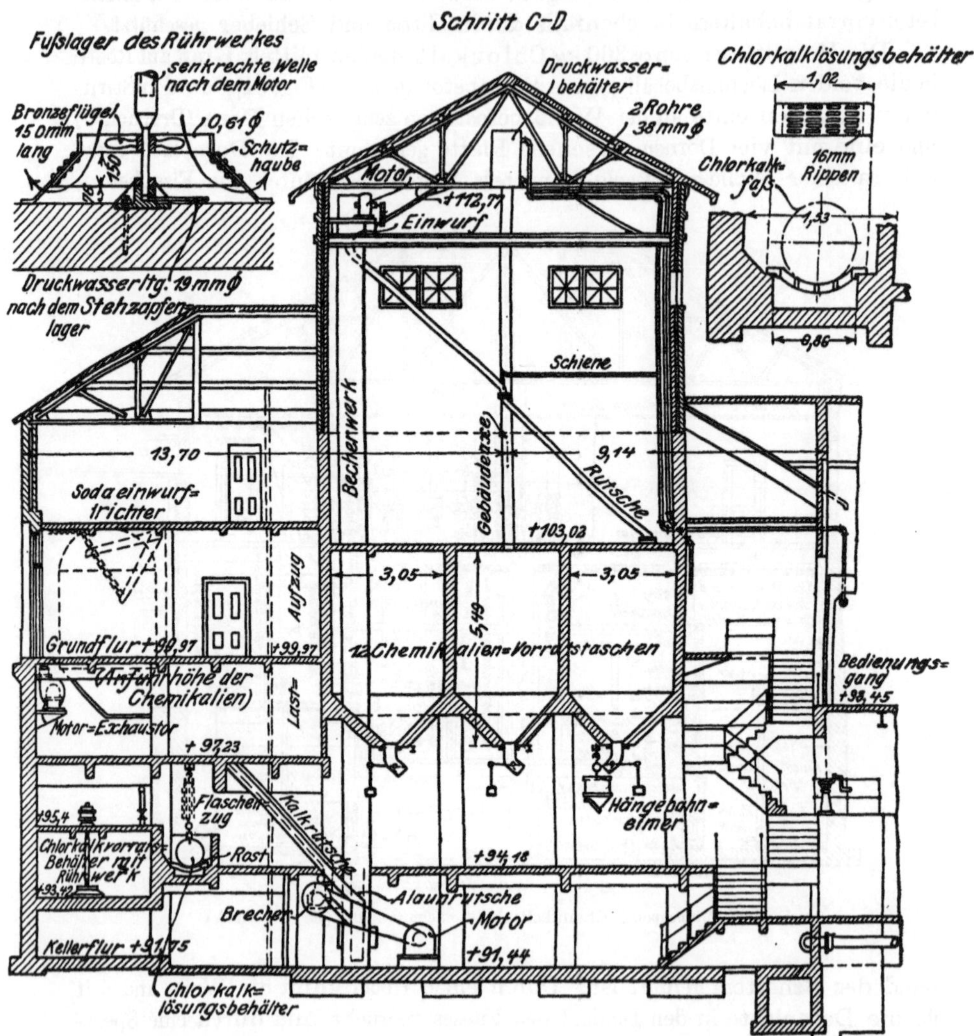


Fig. 29 bis 31. Minneapolis. Chemikalienhaus. Schnitt C—D. (E. R. 64/589.)

Namentlich in den rechteckigen Alaun- und Chlorkalkbehältern (Bronze-
Stehlager) entsteht dadurch eine sehr innige Mischung. In die zylindrischen
Kalkfässer ist zu diesem Zwecke je ein 30 cm breites Prellbrett auf ganze
Höhe eingebaut.

Die Kalk-, Alaun- und Chlorkalklösungen werden durch Bronzepumpen
den im obersten Stock aufgestellten Zusatzreglern in ununterbrochenem
Strome zugedrückt und der Spiegel in denselben durch Überfälle mit Rück-

laufleitung nach den Vorratsbehältern konstant erhalten. Es wird dadurch ein möglichst intensives Auslaugen des Rückstandes sämtlicher Lösungen erreicht. Die Kalkleitungen sind aus Schmiedeeisenrohr von 76 mm Durchmesser, Alaun- und Chlorkalkleitungen aus Bleirohr von 50 mm Durchmesser hergestellt. Zwischen je zwei Leitungen ist ein Dampfheizrohr verlegt und das Ganze mit einem Holzkasten und Schlackenwolle umhüllt. Eine Druckwasserringleitung von 15 cm $\varnothing$ beherrscht alle Lösungsbehälter. Für Schlamm- und Entleerungsleitungen ist gesorgt. Pumpen, Leitungen und Regler sind für jede Lösung in doppelter Ausführung vorhanden.

Das Verhältnis von Lösungszusatzmenge zur Rohwassermenge wird mit Hilfe des Venturimessers[1] hergestellt. Der

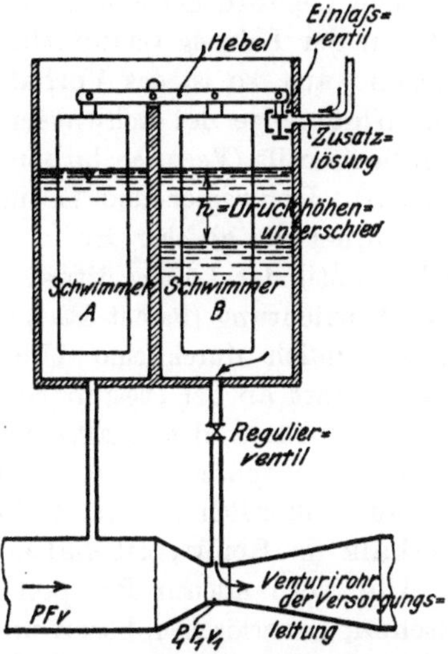


Fig. 32. Venturiregler als Aufgabevorrichtung für die Zusatzlösung. (E. R. 68/264.)

Grundgedanke beruht darauf, daß die hydraulische Druckhöhe $P$ im Leitungsquerschnitt $F$, bzw. $P_1$ im Venturiquerschnitt $F_1$ gleich ist der hydrostatischen Druckhöhe $P_s$, vermindert um die Geschwindigkeitshöhen $\dfrac{v^2}{2g}$ bzw. $\dfrac{v_1^2}{2g}$ und die Widerstandshöhe $w$.

$$P = P_s - \frac{v^2}{2g} - w$$

$$P_1 = P_s - \frac{v_1^2}{2g} - w.$$

Da $P_s$ und $w$ für die benachbarten, in einer Höhe liegenden Querschnitte $F$ und $F_1$ gleich angenommen werden können, ist die Differenz $h$ der hydraulischen Druckhöhen

$$h = P_1 - P = \frac{v_1^2}{2g} - \frac{v^2}{2g}.$$

$v$ und $v_1$ verhalten sich umgekehrt wie die zugehörigen Querschnitte

$$v = \frac{v_1 F_1}{F}; \quad v^2 = n^2 v_1^2$$

$$h = \frac{v_1^2}{2g}(1 - n^2) = \frac{v^2}{2g}\left(\frac{1}{n^2} - 1\right).$$

---

[1] Vgl. *Ziegler*, Der Talsperrenbau. 2. Aufl. Verlag von Ernst & Sohn, Berlin 1911, S. 8. Z. d. B. 28. Aug. 1915, S. 451, Venturimeßstrecken f. d. Wasserversorgung von New York.

Die Überdruckhöhe $h$ ist also direkt proportional der Geschwindigkeitshöhe in der Leitung veränderlich. Gleicht man sie durch Zusatzlösung fortwährend aus, so ist das Verhältnis zwischen Zuflußmenge der Lösung und Durchflußmenge des Rohwassers stets entsprechend der Öffnungsweite des Regulierventils (Versuche haben nach E. R. 68/264 Abweichungen bis 3 Proz. ergeben). Rohwasser- und Lösungsspiegel werden durch zwei ausbalancierte Schwimmer in gleicher Höhe erhalten, deren verlängerter Hebelarm das Einlaßventil der Lösung öffnet, sobald der Lösungsspiegel zu sinken droht. Diese Vorrichtung (Patent Ralph Hilscher, Universität Illinois) ist von *Earl* wahrscheinlich durch eine Übertragung verbessert, welche gestattet, die Lösung statt an der engsten Stelle des Venturirohres an beliebiger anderer Stelle zuzusetzen, denn Kalklösung wird beim Eintritt in die Mischkammer, Alaun etwas später an einer Anzahl Punkte des Einlaßkanals zur Mischkammer, außerdem noch nach Bedarf durch eine Reservezusatzvorrichtung, Chlorkalk im Reinwasserbehälter eingeführt. Vgl. S. 140.

Alle vorhandenen Pumpen für Schlamm, Druckwasser zum Spülen, Waschen, Feuerlöschen, Lösen und die hydraulische Betätigung der Schieber, ferner die Lösungspumpen, Aufzüge, Krane, Kalkbrecher, Rührwerke und die Vakuumreinigungsvorrichtung des ganzen Gebäudes werden von einer 5 km entfernten elektrischen Zentrale betätigt.

Die vorhandene Wasserversorgung von Minneapolis umfaßte eine Pumpstation am Mississippi, 5 km Leitung von 1,27 m Durchmesser nach zwei Hochbehältern von je 180 000 cbm.

Um das nötige Filtergefälle für die neue Schnellfilteranlage zu gewinnen, wurde der Wasserspiegel in einem der Hochbehälter durch Auffüllung der Erddämme um 3,05 m erhöht. Der andere Behälter dient unverändert als Reinwasserausgleich. Das Rohwasser wird in einer Meßkammer zunächst durch einen Venturimeter von 76 cm Einschnürung der Zuleitung von 1,53 m Durchmesser gemessen. Derselbe liegt auf der Sohle der Meßkammer unter Wasser und besteht in der Einschnürung aus Gußeisen mit Bronzeauskleidung, im übrigen aus Eisenbeton (Fig. 26).

Aus der Meßkammer gelangt das Wasser im gewöhnlichen Betrieb durch ein Schütz 1,22 · 1,53 m in die Mischkammer von 11 · 72,73 mm Grundfläche. Es kann aber auch durch den unteren Teil eines durch die beiden Längswände von Misch- und Niederschlagsbehältern und eine dazwischen gespannte Decke gebildeten Doppelkanals unmittelbar nach den Niederschlagsbecken (zwei je 29,16 · 36,38) oder durch den oberen nach den Filtern geleitet werden. Außerdem ist von dem oberen Kanal noch eine Unterstützung der durch Spülstrahlen von 6,35 cm Durchmesser und Abzugsleitung für alle Abteilungen bewirkten Spülung der Niederschlagsbecken möglich.

Nach letzteren gelangt das behandelte Wasser in der Regel durch eine Anzahl 1,22 · 1,53 Schützöffnungen aus dem unteren Kanal. Die beiden Becken sind statt mit Holzleitwänden wie die Mischbecken mit Betonleitwänden ausgestattet.

Ein 7,0 m breiter Betonüberfall mit einem durch Einsatzbretter (Gefäll-regulierung) geschlossenen Einschnitt von 2,14 m Lichtweite am filterseitigen Ende des oberen Kanals führt das geklärte Wasser in ein Rohr von 1,53 m Durchmesser und durch einen Teil des Haupthauses in den Filterbedienungs-gang, an dessen Decke es aufgehängt ist.

Beiderseits des Filterganges sind je sechs Filter von $7 \cdot 15,54$ m $= 109$ qm Filterfläche angeordnet, ungerechnet einen jedes Filter in zwei Hälften teilenden Längskanal. Der Eintritt des Rohwassers in den letzteren erfolgt durch je einen Abzweig von 50 cm Durchmesser, die Abführung des Wasch-wassers durch $2 \cdot 8$ in $\infty 2,0$ m Abstand über die Filter gestreckte Tröge.

Die Filterkästen sind aus Eisenbeton nach dem Rillenblocksystem ge-baut und über dem die Kiesausfüllung abschließenden Bronzegitter 76 cm hoch mit Sand von 0,35 bis 0,44 mm Korngröße (U. C. 1,65) gefüllt. Das Sammelnetz des Filters dient auch für das Einpressen des Waschwassers (Reinwassers) aus einem Hochbehälter mit 6,10 bis 9,75 m Überdruck und 0,61 m/Min. Geschwindigkeit im Filterkasten.

Das Waschwasser ebenso wie die Filterentleerung sind nach einem Kanal unterhalb Sohle-Bedienungsgang geleitet.

Die Filtergeschwindigkeit kann bis 50 Proz. über die normale von 113 m/Tag gesteigert werden. In den Filtratabfluß von 45 cm Durchmesser nach dem unter Filtersohle liegenden kleinen Reinwasserbehälter sind Simplex-Geschwindigkeitsregler eingebaut.

# 7. Die Lösungseinrichtungen für Evansville, Kansas City, Louisville, Niagarafalls, Rock Island Arsenal, St. Louis, Flint, Columbus u. a.

In Evansville werden die Rührwerke für Kalk, Eisenvitriol und Chlor-kalk mit Hochdruckwasserleitungswasser von Peltonrädern getrieben. Das Abwasser der letzteren wird in Rinnen zu den Eisenbeton-Lösungströgen geführt. Falls es dort zum Lösen nicht gebraucht wird, fließt es in den Reinwasserbehälter ab (E. R. 65/510).

In Kansas City, Mo., wird die vorher abgewogene Chlorkalkmenge im obersten Geschoß eines besonderen Gebäudes durch ein Rührwerk, bestehend aus zwei schweren Walzen mit 60 Umdrehungen/Min., welche dicht über dem Boden eines Eisenbetonbehälters von 91 cm Durchmesser und 1,22 m Höhe laufen, in eine rahmartige Flüssigkeit verwandelt. Alle Stücke werden dabei zerkleinert. Der Abfluß erfolgt nach den beiden sechseckigen hoch-gestellten Verdünnungsbehältern von 2,75 m Durchmesser und 2,13 m Höhe. Dieselben sind abwechselnd im Betrieb, um die Mischung mit Hilfe von Rührwerken genau 2prozentig herstellen zu können.

Die Lösung gelangt in einen Meßbehälter, ebenfalls mit Rührwerk, dessen Spiegel der Wärter mit Hilfe eines Schwimmers, Zeigers und Wasserstands-glases beobachtet.

Jeder Teilstrich stellt 3,7852 l (1 Gallone) dar. Der Wärter überzeugt sich dadurch, ob der Jewell-Zusatzregler, welcher mit dem Meßgefäß durch ein

Bronzerohr verbunden ist und sich unmittelbar in das Hauptwasserleitungsrohr ergießt, richtig arbeitet[1].

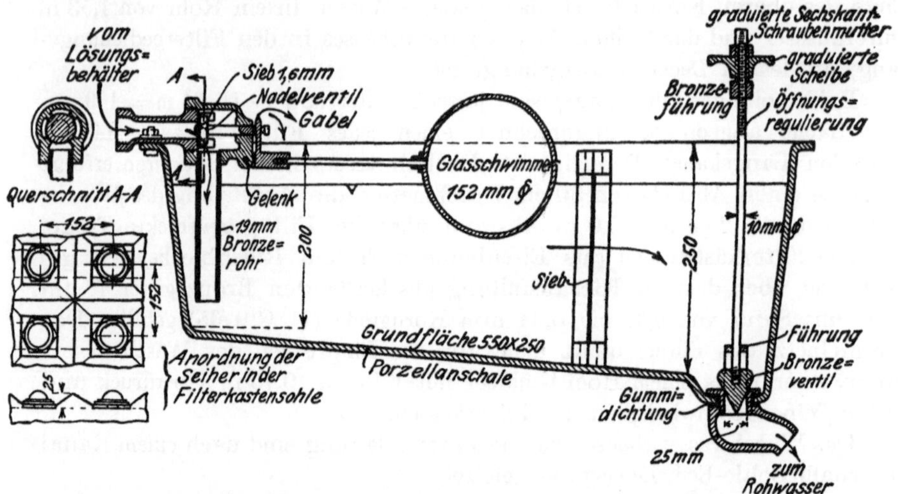


Fig. 33 u. 33 a. Rock Island Arsenal. (E. R. 68/609.) Aufgabevorrichtung mit konstanterhaltenem Lösungsspiegel. Links: Seiher.

Alle Bronzeteile nehmen sehr schnell einen schützenden Überzug von metallischen Chlor- und Kohlensäureverbindungen an. Namentlich die Leitungen müssen daher so eingerichtet sein, daß Verstopfungen leicht zu beseitigen sind (E. R. 65/330).

Es sind Spülvorrichtungen und Reinigungsöffnungen vorgesehen, um die möglichst geradlinigen Rohrleitungen offen zu halten.

Die Einrichtung wurde 1910 vom Gesundheitsrat von Kansas City, Mo., für das dortige Missouri-Wasserwerk vorgeschrieben, um Infektionskrankheiten vorzubeugen. Sie ist zuerst probeweise, dann in einer endgültigen Anlage ausgeführt. Die Zusatzmenge beträgt 0,96 bis 1,2 g/cbm Chlorkalk, die Rohwassermenge 1911 etwa 40 000 cbm/Tag, 1913 das Doppelte.



Fig. 34. Flint, Mich. Rührwerk für die Lösungsbehälter. (E. R. 70/273.)

Fig. 34 zeigt, wie in Flint die Lösung an einem Ende des Betonbehälters unter einen Haubenrand nahe am Boden herabgesaugt und durch einen

[1] In Louisville wird der Alaunzusatz durch eine ähnliche Vorrichtung nach zweimal täglich entnommenen Proben des Ohiowassers geregelt (E. R. 65/592). Ebenso Alaun und Chlorkalk in Montreal (E. R. 65/260). In Niagarafalls wird der Spiegel im Zusatzregler durch beständiges Zupumpen der Alaun-, Chlorkalk- und Sodalösungen und Rücküberfall konstant erhalten. Vgl. auch den Zusatzregler für 4½ Proz. Alaun- und 0,13 Proz. Chlorkalklösung in Rock Island Arsenal (E. R. 68/609). (Fig. 33.)

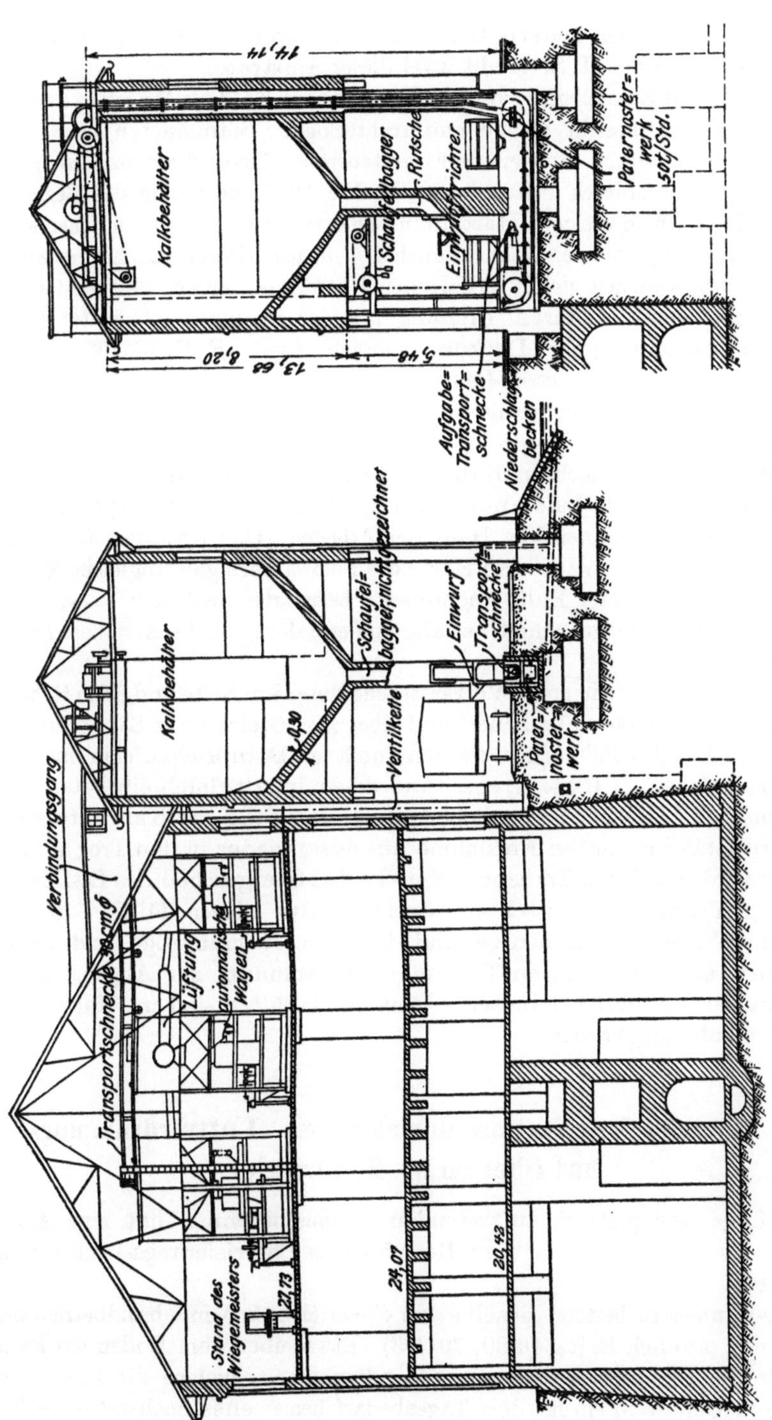


Fig. 35 u. 35a. Columbus. Lösungs- und Vorratsanlage für ungelöschten Kalk. "(E. R. 68/9.) Längsschnitt des Kalkbehälters. Querschnitt des Lösungshauses.

Krümmer nach dem andern Ende in beständigem Umlauf getrieben wird. Je ein Motor von $1/_2$ P. S. treibt zwei dieser Apparate.

Der Jewell-Zusatzregler, von der Pittsburg Filter Manufacturing Co. ausgeführt, besteht aus einem rechteckigen Betonkasten, in welchem mittels eines durch Schwimmer gesteuerten Drosselventils ein gleichbleibender Wasserdruck erhalten wird. Die Ausflußöffnung des Reglers ist durch einen kreisförmigen Hartgummischieber geschlossen, welcher sieben kreisförmig angeordnete Löcher enthält. Jedes dieser Löcher entspricht bei dem vorhandenen gleich erhaltenen Überdruck einer bestimmten Ausflußmenge, wenn es durch Drehung mit der in einer Glasplatte befindlichen Regleröffnung zur Deckung gebracht wird (E. R. 65/330 und 555, 70/88 und 188). Vgl. Weston-Controller Fig. 8.

Große Kalkaufspeicherungs- und Löschanlagen sind für St. Louis und Columbus erbaut (E. R. 68/9).

Der Bezug ungelöschten Kalkes in Gefäßen erwies sich als unvorteilhaft, weil er durch feuchte Luft anfing zu löschen und die Gefäße sprengte. Der Staub entzündete die feuchte Haut der Arbeiter. Das Abwägen für die von 100 bis 400 g/cbm schwankende Härte des Flußwassers gab ungleiche Mengen. Staubförmig gelöschter Kalk andererseits belästigte, ließ sich schwer lösen, verstopfte die Leitungen und Überfälle und erforderte 30 Proz. höhere Frachtkosten.

Es wurde daher eine große Vorratstasche von $\sim$ 8 m Seite und 8,0 m Höhe mit trichterförmigem Boden zwischen und über zwei Gleisen auf Säulen errichtet (Fig. 35 u. 35 a). Die Bahnwagen werden durch eine Dampfschaufel in einen Trog entleert, welcher die Gleise kreuzt, und dessen Inhalt durch ein Paternosterwerk bis zum Dachgeschoß gehoben wird. Dort fällt der Kalk entweder in die Vorratstasche (und bei Entnahme aus dieser wieder in den Trog zurück), oder er wird durch eine Transportschnecke dem Obergeschoß des Löschhauses und drei Behältern unmittelbar zugeführt. Aus diesen fällt er in automatische Wagen, in Löschtröge und in Lösungsvorratströge und gelangt von dort, auf den richtigen Prozentgehalt verdünnt, zur Abgabe an den Zusatzregler und das Rohwasser. Sämtliche Behälter sind mit Rührwerken und Preßluft ausgerüstet.

## 8. Tragbare Desinfektionseinrichtungen. Luftverdrängungs- und Oberharzer Zusatzregler.

Infolge der plötzlich auftretenden Typhusepidemien hat eine Anzahl amerikanischer Staaten tragbare Desinfektions-(Chlorisierungs-)Anlagen eingerichtet.

In Minnesota bestand dieselbe aus einem Mischfaß mit handbetriebenem Rührwerk (ähnlich E. R. 64/589, 70/273). Etwas über dem Boden des Fasses schließt die Entnahmeleitung einer Handpumpe an, welche die Lösung von richtigem Gehalt in ein für den Tagesbedarf bemessenes hochstehendes Vorratsfaß[1] drückt. (Statt dessen kann das Mischfaß auch über das Vorratsfaß gestellt werden.) Durch eine tiefliegende Öffnung wird aus dem Vorratsfaß ein darunter stehendes kleines Regulierungsgefäß gefüllt, bis die Mündung einer Luftleitung vom oberen Rande des Vorratsfasses eintaucht. Dann wird das in dem Deckel des letzteren befindliche Luftventil und das Zuleitungsventil geschlossen. In dem Boden des offenen Regulierungsgefäßes gleitet in einer Stopfbüchse ein Bronzestandrohr, welches die Lösung durch ein 6-mm-Loch dem Rohwasser zuführt, je nach der Einstellung der ausprobierten kalibrierten Tiefenlage des Loches unter Lösungsspiegel mehr oder weniger. Sinkt hierbei der Lösungsspiegel im Regulierungsgefäß unter die Mündung des Zuflußrohres vom Vorratsgefäß, so fließt Lösung

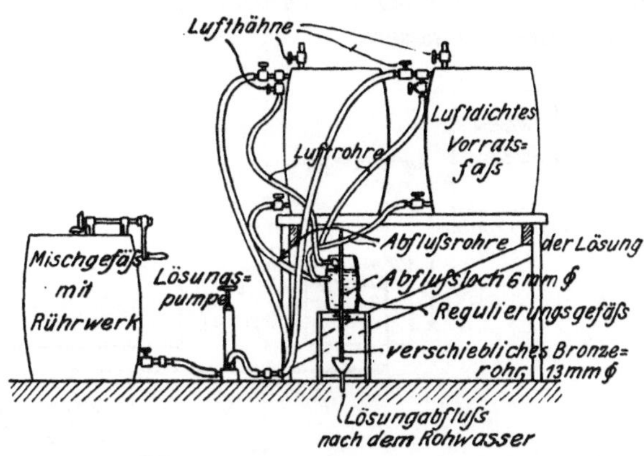


Fig. 36. Tragbare Chlorisierungseinrichtung für den Staat Minnesota. (E. R. 63/438.)

nach und stellt die Spiegelhöhe wieder her, bis die Mündung wieder verschlossen ist und der Luftdruck den Ausfluß sperrt.

Der Lösungsabfluß ist konstant. Ist die Rohwassermenge veränderlich, so muß das Abflußloch unter Lösungsspiegel im Regulierungsgefäß von Hand entsprechend höher oder tiefer gestellt werden.

Würde man statt des Bronzerohrs einen mit Schieber verschlossenen Überfallschlitz benutzen und mit der Zahnstange eines Schwimmers auf dem Rohwasserüberfall durch ein Vorgelege verbinden, so verhält sich bei richtiger Einstellung des Schiebers auf die Überfallschneide der Lösungszufluß $q$ zum Rohwasserabfluß $Q$ wie $\dfrac{q}{Q} = \dfrac{b}{B}$. Vgl. Fig. 21. Mit Hilfe des Verdünnungsgrades der Lösung läßt sich jedes Verhältnis herstellen und selbsttätig erhalten.

Statt der Überfälle für Lösung und Zusatzmenge $= \tfrac{2}{3}\,\mu\,b\,\sqrt{2\,g\,h^3}$ können auch Unterwasseröffnungen mit der Menge $\mu\,f\sqrt{2\,g\,h}$ verwendet werden.

Darauf beruht die E. R. 69/540 beschriebene Einrichtung.

Das Rohwasser tritt in den größeren Teil eines zweiteiligen Behälters am Boden ein, gelangt durch eine Unterwasseröffnung in den zweiten, wo es durch einen Überfall gestaut überfließt und endlich durch ein nach oben gekrümmtes Rohr ausfließt.

In gleicher Höhe mit der Überfallschneide — also unter Berücksichtigung

---

[1] Von den gezeichneten beiden Vorratsfässern dient das eine als Reserve.

des Gegendruckes des Überfallstaues unter ungefähr gleicher Druckhöhe mit der Unterwasseröffnung des Rohwassers — befindet sich an der Seitenwand des ersten Behälters eine kleine Ausflußöffnung (2,4 mm). Der Abfluß derselben entspricht also dem Zufluß der Rohwassermenge und verdrängt zunächst in einem darunter liegenden Luftbehälter, dann im geschlossenen Lösungsbehälter soviel Luft, als nötig ist, um eine gleiche Menge Lösung zum Abfließen zu bringen. Dieselbe tropft in das nach oben gebogene Ausflußrohr des Rohwassers.

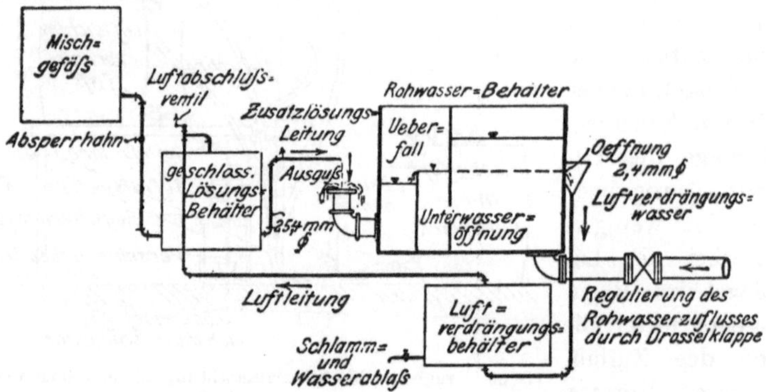


Fig. 37. Schematische Darstellung der Zusatzregelung durch Luftverdrängung.
(E. R. 69/540.)

Wenn z. B. das Verhältnis der Luftverdrängungsöffnung zur Unterwasseröffnung durch Drosselung der ersteren auf $\frac{1}{10\,000}$ reguliert ist und das Verhältnis von wirksamem Chlor ($= ^1/_3$ des Chlorkalkgewichts) $\frac{1}{1\ \text{Mill.}}$ betragen soll, so ist das Lösungsverhältnis des Chlorkalks

$$= \frac{10\,000 \cdot 3}{1\,000\,000} = \frac{3}{100} = 3\%.$$

Der gekaufte Chlorkalk wird zunächst in der gleichen Menge Wasser in Lösung gebracht, um das Stäuben zu verhüten, und je 6 l von dieser Lösung auf 100 l Wasser in das mit Rührwerk versehene Mischgefäß gegeben. Nach 24 Stunden wird daraus der Lösungsbehälter gefüllt und gegen Luft und Zufluß abgeschlossen. Alle Behälter sind mit Wasserstandsgläsern, Leerlauf, Schlammableitungen versehen.

Wird das Rohwasser durch Pumpen statt im freien Gefälle gefördert, so kann ein abgezweigter Teil des Druckwassers dieser Vorrichtung zugeführt und nach dem Zusatz in den Pumpensumpf zurückgeleitet werden.

Einfacher dürfte es sein, eine Lösungspumpe mit der Rohwasserpumpe oder Kraftmaschine durch ein Vorgelege zu kuppeln. Die zusammenzuführenden Fördermengen sind leicht in ein konstantes Verhältnis zu bringen, welches noch durch den Lösungsgrad beeinflußt werden kann.

In ganz roher Weise ist dies bei der Aufgabe des Chlormagnesiums[1] (Endlauge) für die Klärbecken des Oberharzes geschehen.

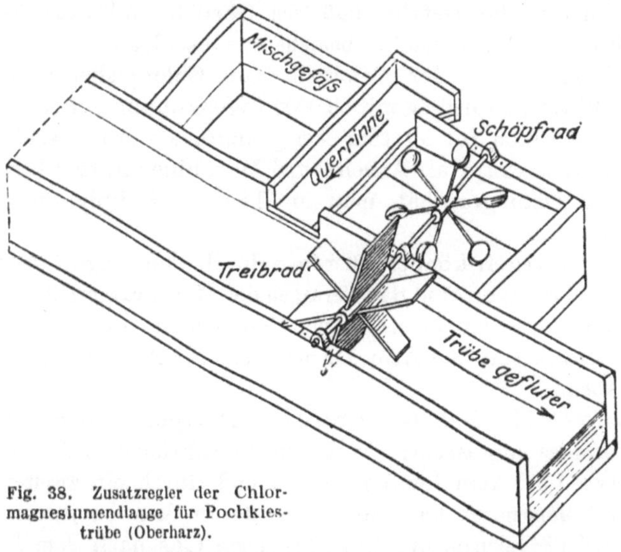


Fig. 38. Zusatzregler der Chlormagnesiumendlauge für Pochkiestrübe (Oberharz).

Der Trübestrom selbst treibt, je nach seiner Menge langsamer oder schneller, ein einfaches Wasserrad, welches mit einem Schöpfrad verbunden die entsprechend verdünnte Endlauge dem Trübestrom zuhebt. Das Zusatzverhältnis beträgt $\frac{1}{20\,000}$ bis $\frac{1}{300\,000}$. Auf genaue Einhaltung desselben kommt es nicht an. Es fällt etwa $\frac{29}{30}$ des Schlammgehaltes von $\sim 5\,\text{g/l}$ aus.

## 9. Desinfektion durch flüssiges Chlor.

Das flüssige Chlor ist zwar 6 bis 7 mal teurer als Chlorkalk (60 gegen 11 Pfg./kg nach *Lueger* II, S. 158; 90 gegen 12 Pfg./kg nach E. R. 67/417), indessen ist der theoretisch wirksame Chlorgehalt im Chlorkalk nur etwa $\frac{1}{3}$ des flüssigen Chlors. Praktisch leidet der Chlorkalk beim Lagern und löst sich nur unvollkommen im Wasser, so daß sich das Verhältnis noch ungünstiger stellt. Auf jeden Fall werden $\frac{2}{3}$ seines Gewichts als unwirksamer und lästiger Bestandteil durch den Betrieb geschleppt. Die Anlagen zur Aufbewahrung und Lösung erfordern den zehnfachen Platz. Die Gesundheit der Arbeiter wird durch den Staub geschädigt, Gefäße, Leitungen, Filter usw. angegriffen und verschlammt. Der Lösungsgrad ist nach Temperatur und Beschaffenheit des Lösungswassers verschieden und läßt sich nicht genau regeln.

Man hat bei der ersten Anlage für Chlorgaszusatz in Wilmington, Del. festgestellt, daß man mit rund $\frac{1}{6}$ des Chlorkalkgewichts an flüssigem Chlor

---

[1] Vgl. S. 19.

etwa die doppelte entkeimende Wirkung erreicht. (Verbleibende Keim-zahlen 118 gegen 260/ccm.) Entsprechend der geringen Menge (0,2 g/cbm Chlorgasgewicht) ist die Gefahr, daß sich Geruch und Geschmack im be-handelten Wasser geltend macht, beinahe ausgeschlossen.

Beim Übergang von der Chlorkalk- zur Chlorgasbehandlung für die Philadelphia-Wasserversorgung mit 68 0000 Tageskubikmetern hat sich heraus-gestellt, daß die Kosten für letztere eher geringer als größer sind, wenn man die Kosten an Anlagekapital, Arbeits- und Maschinenkräften berücksichtigt. Die gleichen Erfahrungen hat man in Chicago (Bubbly Creek) gemacht (E. N. 73/555).

Unannehmlichkeiten können allerdings durch den Angriff des Chlorgases auf Ventile und Leitungen und das Versagen der Mischwasserleitung entstehen.

Flüssiges Chlorgas ist in stählernen Gasflaschen von rund 50 kg Inhalt unter einem Druck von 3,8 Atm bei 0° C bis 8,8 Atm bei 30° C handels-mäßig zu haben.

Eine Batterie Flaschen (4) wird durch Hartgummirohre vereinigt auf einer Brückenwage aufgestellt. Durch ein Reduktionsventil wird der Gas-druck auf etwa 1,055 Atm herabgemindert und durch ein zweites mit Hilfe der Wage und Manometer kalibriertes und durch dieselbe jederzeit kontrol-lierbares Ventil die gewünschte Gewichtsmenge Gas nach dem Boden eines Absorptionszylinders abgeleitet. Derselbe bestand in Philadelphia aus einem geschlossenen Steingut- oder Tonzylinder von 2,44 m Höhe, über dessen Koksfüllung die regulierte Wassermenge dem aufsteigenden Chlorgasstrom entgegenrieselt und denselben begierig aufnimmt. Der Überschuß an Chlor wird in einen zweiten Turm geleitet, die Lösung nach dem Rohwasser.

Eine Verbesserung besteht in einer Hebelwage, an deren einem Arm der Gaszylinder, an deren anderem ein Gleitgewicht hängt. Letzteres wird durch Verbindung mit den Pumpen, einem Schwimmer oder Venturimesser entsprechend der Rohwassermenge vorwärts bewegt und betätigt beim Aus-schlag des Hebels seinerseits wieder ein Ventil, welches die entsprechende Gewichtsmenge Chlor abgibt und den Hebel wieder wagerecht stellt. Eine zweite solche Vorrichtung schaltet sich nach Leerung des ersten Zylinders automatisch mit einem gefüllten ein. Brooklyn, Auburn, Walten N. Y., Toronto, Ontario (E. R. 67/417, 69/560 u. 585). In Boundbrook wird das Chlorgas unmittelbar in das Reinwasserstammrohr geleitet. Vgl. S. 100, Fig. 75.

## 10. Venturi-Chlorgaszusatzregler für Stamford, Conn.
### (E. N. 73/1158.)

Der Grundgedanke des Venturireglers für Wasser ist auch für Gase ver-wendbar. Dadurch, daß man die gewünschte Proportionalität zwischen dem abströmenden Wasser und Gas herstellte, hat man in Stamford, Conn. (E. R. 73/1158) den desinfizierenden Chlorgaszusatz von 0,5 bis 0,7 Millionstel Gewichtsteile der zwischen dem 1- und 3fachen schwankenden Verbrauchs-wassermenge beinahe fehlerlos im richtigen Verhältnis erhalten. Vgl. General-regler Fig. 116.

Der Spannungsabfall in der Verengung der Chlorgaszuführung und im Venturirohr der Wasserleitung werden durch Diaphragmen so in Beziehung gesetzt, daß jede Veränderung ihres Gleichgewichtszustandes durch Änderung des Gas- oder des Wasserdurchflusses das Öffnen oder Schließen eines Gasventils so lange zur Folge hat, bis der Gleichgewichtszustand wiederhergestellt ist. Eine kleine Trockenbatterie von sechs Zellen liefert zur Betätigung des Ventils den Strom, welcher durch die Diaphragmabewegung ein- oder ausgeschaltet wird. Die Diaphragmen sind verhältnismäßig groß und daher schon gegen ganz kleine Druckunterschiede im Gas- oder Wasserventuri äußerst empfindlich. Das Gas wird durch eine Ausströmungsöffnung mit Manometer gemessen. Es wird aus zwei Zylindern auf einer Brückenwage geliefert. Sobald der eine geleert ist, wird er selbsttätig durch einen Dreiwegehahn aus- und der zweite eingeschaltet. Vgl. S. 100, Fig. 75.

## 11. Trockenzusatzregler.
### (E. R. 68/71.)

Das große Raumbedürfnis und die Schwierigkeiten der Aufbewahrung, Lösung und Weiterleitung der Chemikalien haben Veranlassung zur Verwendung des Trockenzusatzes in Springfield, Mass. und Poughkeepsie, N. Y. für Alaun gegeben.

Voraussetzung ist die lockere, feinkörnige und leichtlösliche Beschaffenheit der Chemikalien, welche aus dem unteren Ende einer Tasche durch eine wagerechte Schnecke dem Lösungsbehälter zugetrieben werden.

Die Raummenge des in der Zeiteinheit dem Rohwasser zugesetzten Materials hat man durch die Geschwindigkeitsregelung des Schneckenmotors und des Vorgeleges in der Hand. Das Gewichtsverhältnis hängt indessen sehr von der Korngröße und dem Feuchtigkeitszustand der Chemikalien und

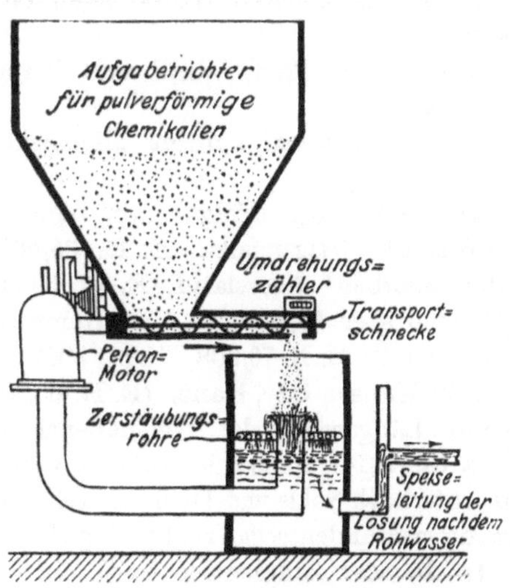


Fig. 39. Trockenzusatzregler. (E. R. 68/71.)

das Lösungsverhältnis von der Temperatur und Beschaffenheit des Lösungswassers ab. Durch Rührwerke, Preßwasser und Luft wird der Lösung nachgeholfen.

Der Abbildung nach besteht der Motor in einem Peltonrad, dessen Abwasser zur Lösung dient. Kleinere Anlagen könnten hierzu den gesamten Rohwasserzufluß verwenden.

# IV. Der Bau und Betrieb der Absitz- und Niederschlagsbecken.

## 1. Allgemeine Anordnung, Gründung und Bauweise.

Alle hierzu gehörigen Anlagen werden unter Berücksichtigung der Zu- und Ableitungen, der Vielseitigkeit des Betriebes und der Erweiterungsmöglichkeit vereinigt und zusammengefaßt, um Platz-, Baukosten, Leitungslänge, Gefälle, Aufsicht und Bedienung zu sparen.

Natürliche Vertiefungen und Geländeunterschiede nützt man zur Beschränkung des Aushubs und zur Erzielung des erforderlichen Gefälles zwischen den einzelnen Abteilungen und für die Schlamm- und Leerlaufleitungen aus.

Eine gegen Frost, Wind und Verunreinigungen geschützte Lage wird bevorzugt.

Als Baumaterial kommt allgemein nur bewehrter und unbewehrter Beton in Frage.

Die Gründung erfolgt, wo nötig, unter Zuhilfenahme von Betonpfahlrosten[1] (Niagarafalls, E. R. 65/601; Evansville, E. R. 65/508) und Sohlengewölben[2] (Cleveland, E. R. 69/651); Umbau der Langsamfilter in 40 Schnellfilter 15,24 · 8,53 über Reinwasserbehälter. St. Louis, Mississippi, E. R. 69/340; E. N. 70/808, 1329, 396).

Für Kansas City, Kans. (E. R. 65/89, vgl. auch Fig. 127 bis 133) bilden die vier Längswände der drei nebeneinander liegenden Niederschlagsbecken von je 61 · 9,14 · 7,5 m i. L. äußerst widerstandsfähige bewehrte Träger. Sie sind unterhalb Sohle und Decke durch je einen Querträgerrost in 5,5 m Achsabstand verbunden, sodaß rechteckige Felder 5,5 · 9,45 m (Mittellinie) entstehen.

In die vier Längswände ist je ein Sohlenstreifen von 3,66 m Breite als beiderseits auskragender unterer Trägerflansch oberhalb des Rostes eingespannt. Diese Auskragungen tragen die Mittelstücken der Beckensohlen als bewehrte Gewölbe von 5,8 m Spannweite, $\sim 13$ m Halbmesser und 15 cm Stärke.

---

[1] Ich möchte hier auf die Verdichtung und Befestigung des Baugrundes durch gerammte oder gebohrte Löcher, mit Beton ausgestampft oder durch eingetriebenen Preßzement gefüllt, hinweisen. Beton u. Eisen v. 4. April 1916, S. 82, ferner v. 4. Okt. 1917, S. 208. Proberammungen in Stuttgart.

[2] Die Sohle eines im Grundwasser stehenden Beckens ist mit nach innen schlagenden Ventilen versehen, um den Unterdruck auszugleichen.

Der Zusammenstoß von Gewölbe und Kragträger bildet in jedem Becken zwei Längsrinnen, welche den durch Spülstrahlen zusammengefegten Schlamm im Gefälle nach je einem in der Mitte angeordneten Schlammventil von 60 cm Durchmesser führen.

Auf jedem Querbalken werden die Scheidewände durch beiderseitige, die Umschließungswände durch äußere verjüngte Strebepfeiler versteift, welche fest mit den Knotenpunkten des durch Sohle und gerade Decke verspannten unteren und oberen Balkenrostes verankert sind. Man kann sich das dreiteilige Niederschlagsbecken als drei zusammenhängende, durch Leisten umklammerte Kisten denken. —

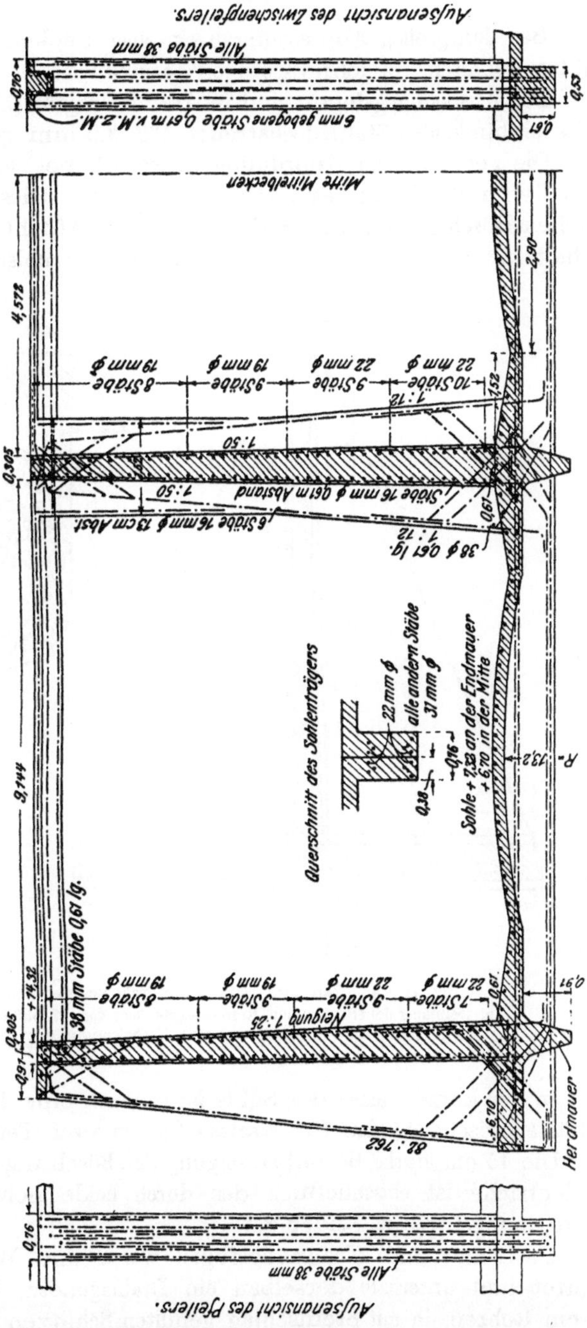

Die bewehrten oder gewölbten Abdeckungen der Absitz- und Niederschlagsbecken bilden nicht nur einen Schutz des Inhalts, sondern auch, ergänzt durch Pfeiler, eine willkommene Verspannung der Umschließungs-, Leit- und Scheidewände. Sie werden mit Erdüberschüttung versehen, wenn nicht der ganze Beckenunterbau als Fundament für Betriebsgebäude des Wasserwerks benutzt und überbaut wird. Für Einsteige-, Licht- und Lüftungsöffnungen wird gesorgt.

Fig. 40. Kansas City, Kans. Halber Querschnitt der Niederschlagsbecken. (E. R. 65/89.)

Bei den großen Abmessungen einzelner Becken hat man es für zweckmäßig gehalten, Ausdehnungsfugen anzuordnen.

Die Ausdehnungsfugen sind in Albany Oregon (E. R. 66/192) mit beiderseits einbindenden Stahlblechstreifen 130 · 3,2 mm gedeckt.

Die gebräuchliche Anordnung findet sich bei der endgültigen Dichtung von Twin Peaks reservoir (E. R. 69/398). Dies ist ein elliptischer, mit flachen Böschungen in die Erde eingelassener Hochbehälter von 38 000 cbm Inhalt für Feuerlöschzwecke der Stadt San Francisco.

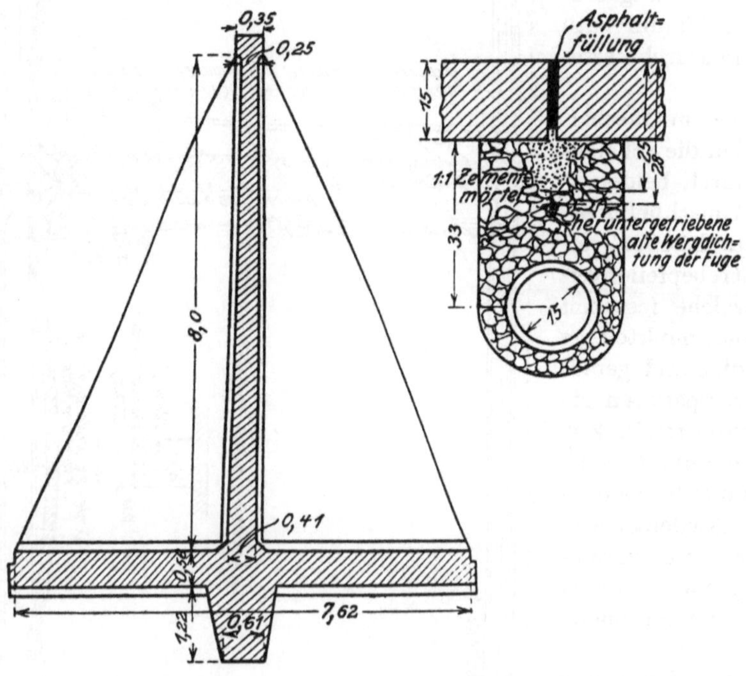


Fig. 41 u. 42. San Francisco. Twin Peaks Reservoir. (E. R. 69/398.)
Mittelmauer des elliptischen Reinwasserbeckens von 37 850 cbm Gesamtinhalt.
Rechts oben: Die Ausbesserung und Nachdichtung der Ausdehnungsfuge.

In der kurzen Achse der Sohle ist er durch eine Trennwand ähnlich den Behälterzwischenwänden für Kansas City in zwei Teile geteilt.

Die 15 cm starke Betonbefestigung der Böschungen und der elliptischen Sohlenfläche ist einschließlich des durch beide gebildeten Randes durch Ausdehnungsfugen in Felder zerlegt.

Die senkrechten Trennungsfugen waren mit Werg und Asphalt gedichtet und unterhalb derselben ein Drainagenetz, bestehend aus 15- bis 20-cm-Rohren, in mit Steinschlag gefüllten Schlitzen angeordnet.

Eine feste Unterlage der durch die Fuge getrennten Sohlenteile fehlte. Dies und mangelhafte Ausführung veranlaßte bei der ersten Füllung Wasserverluste von 7800 cbm/Tag für jede Beckenhälfte.

Die Fugen mußten ausgekratzt, das Werg in den Steinschlag getrieben und ein kleiner Hohlraum in diesem geschaffen werden. Nachdem der letztere bis etwas über Unterkante Sohle mit Zementmörtel 1 : 2 vergossen, die Stoßflächen mit Farbe (paint) gestrichen und die Fuge selbst mit einer Mischung aus heißem Asphalt und Infusorienerde gefüllt, erwies sich das Becken als dicht.

Die Ausdehnungsfugen der aufgehenden Wände des Niederschlagsbeckens in Coffeyville (Fig. 52 bis 54) sind auf der Wasserseite durch aufgeschraubte 6-mm-Bleiplatten gedichtet, nachdem die Betonflächen vorher geteert waren (E. R. 69/539).

## 2. Die Abmessungen der Becken.

Der Gesamtinhalt der Becken ergibt sich sehr einfach aus der Erfahrung, daß bei einem $1\frac{1}{2}$- bis 6stündigen Aufenthalt des Wassers in ihnen die Fällmittel einen ausreichenden Prozentsatz des Schlammes ausscheiden.

Eine absolute Ruhe des Wassers würde die Ruhezeit um die Dauer der störenden Füllung und Leerung in natürlichem oder künstlichem Gefälle (Pumpen) erhöhen und hat sich nirgends als erforderlich herausgestellt. Es genügt, wenn eine mittlere Fließgeschwindigkeit des benetzten Beckenquerschnitts von 40 mm/Sek. nicht überschritten wird.

Der gleichzeitig nutzbare Beckeninhalt muß daher $^1/_{16}$ bis $^1/_4$ des größten Tagesbedarfs sein oder der benetzte Beckenquerschnitt in qm $\times$ 0,04 $\geqq$ höchste Durchflußmenge in Sekunden/cbm. Man geht aber auch mit dem Beckeninhalt bis ganzen Tagesbedarf (24 Stunden) und darüber[1]. Außergewöhnliche Steigerungen des letzteren, schlammiges, gefärbtes, saures, kaltes Rohwasser, Betriebsunterbrechungen in der Rohwasserzuleitung u. dgl. lassen eine reichliche Bemessung zur Entlastung der Filter geraten erscheinen. So zeigten sich bei plötzlichen Hochfluten des Missouri in den drei Becken von Kansas City (E. R. 65/88; Gesamtinhalt 11 000 cbm, Tagesleistung 26 bis 38 000 cbm) trotz ihrer großen Tiefe (7,5 m) und einem Alaunzusatz von 35 bis 70 g/cbm bald so hohe Ansammlungen des leicht beweglichen flüssigen Schlammes, daß selbst im dritten Becken kein genügender Klärraum blieb. Die Hochfluten hatten 6 bis 10 kg/cbm Schlammgehalt. Man fand, daß die Filter im gewöhnlichen Betrieb nur 150 g/cbm, bei sehr großem und häufigem Waschwasserverbrauch bis 200 g/cbm Schlamm bewältigen konnten. Um die Ausscheidung bis auf diesen Gehalt sicherzustellen, ist ein viertes großes Niederschlagsbecken vorgesehen.

Andererseits kann man Absitz- und Vorbecken mitzählen und Aus-

---

[1] Ein Becken von 50 qm Wasserquerschnitt liefert bei 10 mm/St. Durchflußgeschwindigkeit $50 \cdot 0,01 \cdot 60 \cdot 60 = 1800$ cbm/St. und muß für jede Stunde Ruhezeit $0,01 \cdot 60 \cdot 60$ m $= 36$ m Durchflußlänge besitzen. Mit Rücksicht auf die notwendige Ruhezeit verbietet sich eine zu große Durchflußgeschwindigkeit schon durch die für letztere erforderliche große Weges-(Becken-)Länge.

besserungsarbeiten und Reinigung auf die Zeiten geringeren Verbrauchs an Reinwasser und besserer Beschaffenheit des Rohwassers aufschieben.

Ausnahmsweise scheint man mit einem Niederschlagsbecken auskommen zu können. In der Regel haben aber selbst kleinere Anlagen mindestens zwei, von denen eins gelegentlich ausgeschaltet werden kann.

Für größere Anlagen wird auf eine handliche Größe der Becken mit Rücksicht auf die Baukosten, die Gefahr von Undichtigkeiten und Betriebsstörungen, die Leichtigkeit der Beaufsichtigung und Entschlammung gehalten.

Cleveland (E. R. 69/651) besitzt für 570000 Tageskubikmeter sechs nebeneinander liegende dreiteilige Becken: 69,18 · 43 · 5,18 m (Fig. 147 u. 148).

Ähnlich den in *Lueger* II und *Dunbar* II (1912) entwickelten Grundsätzen haben die amerikanischen Becken beinahe durchweg rechteckigen Grundriß von 3,0 bis 7,5 m Tiefe. Die Längenentwicklung vom 4- bis 6fachen der Breite wird durch die Kehrleitwände in sehr zweckmäßiger Weise erreicht. In Owensboro (E. R. 65/597) hat auch die in der Fließrichtung ansteigende Sohle, und zwar in Doppelbeckenform mit in der Mitte eingeschalteter Mischkammer, Anwendung gefunden. Sie ist in bezug auf Kosten, Bauausführung und Entschlammung besonders sparsam (Fig. 17 bis 17 b). Indessen schadet der größere Durchflußquerschnitt bei annähernd wagerechter Sohle dem Ausscheidungsvorgang des feineren suspendierten Schlammes gewiß nichts.

## 3. Der Übergang vom Absitz- zum Niederschlagsbetrieb (Fällmittel).

Natürliche und künstliche Seen (Talsperren) gewähren infolge ihres großen Rauminhaltes den getrübten Beckenzuflüssen eine ausreichende Misch- und Ruhezeit, den Ablagerungen eine unschädliche Unterkunft und durch ihre Tiefe den Reinigungsvorgängen und Entnahmevorrichtungen Schutz und Spielraum.

Wo man auf gegrabene, eingedeichte oder massive Becken angewiesen war, führte die Aufgabe der Klärung großer Wassermengen zu einer Trennung und Beschleunigung des Verfahrens.

Absitzbecken werden nur für die ersten leicht fallenden Ausscheidungen stark verschlammten Wassers zur Ersparung von Fällmitteln beibehalten.

Vielfach sind die Absitzbecken bei steigendem Bedarf zu Niederschlagsbecken mit vorgelegten Vor-, Misch- und Verteilungsbecken umgebaut oder solche Anlagen von vornherein eingerichtet.

So ist z. B. die große Fläche des einen Absitzbeckens für das Alleghanywasser (200 000 cbm Inhalt) zu Pittsburg mit Prellwänden und Schlammabführung versehen und in einer der Abteilungen ein Grobfilter als Misch- und Fälleinrichtung eingebaut (E. R. 67/437). (Siehe unter I, S. 5, Fig. 4 bis 7.)

In Minneapolis ist zwar das eine der Absitzbecken von 180 000 cbm auf 280 000 cbm durch Aufhöhen der Dämme gebracht und als solches beibehalten, das andere aber zum Reinwasserbehälter umgewandelt und durch neuangelegte Niederschlagsbecken ersetzt (E. R. 67/680, Fig. 26).

In St. Louis (E. R. 69/340, Fig. 134 bis 136) wurden die Schnellfilteranlagen in zwei der Absitzbecken eingebaut, andere zu Niederschlagsbecken umgewandelt und ein Sandfang 21,34 · 30,48 m für den gröbsten Schlamm eingerichtet.

Umgekehrt allerdings entstand in Waco, Texas, im Mischbehälter durch das Brazoswasser bei einem Schlammgehalt bis 22 kg/cbm und 19 000 cbm Tagesförderung ein derartiger Niederschlag, daß die Einsätze entfernt werden mußten.

Der Mischbehälter 19,46 · 9,14 · 4,57 m diente sodann lediglich als Absitzbecken, zu dem noch bei besonders schlammigem Wasser das eine der beiden Niederschlagsbecken von je 32 · 15 m Grundfläche hinzugenommen und erst vor Eintritt des Rohwassers in das zweite der Zusatz — Kalk und Eisenvitriol — gegeben wurde . (E. R. 69/695).

In ähnlicher Weise benutzt man in Rock Island, Baltimore und anderwärts vorübergehend oder dauernd eines der Niederschlagsbecken ganz oder teilweise zur ersten Schlammabscheidung unter Ersparung der Chemikalienzusätze.

In Grand Forks (E. R. 63/698) fließt das Wasser — 7500 Tageskubikmeter — zunächst zur Schlammabscheidung in zwei an der Stirnseite des Doppelniederschlagsbeckens 2 · 42,67 · 20,0 · 3,05 abgetrennte schmale Behälter von 380 bzw. 540 cbm Inhalt und ebenfalls 3,05 m Tiefe. Dieselben können hintereinander oder während der Reinigung auch einzeln benutzt werden. Eine Sammelrinne führt das Oberflächenwasser in einen Schacht in der Scheidewand der beiden Niederschlagsbecken, von wo es nach beiden Seiten an der Sohle gleichlaufend der Schlammbehälterwand durch glasierte Tonrohre mit Öffnungen in 75 cm Abstand unter 45° nach oben gerichtet verteilt wird. Am anderen Ende der Niederschlagsbecken wird das klare Oberflächenwasser durch eine Sammelrinne den Filtern zugeleitet.

Die Benutzung der Becken erfolgte nicht in der anfangs geplanten, oben beschriebenen Weise, sondern die Zusätze — 12 bis 16 g/cbm Alaun und 1,2 g/cbm Chlorkalk — wurden dem dauernd sehr schlammigen und verseuchten Wasser bereits in der Pumpenleitung zugeführt.

Der Unterschied zwischen Absitz- und Niederschlagsbecken ist in solchen Fällen kein strenger, sondern der Chemikalienzusatz, also der Punkt, wo das Niederschlagsbecken anfängt, wird dem Schlammgehalt und der besten und sparsamsten Wirkung der Fällmittel erfahrungsgemäß angepaßt. Vgl. auch Fort Smith (E. R. 68/619), S. 76/77, Fig. 55 bis 58; Rock Island (E. R. 63/609), Fig. 60 bis 62).

## 4. Die Regelung des Zuflusses.

Gröbere Sink- und Schwimmstoffe werden durch Gitter, Siebe, Rechen, Tauchrohre und Wände, Brunnen u. dgl. schon vor den Entnahmevorrichtungen des Rohwassers zurückgehalten.

Der Einlauf in die Entschlammungsanlagen geschieht durch Vermittlung kleiner Vor- und Verteilungsbehälter, Kanäle, Brunnen und Schächte.

Hier findet meist eine Messung durch Überfälle, kalibrierte Schieber, Venturimeter[1], und ferner eine Regulierung und Verteilung des Rohwassers nach Menge und Wasserspiegelhöhe, vereinzelt auch Chemikalienzusatz statt.

Der Zufluß in natürlichem Gefälle wird durch Schwimmer und Drosselklappen, aber auch von Hand durch Schieber, Schützen, Einsatzbretter u. dgl. auf die Spiegel- und Druckhöhen der Becken, Filter und Reinwasserbehälter entsprechend der Leistungsfähigkeit dieser Anlagen und dem wechselnden Bedarf eingestellt.

Bei Pumpenförderung wird ebenfalls unter Benutzung von Schwimmern, Tauchgewichten, Wasserverschlüssen u. dgl. die Steuerung, das Dampfventil oder der Zu- und Abfluß durch Fernübertragung mittels kommunizierender Röhren, Hebel oder Elektrizität so geregelt, daß sich die gewünschten Druck- und Wasserspiegelhöhen einstellen. Die letzteren und der Wasserdurchlauf werden durch Registriervorrichtungen aufgezeichnet.

## 5. Die Mischbecken und Lüftungseinrichtungen.

Die Chemikalien sollen einerseits aus Sparsamkeit, andererseits weil ihre Ausscheidung die Schlammenge vermehrt und ihre Lösung die Beschaffenheit des Reinwassers beeinträchtigt, gerade nur in der unbedingt notwendigen Menge Verwendung finden.

Die Wirkung der homöopathischen Dosen von wenigen Gramm/cbm hängt zunächst von der Innigkeit und Gleichmäßigkeit der Mischung ab.

Je größer der Verdünnungsgrad der vorgemischten Zusatzlösung, also das Verhältnis Zusatzlösungsmenge zu Rohwassermenge, je leichter die Durchdringung der beiden Flüssigkeiten. Die Verdünnung der Zusatzlösung wird aber innerhalb gewisser Grenzen beschränkt durch den Umfang der Lösungs- und Leitungseinrichtungen auf erfahrungsgemäß festliegende Prozentsätze. Siehe S. 22 u. f.

Weiterhin benötigen die Chemikalien eine gewisse Zeit zur Äußerung ihrer Wirkung. Das behandelte Rohwasser muß eine Ruhezeit haben.

Die Mischung von Zusatzlösung und Rohwasser verlangt möglichst lebhafte Bewegung und Richtungsänderung, die Ausscheidung der Niederschläge annähernde Ruhe des Wassers.

In den älteren Anlagen suchte man die Strömung sowohl in den Zuflußleitungen zur Mischung auszunutzen, als auch eine solche durch Querschnitts- und Richtungsänderungen in den Niederschlagsbecken zu befördern. Die Schlammausscheidungen traten dann in den Leitungen häufig zu früh ein, wurden in den Niederschlagsbecken gestört und die Beseitigung des Schlammes durch die Einbauten, Ecken und Absätze beeinträchtigt. Der gegebene Ort für die Mischung ist die Eintrittsstelle des Rohwassers in die Niederschlagsbecken. Man hat daher an dieser Stelle eines der Niederschlagsbecken ganz oder teilweise als Mischkammer eingerichtet oder, namentlich für größere Anlagen, von vornherein besondere Mischkammern vorgeschaltet.

---

[1] Die Venturimeter können auch unter Wasser liegen.

Die Fließgeschwindigkeit wird in schmalen Kanälen der Mischbecken von meist gleicher Sohlenhöhe wie die Niederschlagsbecken durch entsprechendes Gefälle auf eine größere mäandrisch gewundene Wegeslänge auf 0,3 bis 0,5 m/Sek. und mehr gesteigert. Die Richtungsänderung erfolgt wiederholt sowohl in wagerechter als senkrechter Richtung um 90 oder 180°.

Die Geschwindigkeitsdifferenzen, welche durch die Reibung an den langen Kanalwänden und Sohlen im Querschnitt, die Strömungen und Wirbel, welche durch den Anprall gegen die senkrechten Wände und das Umfließen der Leitwandenden entstehen, scheinen für die Mischung großer Wassermengen gebräuchlicher als Kaskaden, Springstrahlen, Luft-[1] und Wassereinpressungen oder Rührwerke.

Letztere sind gleichwohl in Verbindung mit Auf- und Niederschächten für Georgetown (E. R. 64/706), 2840 Tageskubikmeter, und Owensboro (E. R. 65/597), 13 000 Tageskubikmeter, zur Ausführung gekommen. Siehe S. 34 u. S. 39 Anmerk.

Zu erwähnen sind auch die Misch- und Lüftungseinrichtungen für das Kensikobecken New York und zu Norristown, Pennsylvanien (E. N. 73/768 und 73/853).

Im ersten Falle handelt es sich um 68 000 Tageskubikmeter Talsperrenwasser, welche aus der Entnahmeleitung von 91 cm Durchmesser am Fuße des Staudammes durch Verschluß des in dieselbe eingebauten Schiebers und Öffnung eines senkrecht dazu gerichteten Abzweiges von 61 cm nach der Mitte eines flachen Betonbeckens von etwa 30 m Durchmesser abgezweigt werden (Fig. 43 u. 45b). Dort bildet der Abzweig die kurze, 3,05 m lange Achse eines elliptisch geschlossenen Rohrstranges von gleichem Durchmesser und 3,66 m großer Achse. Auf dieser Rohrfigur, welche aussieht wie das wagerecht gelegte Glied einer Stegkette, sind 44 senkrechte Bronzedüsen mit je drei spiralförmig gebogenen Leitschaufeln aufgeflanscht. Dieselben ergeben eine gute Verstäubung des Wassers, doch mußten sie um 20 einfache Düsen vermehrt werden, um die Druckhöhe zu vermindern. Das Wasser sammelt sich in der Mitte des Rohrrings in einer Vertiefung und fließt durch ein dem Zuleitungsrohr benachbartes gleichlaufendes 61-cm-Rohr nach der Stammleitung von 91 cm Durchmesser hinter deren Absperrschieber wieder zurück. Zur Ausschaltung des Lüfters ist es also nur nötig, den Schieber wieder zu öffnen und die Schieber des Zu- und Abflusses nach dem Lüftungsbecken zu schließen.

Zur Entfernung der mitgerissenen Luft erwies es sich als nötig, auf der Ableitung aus dem Becken und der unteren Strecke des Stammrohres eine Anzahl 5-cm-Entlüftungsrohre aufzusetzen.

Die 1 : 24 geneigte Sohle des flachen Beckens ist durch ein ringförmiges, in Kies verlegtes Drainagenetz aus 15-cm- (glasierten) Tonrohren im Gefälle 1 : 100 entwässert.

Die Einrichtung in Norristown, Penns., zur Mischung und Verbesserung von Geruch und Geschmack einer Tagesmenge von 20 000 cbm Schuylkill-

---

[1] Vgl. Kompressionsanlage. *Ziegler*, Der Talsperrenbau, 2. Aufl., S. 108. Schon ganz geringe Wassergefälle reichen zur Erzeugung von Druckluft aus.

riverwasser ist früher schon in Newport, R. J., und Lexington, Ky., ausgeführt.

In Norristown ist in die Längstrennungsmauer der beiden Niederschlagsbecken von je 39,3 m Länge, 19,2 m Breite und 3,05 m Wassertiefe eine kleine Kammer, 5,0 m lang und 1,5 m breit, eingebaut (Fig. 46 bis 49).

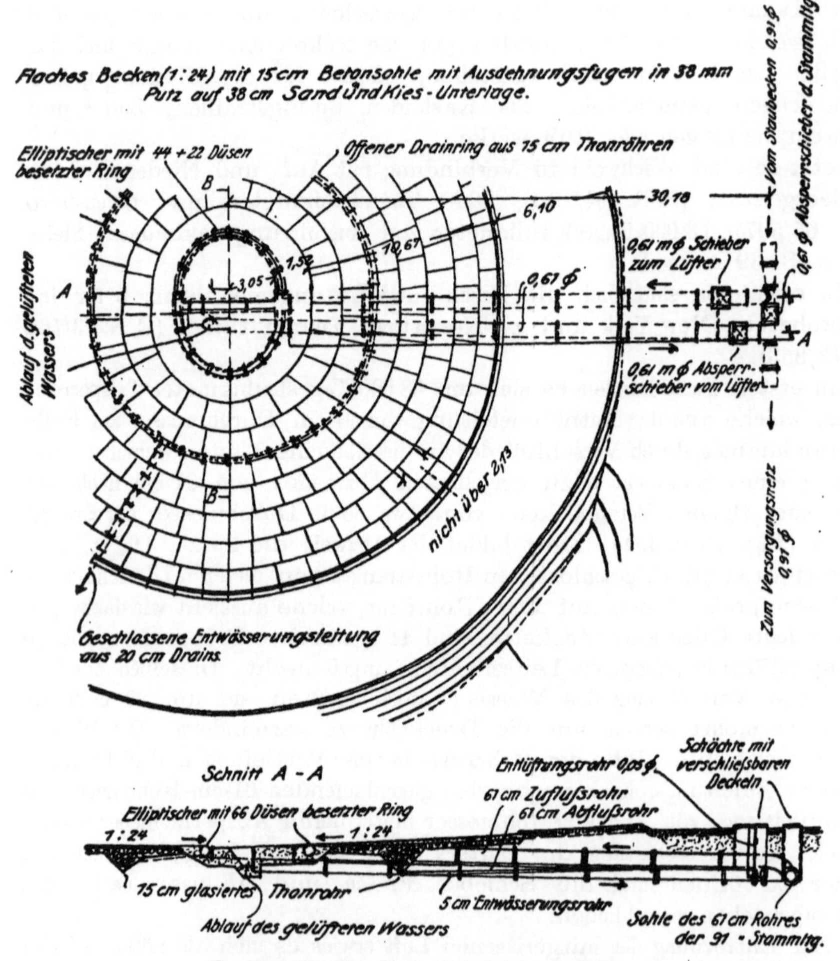


Fig. 43 u. 44. New York. Crotonwasserversorgung.
Lüftungsanlage für das Wasser des Kensiko-Staubeckens. Grundriß. (E. R. 73/768.)

An der Stirnseite derselben wird das bereits mit Alaun versetzte Flußwasser durch die Niederdruckpumpenleitung und einen schwimmerregulierten Einlaßschieber von außen eingeführt und auf konstanter Spiegelhöhe gehalten. Es wird so hoch (rund 4,0 m) angestaut, daß es in beiderseits senkrecht zur Eintrittskammer abzweigende Gefluter treten kann, soweit es deren Schützenregulierung zuläßt. Über den Rand des betreffenden 9 m

langen Gefluters und über einen Abfallboden gleicher Länge prallt es im
Gefälle 1 : 2¹/₂ von innen gegen die Stirnwand der zugehörigen Niederschlags-
beckenabteilung, durchfließt dieselbe und kehrt durch eine Kehrleitwand,
nach außen abgelenkt, nach einer Sammelrinne an der Stirnwand zurück.
Die Filtration erfolgt durch neun Jewellfilter von 4,88 m Durchmesser und
Tiefe.

Die Ruhezeit im Niederschlagsbecken soll 5¹/₂ Stunden, die Geschwindigkeit 4 mm/Sek. betragen.

Die beiden Abfallböden
von 9,0 · 2,4 m Fläche sind aus
Gußeisenplatten (60 · 80 cm)
mit angegossenen 10 cm hohen
Rippen auf einem Balkenrost
hergestellt.

Die beiden Scharen unter
45° gegen die Fließrichtung
geneigter Rippen würden quadratische Felder von ∼ 16 cm
Seite einschließen, wenn nicht
jede Schar an den Kreuzungs-
stellen mit der anderen durch
beiderseitige Lücken von etwa
je 7 cm unterbrochen wäre.

Die beiden Lüfter sind in
einem 21 m langen, 4,0 m
breiten, 2,75 m hohen Fach-
werksgebäude mit 20 Flügel-
fenstern je über dem Niederschlagsbecken untergebracht,
in welches sie unmittelbar ergießen. Sie nehmen an der
Stirnseite die Breite der beiden inneren Abteilungen der
Niederschlagsbecken ein[1].

Eine mehrstufige Behand-
lung, also die Benutzung von
Grobfiltern oder noch nicht

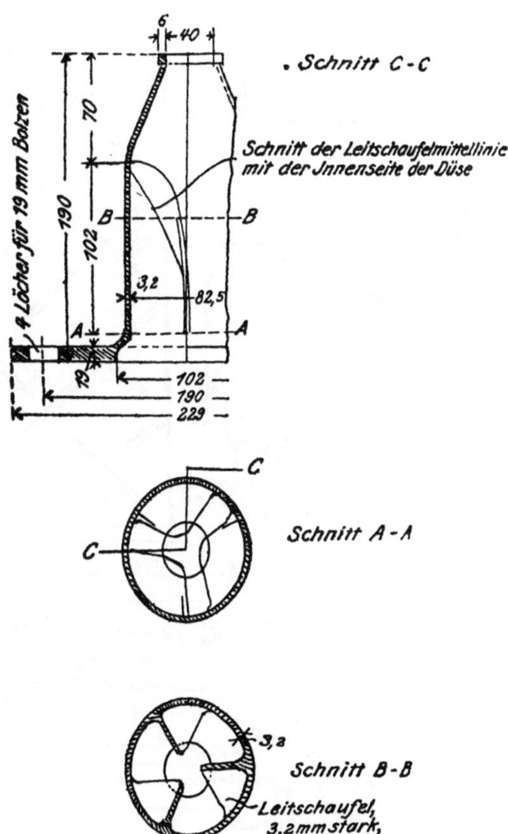



Fig. 45 bis 45 b. Kensiko-Staubecken. (E. R. 73/768.)
Düse auf dem Ringrohr des Lüfters.

eingearbeiteten Feinfiltern **als** Vorbehandlung, findet man im Schnell-
filterbetrieb nirgends. Die Grobfilteranlagen scheinen nur für Langsamfilter (vgl. Pittsburg und Philadelphia im I. Abschnitt, S. 7) als Misch-
vorrichtung, den Niederschlagsbecken vorgeschaltet, üblich.

Die sog. „Round the end baffles" = senkrechte Kulissenwände, welche
an eine Behälterwand anschließen, am anderen Ende frei stehen und vom

---

[1] Siehe auch die Lüftungseinrichtung der Mischbecken von Panama S. 184
Fig. 151 (E. N. 70/650).

Wasser wagerecht umflossen werden, so daß es im Nachbarabteil die entgegengesetzte Richtung annimmt, mögen im folgenden mit „Kehrleitwänden" bezeichnet werden.

Zwischen die Längswände der Mischbecken werden Versteifungsstreben und Wände gespannt, welche teils als Tauchwände, teils als Grundschwellen

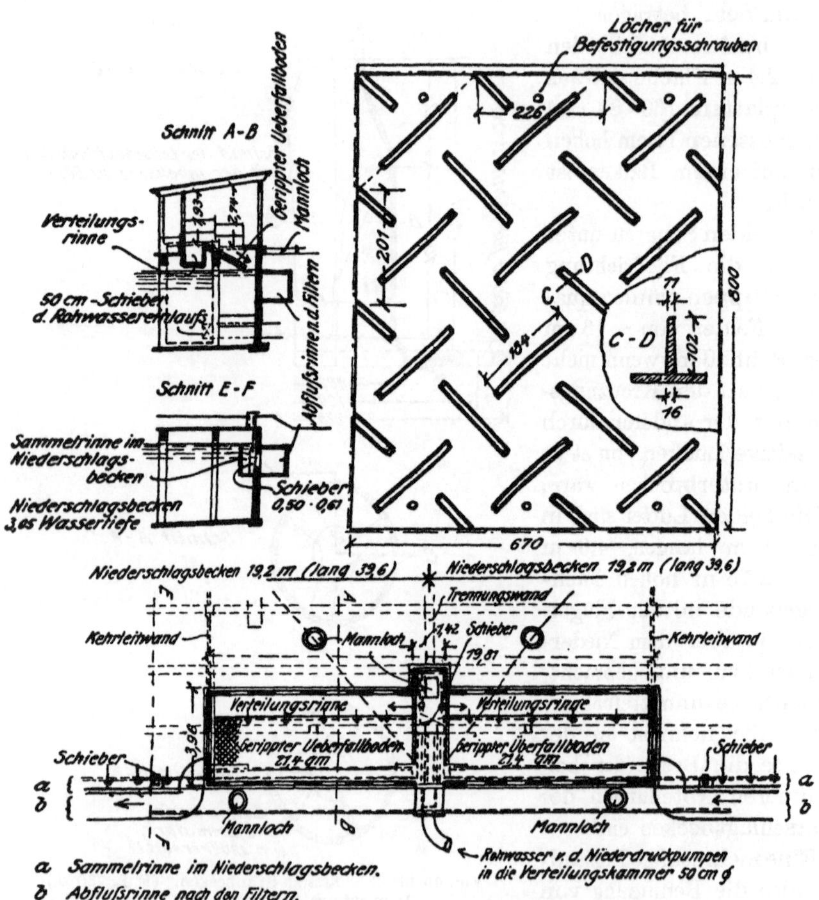


Fig. 46 bis 49. Norristown. Lüftungs- und Enteisenungsanlage. (E. N. 73/853.)
Grundriß der Stirnseite der beiden Niederschlagsbecken mit der daraufgebauten Lüftungsanlage.

gegeneinander versetzt, auch noch in senkrechter Richtung eine mäandrisch auf- und abwärts gerichtete Strömung erzeugen. Sie mögen als Auf- und Niederleitwände bezeichnet werden.

Man hat durch Verschlußvorrichtungen Vorsorge getroffen, die Mischkammern ganz oder teilweise auszuschalten, um die Fließlänge und Geschwindigkeit nach der jeweiligen Beschaffenheit und Menge des Rohwassers zu verändern. Die Zahl, Lage und Höhenlage der umflossenen Schneiden läßt sich für Auf- und Niederleitwände besonders leicht verändern, wenn man ihren konstruktiven Zweck ganz oder teilweise aufgibt und sie als Betontafel- oder Brettereinsätze in Schlitze der Wände oder Pfeiler ausbildet. Diese Konstruktion kann in Fort Flint, Mass. (E.R. 70/272) dazu benutzt werden, die Niederschlagsbecken $2 \cdot 20{,}73 \cdot 31{,}4 \cdot 3{,}81$ mit 2460 cbm

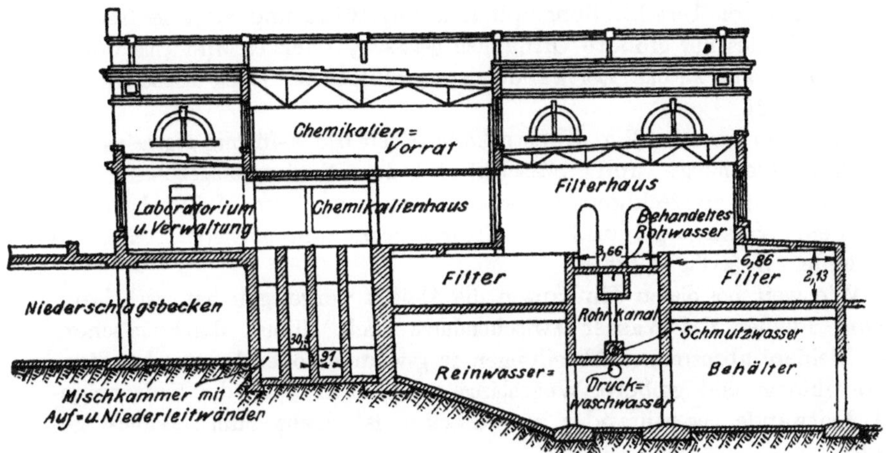


Fig. 50. Flint, Mich. Schnitt des Haupt-Chemikalien- und des Filterhauses für Flint mit Mischkammer. (E. R. 70/273.)

Tagesleistung als Fortsetzung der Mischkammer heranzuziehen. Die letztere besteht aus vier nebeneinander liegenden Kanälen von 0,91 m im Lichten. 13,73 m lang, 5,65 m tief, mit je fünf Querstreben der Längswände, ergänzt durch Auf- und Niederwände von Brettern in Schlitzen.

Zur Verlängerung der Mischkammer sind auch die Säulen der beiden Niederschlagsbeckendecken ($40 \cdot 40$ cm Querschnitt und 5,3 m Achsabstand) auf allen vier Seiten mit Schlitzen zur Aufnahme von Einsatzbrettern versehen.

Die durchschnittliche Geschwindigkeit in der Mischkammer soll 46 m/Min. (766 mm/Sek.), in den Niederschlagsbecken 40 mm/Sek. betragen.

Man verzichtet also hier wie in den meisten anderen Fällen nicht darauf, auch noch im Niederschlagsbecken Strömungen zu erzeugen.

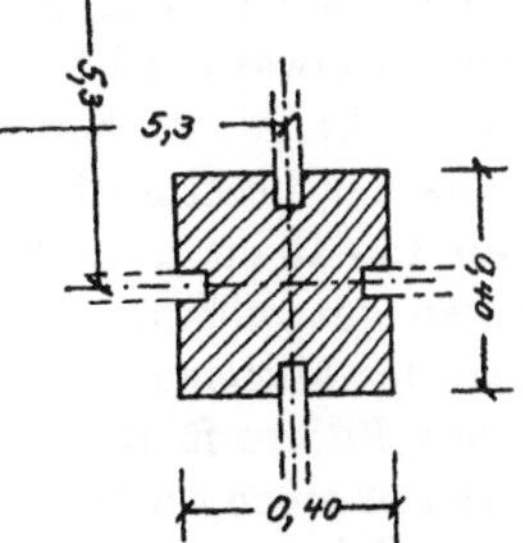


Fig. 51. Flint, Mich. (E. R. 70/272.) Deckenstütze des Niederschlagsbeckens mit Einsatzschlitzen.

Dies geschieht allerdings innerhalb der Niederschlagsbecken meist nicht durch Einsätze, sondern

    a) durch Kehrleitwände,

    b) durch Einrichtung der Becken zum Neben- oder Hintereinanderschalten,

    c) durch durchbrochene Wände.

Die Hintereinanderschaltung wird einfach dadurch bewirkt, daß das behandelte Wasser, nachdem es die Abteilungen des einen Beckens durchflossen, statt in den Sammelkanal, durch Schützöffnungen der Scheidewand in das obere Ende des benachbarten Beckens gelassen wird, und erst dieses noch durchfließen muß.

Die Kehrleitwände werden wohl auch, um ihnen einen Halt zu geben, bis an die Umschließungswände durchgeführt und statt des frei umflossenen Endes nur größere Öffnungen gelassen, oder es wird eine durchlochte Querwand an das Leitwandende angeschlossen: Rock Island Arsenal (E. R. 68/609).

Eine sehr zweckmäßige Konstruktion zeigen die A-förmig gegeneinander gestellten Trennungs- und „Mischwände" des Niederschlagsbeckens von Pittsburg mit rechteckigen Eintrittsöffnungen zu dem A-Zwischenraum nahe dem Wasserspiegel und Austrittsöffnungen zum nächsten Becken an der Sohle. S. 5, Fig. 4 bis 7.

Wie weit bei diesen Einbauten die Absicht vorgelegen hat, nach langsamem Fließen das Wasser zwischendurch noch einmal durchzumischen, oder kleinere absperrbare Abteilungen zu gewinnen, oder bei zweckmäßiger Grundrißform eine größere Wegeslänge zu erzielen oder die Umfassungs- und Leitwände gegeneinander zu versteifen, ist nicht zum Ausdruck gebracht.

Kehrleitwände und die Einrichtung zum Hintereinanderschalten finden sich beinahe bei allen Anlagen. Für Coffeyville (E. R. 69/538) ist besonders hervorgehoben, daß der längere Weg der hintereinandergeschalteten Becken $2 \cdot 33{,}53 \cdot 32 \cdot 4{,}5$ größere Ausscheidungen zeitigte als der kürzere Weg und die geringere Geschwindigkeit der Einzelbecken. Kehrleitwände sind daselbst nicht vorhanden. Fig. 52 bis 54.

Das Rohwasser tritt an der einen Stirnwand des Doppelbeckens in einen Verteilungskanal, welcher an die Umfassungswand in Eisenbeton angehängt ist. Aus der beckenseitigen Wand des letzteren fließt das Wasser aus Öffnungen $15 \cdot 15$ cm in 1,52 m Abstand gegen eine Tauchwand und wird zum Absinken gezwungen.

An der Mittelwand befindet sich eine Sammelrinne mit Überfall, welche nach den Filtern führt. Das Wasser kann aber auch durch die Scheidewand hindurch in einen auf der anderen Seite derselben befindlichen unteren Kanal treten, welcher es durch einen Brunnen nach oben in einen zweiten Verteilungskanal und durch das zweite Becken bis zu dessen Sammelrinne nach dem Filter führt.

Die Entnahme kann jedoch auch dort nach Belieben 0,91 cm unter Wasserspiegel in einem tiefer liegenden Kanal durch Öffnungen von $15 \cdot 15$ cm erfolgen.

Dieser dient, wenn man die Becken einzeln benutzen will, in umgekehrter Richtung als Verteilungskanal für Rohwasser aus einer besonderen Zuleitung. Das geklärte Wasser fließt dann in der Verteilungsrinne der Mittelmauer ab.

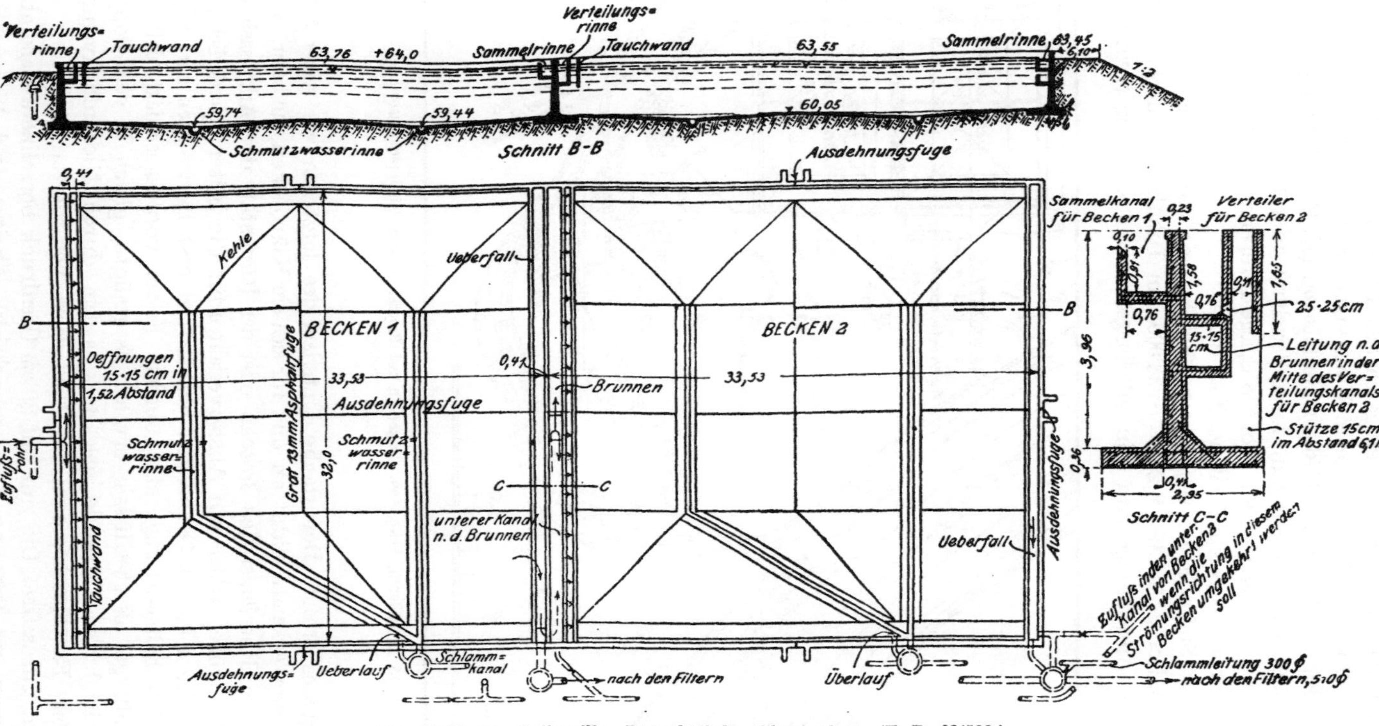


Fig. 52 bis 54. Coffeyville. Doppel-Niederschlagsbecken. (E. R. 69/539.)
Unten: Grundriß. Oben: Schnitt B-B. Rechts: Einzelheiten der Mittelmauer.

A-förmige oder senkrecht eingeschaltete Strebepfeiler der dünnen Leit-
und durchbrochenen Wände wie in Kansas City (Fig. 40) (E. R. 65/88), Niagarafalls (Fig. 123/24) (E. R. 65/601), Rock Island (E. R. 63/609, Fig. 60 bis 62)
sind besonders dann nötig, wenn durch Verschluß oder Drosselung der Durch-
flüsse zu den Nachbarbecken größere Spiegeldifferenzen entstehen können.

Als warnendes Beispiel diene Fort Smith.

In Fort Smith (E. R. 68/619 und 70/262) war ein rechteckiger offener
Doppelbehälter $2 \cdot 50 \cdot 39 \cdot 8,25 = \sim 38\,000$ cbm Inhalt teils durch Aushub,
teils durch Anschüttung von Einschließungsdämmen auf dem Steilufer des

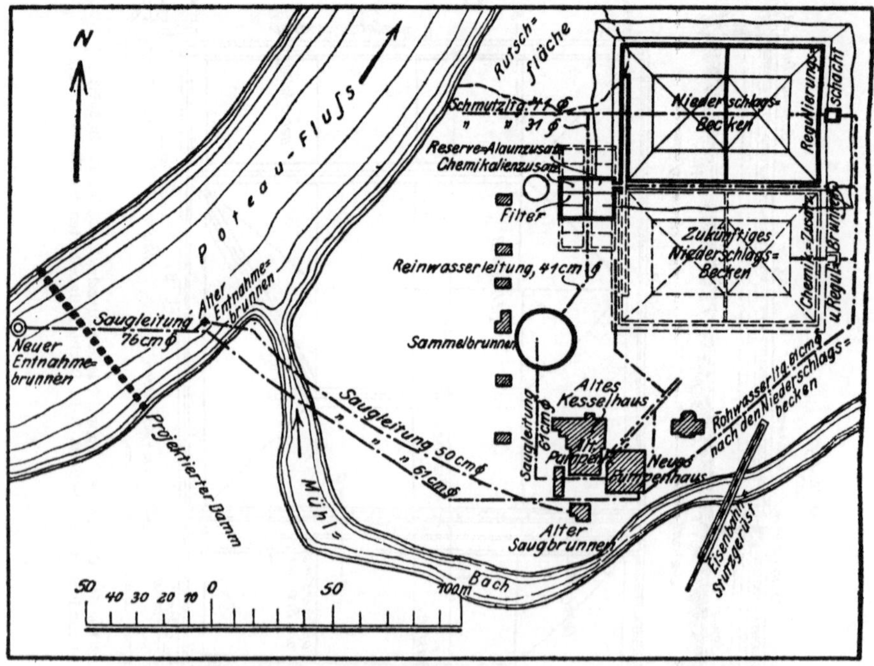

Fig. 55. Fort Smith, Arkansas. Lageplan und Bruchstelle des Niederschlagsbeckens.
(E. R. 70/263.)

Poteauflusses erbaut. Der flache Unterlauf des letzteren vor seiner Mündung in den Arkansas bildet an und für sich ein Klärbecken, und nur, wenn
die eigenen Hochfluten des Poteau oder der Rückstau der Arkansashoch-
fluten ihn trüben, schien ein Absitzverfahren für die Filter erforderlich. Zu
dem Zwecke sollte das Ostbecken benutzt und erst im zweiten oder Westbecken das Fällmittel zugesetzt werden. Es sei vorausgeschickt, daß sich
diese Maßregel als überflüssig erwies. Es genügte, gleich in dem Doppel-
einlaufschacht am Ostrande des Beckens dem durch Niederdruckpumpen
aus einem Entnahmebrunnen im Fluß dahin beförderten Rohwasser das
Fällmittel zuzusetzen. Die nur auf 20 cm Überdruck berechnete Wand aber,
welche man zur Trennung des beabsichtigten Absitz- und Niederschlags-

beckens errichtet hatte, ohne jemals eine andere als gleichzeitige langsame Leerung der beiden Becken im Auge zu haben, kam auf folgende Weise zum Einsturz.

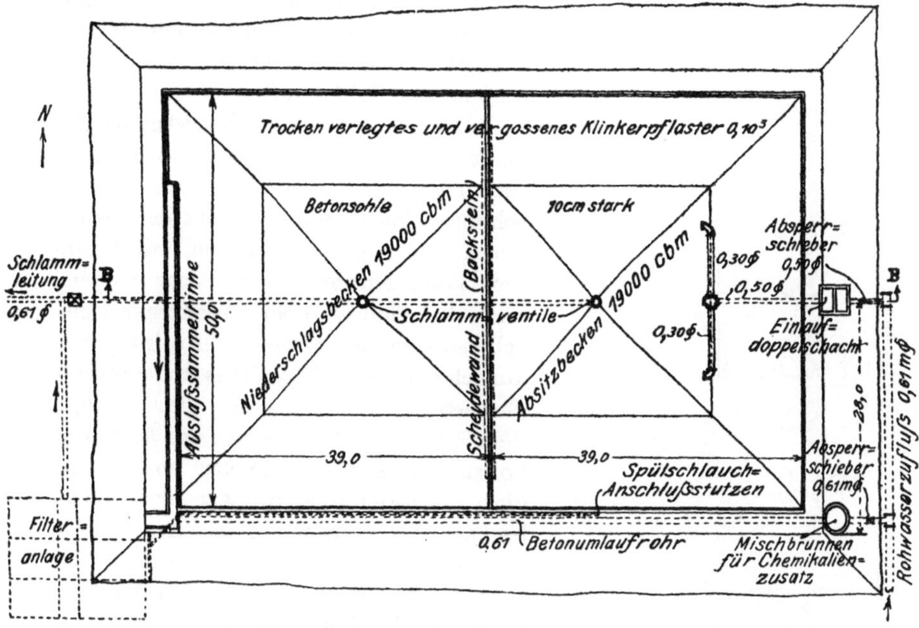


Fig. 56. Fort Smith. Absitz- und Niederschlagsbecken. (E. R. 68/619.)

Sie war zur Ausspiegelung nur mit vier Durchflußöffnungen von 25 cm Durchmesser 1,65 m über Sohle versehen. Die Klappen öffnen unter Überdruck vom Westbecken nach dem Ostbecken, nicht umgekehrt.

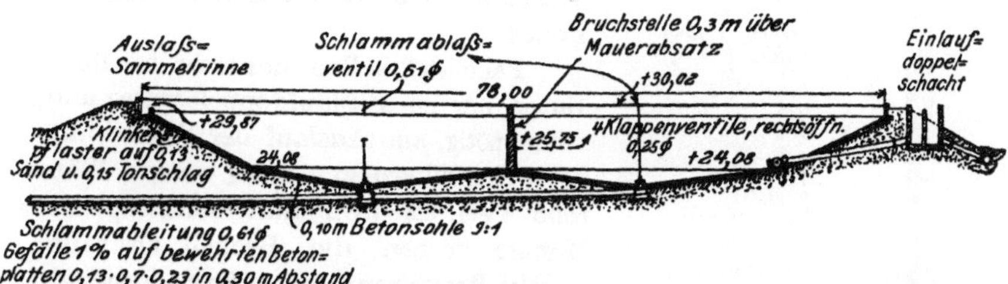


Fig. 57. Fort Smith. Absitz- und Niederschlagsbecken. Schnitt B-B der Fig. 56. (E. R. 68/619.)

Jedes der Becken hat eine pyramidenförmig nach unten vertiefte Sohle, in deren Spitze je ein 61-cm-Ventil zur Entleerung und Schlammabführung nach einer gemeinschaftlich unter Beckensohle verlegten Schlammableitung nach dem Flusse führt. Die Schlammablagerung wurde hauptsächlich im Westbecken erwartet, wo ein 50-cm-Rohr in zwei senkrecht dazu abzweigenden 30-cm-Rohren das Rohwasser aus dem Doppelschacht an der Beckensohle einführt. Daher ragte nur die dortige Schlammventilstange über Wasserspiegel und mußte unter allen Umständen zuerst betätigt werden, ehe man zu derjenigen im zweiten Becken, unter Wasser befindlich, gelangen konnte, welche nur 4,88 m über Sohle aufragt.

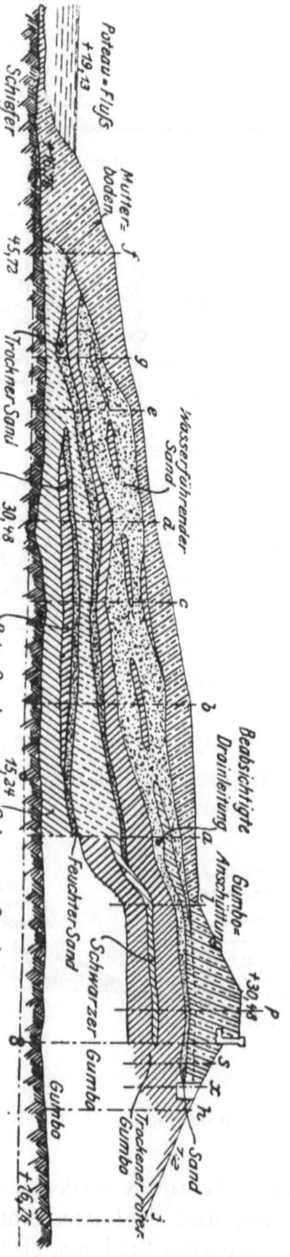

Einen Monat nach Inbetriebnahme der Becken zeigten sich im Flußufer bis nach dem Damm des zweiten Beckens zu Rutschungen. Sie waren veranlaßt durch Sandeinlagerungen im Untergrund, welche mit dem Beckeninnern in Verbindung standen, nach dem Fluß zu aber auskeilten und geschlossen waren. Ohne Ermächtigung des aufsichtführenden Ingenieurs wurde zwecks Entleerung der Becken das allein zugängliche östliche Ventil geöffnet und lief unter vollem Druck viel schneller ab, als die vier Ausspiegelungsöffnungen des Westbeckens den Spiegel des letzteren senken konnten. Ein Drosselungsschieber in der Schlammabflußleitung nach dem Fluß zu war noch nicht eingebaut. Durch den Überdruck stürzte der obere Teil der Trennungsmauer beider Becken ein.

Die Rutschung ist durch einen tongefüllten Dichtungsgraben an der Innenseite des Westdammes und ein Entwässerungsnetz am flußseitigen Dammfuß behoben.

Fällmittel sollen nunmehr bei Hochfluten nur im Einlaufdoppelbrunnen und, wenn nötig, am Auslauf der Sammelrinne nach den Filtern zugesetzt werden. Während zwei bis drei aufeinanderfolgender Monate können die Becken überhaupt zwecks Entschlammung mittels Spülstrahl ausgeschaltet und die Zusätze in einem kleinen, in die Umleitung eingeschalteten Backsteinbrunnen gegeben werden. Fig. 56.

Die Sohlen der Becken sind mit 10 cm starker Betonbekleidung, die Böschungen mit Klinkerpflaster auf 15 cm Tonschlag und 13 cm Sandunterbettung versehen.

Fig. 58. Fort Smith. Bruch-Querschnitt durch den westlichen Damm des Niederschlagsbeckens. (E. R. 68/619.) (Gumbo ist eine Tonart, die bis eben vor dem Sintern gebrannt und zerkleinert als Straßenschotter usw. benutzt wird.)

Es mögen hier noch einige Beispiele ausgeführter Mischbecken folgen:

## 6. Beispiele.
E. N. 70/396, 808, 1329; E. R. 69/340.

Die Mississippiwasserversorgung von St. Louis, Mo., verwandelte 1904 ihre Absitzbecken durch Verwendung von Fällmitteln in Niederschlagsbecken. Vgl. S. 164, Fig. 134 bis 144.

Dieselben wurden hintereinandergeschaltet benutzt, und es gelang bei mittlerer Tagesförderung von 260 000 cbm den mittleren Schlammgehalt des Flußwassers von 1320 g/cbm auf im Mittel 8,2 g/cbm im Sammelbrunnen zurückzuführen, während im Jahre 1902 das Flußwasser von 100 bis 7000 g/cbm (im Mittel 2000) nur so weit entschlammt wurde, daß im Leitungswasser 50 bis 600 g/cbm (im Mittel 200) enthalten waren.

Im Jahre 1907 wurde die Zahl der Niederschlagsbecken von 7 auf 9, ihr Inhalt von 680 000 auf 950 000 cbm erhöht.

Der Niederschlag zeigte sich vornehmlich im ersten Becken in Höhe von 97 bis 99 Proz. und der verbleibende Schlammgehalt im Sammelbrunnen am Ausfluß des letzteren abhängig von dem ursprünglichen des Flußwassers. Ferner waren darauf von Einfluß die Strömungs- und Geschwindigkeitsverhältnisse in den Becken.

Eine Steigerung des Tagesverbrauches von 227 000 auf 340 000 cbm vermehrte den Schlammgehalt im Sammelbrunnen von 2 auf 7 g/cbm, eine weitere Steigerung auf 454 000 cbm brachte ihn durch Erhöhung der Fließgeschwindigkeit, sowohl im ganzen als auch in der Änderung der Verteilung im durchflossenen Querschnitt, auf 25 bis 30 g/cbm. Aufwirbelnd wirkte auch das in das wärmere Beckenwasser einfallende kältere Flußwasser (Herbst und Winter), Wind und Wellenschlag, namentlich bei größerer Stärke der Ablagerungen im Becken.

Diese kondensierten sich auf 2 bis 3 Proz. ihres Raumgehalts im offenen Wasser, wurden von geringen Erhöhungen in der Schlammoberfläche angezogen und waren nach 24 Stunden gegen leichte Strömungen und das Öffnen der Schlammventile schon in geringer Entfernung standfest.

Die Entkeimung ist der Entschlammung proportional. Der Bakteriengehalt des Schlammes betrug bis 1 Million/ccm, wird aber leicht durch Richtungs- und Strömungsänderungen, Ausschalten eines Beckens[1], ganz geringe Temperaturunterschiede u. dgl. bis zum Sammelbrunnen geführt.

Durch die Schwierigkeit, die Kalkzusatzlösungsmengen dem wechselnden Grad der vorübergehenden Härte, den Fördermengen (Verbrauchsmengen), dem Schlammgehalt, der Wärme und Lösungsfähigkeit des Mississippiwassers anpassen zu können, sowie durch den gleichzeitigen Zusatz von Eisenvitriol und Kalk am Einfluß in das erste Becken, ehe durch Bewegung und Mischung

---

[1] Die Ausschaltung kann durch einen Umleitungskanal erfolgen, an den jedes Becken angeschlossen ist. Die unmittelbare Verbindung des auszuschaltenden Beckens mit den beiden Nachbarbecken wird geschlossen und an ihre Stelle tritt der Umleitungskanal.

die Kalklösung das Wasser durchdrungen, gelangten große Mengen der Zusätze in das Leitungsnetz.

Sie bildeten dort mit dem restierenden Schlamm Ablagerungen, welche namentlich nach plötzlicher größerer Entnahme, nach Feuersbrünsten, Rohrbrüchen u. dgl. wochenlang das Verbrauchswasser trübten.

Die Färbung des Flußwassers von 30° der Platin-Kobalt-Skala (Am. Public Health Assoc.) konnte auf 12° oder weniger vermindert werden, Färbungen von 100° aber nur auf 45°.

Um diese Mißstände zu beseitigen, ist die Anlage weiter vervollkommnet.

Aus den beiden senkrecht zum Ufer weit in den Fluß getriebenen Stollen wird das Wasser zur Abscheidung des gröbsten Schlammes in einen Schlammfang von 18,3 · 30,5 m Grundfläche gepumpt, der während des Betriebes durch Bodenventile entschlammt werden kann. Den Kalkzusatz empfängt es beim Übertritt in den Mischbehälter. (Fig. 137.)

Dieser erstreckt sich in 730 m Länge hinter und gleichlaufend den sechs Niederschlagsbecken und besteht aus vier engen Kanälen von 9,14 m Gesamtbreite und 3,35 m Tiefe. Je nach Wassermenge, Schlammgehalt und Temperatur durchfließt das mit Kalk versetzte Wasser die vier Kanäle hintereinander (Wegeslänge 4 · 730 m), oder es tritt in zwei der Kanäle ein und fließt in den beiden anderen zurück (Wegeslänge 2 · 730 m), oder endlich es kann das durch Einsätze um die Hälfte verkürzte Mischbecken in gleicher Weise benutzt werden (Wegeslänge 2 · 730 bzw. 730 m).

Der Eisenvitriolzusatz wird erst beim Übergang vom Mischbehälter in den zwischen Misch- und Niederschlagsbecken liegenden Verteilungskanal gegeben. Die Niederschlagsbecken, mit Prellwänden versehen, werden nicht mehr hintereinander-, sondern nebeneinandergeschaltet benutzt. Durch einen zweiten Sammelkanal wird das vorgeklärte Wasser aus sieben der Becken den zwei übrigen zugeführt, wo noch ein Alaunzusatz erfolgen kann, ehe es in den Filterverteilungskanal eintritt.

Für die Schnellfilteranlage ist ein Teil des Eckbeckens Nr. 7 benutzt. In einem kleinen Sammelbecken kann das Filterwasser, ehe es zur Stadt fließt, noch durch einen Chlor- oder Chlorkalkzusatz entkeimt werden.

Auf die 40 Filter mit je ∽ 15 000 cbm mittlerer Tagesleistung soll nur Wasser von 40 g/cbm Schlammgehalt gelangen. Man hofft, diesen Erfolg mit wesentlich geringeren Zusatzmengen an Kalk und Eisenvitriol, der bisher täglich 12 bzw. 7 tons oder 90 bzw. 50 g/cbm betrug, zu erreichen.

In Cohors, N. Y. (E. R. 63/623) besteht das Mischbecken, in welches das Rohwasser durch einen Venturimesser eintritt, und welches es mit Alaun und Chlorkalkzusatz versetzt durchfließt, nur in einem Kanal, in dessen Wände senkrechte Platten als Kehrleitwände eingesetzt sind.

Das Vorbecken von Evansville (E. R. 65/508), 9463 cbm/Tag, wird durch einen Vivianwassermesser beschickt. Es ist im Grundriß 2,75 · 9,14 m, wird durch eine Kehrleitwand und Auf- und Niederleitwände aus Holz in 46 cm Abstand geteilt, wodurch das Wasser, je nachdem nur die eine oder beide Längsabteilungen benutzt werden, eine Geschwindigkeit von 0,6 bzw. 1,2 m/Sek. erhält. Kalk und Eisenvitriollösung in 3,85 bis 5,75 proz. Lösung wird am Einlauf in die Mischkammer, Chlorkalk erst beim Verlassen des dritten Niederschlagsbeckens in 1,3 proz. Lösung zugesetzt.

In Evanston (E. R. 68/578) liegt das Mischbecken in 4,27 m Breite und 5,5 m Tiefe zwischen den Umfassungswänden der beiden Niederschlagsbecken von 29,4 m Länge. Der Rohwasserkanal ergießt sich in zwei Schächte,

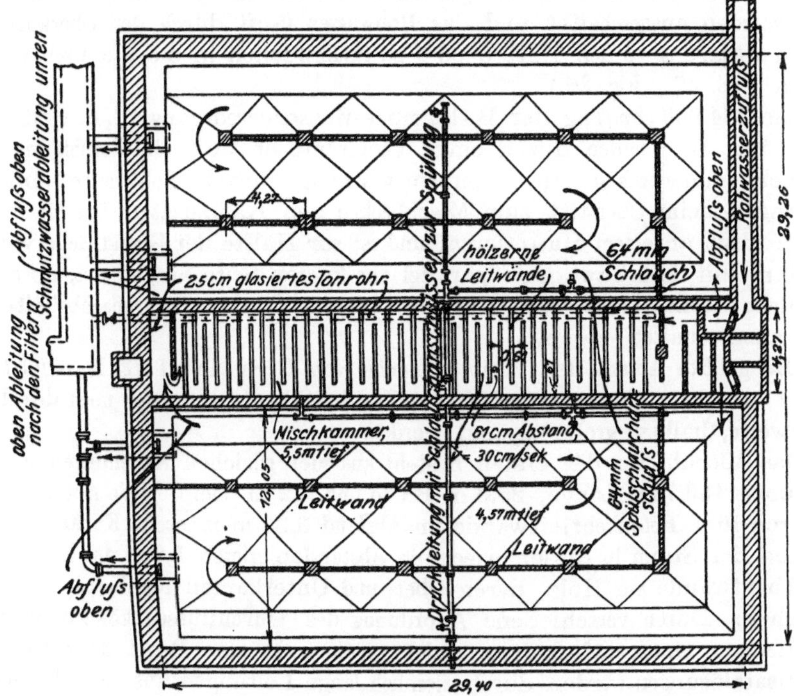


Fig. 59. Evanston. Schnellfilteranlage. (E. R. 68/579.) Grundriß des Mischkanals mit beiderseitigen Niederschlagsbecken.

Der Mischkanal scheint eine untere Abteilung zu haben, durch die das einströmende Wasser an das entgegengesetzte Ende gelangt, emporsteigt, durch die obere und in die Niederschlagsbecken fließt. Es kann aber auch unmittelbar in die Niederschlagsbecken oder in die Filter geleitet werden, deren Rohrkanal in der Verlängerung des Mischkanals liegt. Mischkammer 5,5 m tief; $v = 30$ cm/Sek.; Niederschlagsbecken 4,57 m tief. Ruhezeit 1 Std. 40 Min.

aus denen das mit Alaun versetzte Rohwasser entweder unmittelbar in die beiden Niederschlagsbecken übertritt oder unter dem Mischkanal hindurch am anderen Ende in diesen gelangen kann. Derselbe ist mit senkrecht zu den Kanalwangen (Niederschlagsbeckenlängswänden) versetzten Kehrleitwänden aus Holz in 0,61 m Abstand ausgerüstet, durch welche das Wasser mit 0,30 m/Sek. Geschwindigkeit oberhalb zu den Niederschlagsbecken-Schützöffnungen zurückfließt.

Zwei übereinanderliegende Kanäle sind auch zwischen Misch- und Niederschlagsbecken in Minneapolis (E. R. 64/586, Fig. 26) in 2,30 m Breite eingeschaltet. Für gewöhnlich tritt das Wasser aus der Meßkammer mit Venturimeter (1,22 m Zuflußrohr, 0,61 m Kehle) in den Mischbehälter von 11 m Breite und 52,73 m Länge, ausgerüstet mit senkrechten Kehrleitwänden in 0,91 m Abstand. Je nachdem die auf die Länge des unteren Kanals verteilten vier Abflußöffnungen geschlossen werden, kann das Mischbecken nach Bedarf verkürzt und das Wasser im abgesperrten Ende stillgelegt werden. Sind alle vier Öffnungen geschlossen, so dient der untere Kanal entweder unmittelbar als Zubringer für die Niederschlagsbecken, oder auch diese werden ausgeschaltet und das Rohwasser läuft durch den Oberkanal ohne Vorklärung zu den Filtern oder zu Spülzwecken in die Niederschlagsbecken. (S. 47. Fig. 26.)

Die 454 000 cbm/Tag der Baltimore-Wasserversorgung (E. R. 69/522, Fig. 145 u. 146) laufen durch einen Venturimesser und ein Beruhigungs- und Schwimmerbecken (zur Pumpenregulierung mittels Schwimmer) und empfangen beim Übertritt zum Mischbecken den Kalkzusatz. Das Mischbecken liegt an einem Hauptkanal und ist zur Hälfte der Grundfläche von 40 · 60 m mit Kehrleitwänden parallel zur kurzen Seite ausgerüstet, wo an beliebiger Stelle Eisenvitriol zugegeben werden kann. Der Mischbehälter kann ausgeschaltet werden.

Die größte Anlage der Welt, diejenige von Cleveland (E. R. 69/651, Fig. 147 bis 149), ist für 570 000 cbm/Tag bestimmt und wird noch durch eine zweite, halb so groß, ergänzt werden.

Das Mischbecken der ersten besteht aus vier gleichen Abteilungen von zusammen 166,73 m Länge, 25,3 m Breite und 5,2 m Tiefe. Jede Abteilung ist durch fünf Betonkehrleitwände im Abstand 3,35 m in sechs Kanäle zerlegt und der Strom in diesen wieder in Abständen gleich 1,6 m durch Auf- und Ableitwände aus Holz, deren Ober- und Unterkanten regulierbar sind, gebrochen. Durch verschiedene Anordnung des Durchflusses können acht verschiedene Geschwindigkeiten erzielt werden, in der Regel 30 cm/Sek. Die Zusatzlösungen werden durch ziemlich lange Leitungen aus dem Chemikalienhaus den Mischbehältern zugeführt. Das behandelte Wasser gelangt durch Öffnungen (0,91 · 1,52 m) in einen Zwischenkanal von 2,44 m Weite, welcher die ganze Länge der sechs Niederschlagsbecken bestreicht. Diese, je 43 · 69,2 und 5,18 m tief, sind durch Betonschwergewichtsmauern getrennt, mit je zwei Eisenbeton-Kehrleitwänden ausgestattet, auf bewehrten Sohlengewölben gegründet und unter Zuhilfenahme von Pfeilern (50 · 50 cm Querschnitt, Achsabstände 4,8 m) mit bewehrten Decken überspannt. Die Ruhezeit soll $3^{1}/_{2}$ Stunden betragen. Durch je drei Auslässe von 0,91 m Durchmesser gelangt das geklärte Wasser nach einem zwischen Niederschlags- und Filterbecken laufenden Sammelkanal und von da durch vier Verbindungsrohre von 1,22 m Durchmesser nach der zwischen den Filtern in der Mitte eines Bedienungsganges (7,32 m breit) verlaufenden Filterspeiseleitung.

Die Entschlammung der Niederschlagsbecken während des Betriebes erfolgt durch je drei Sohlendrainsysteme entsprechend den Leitwand-Abteilungen.

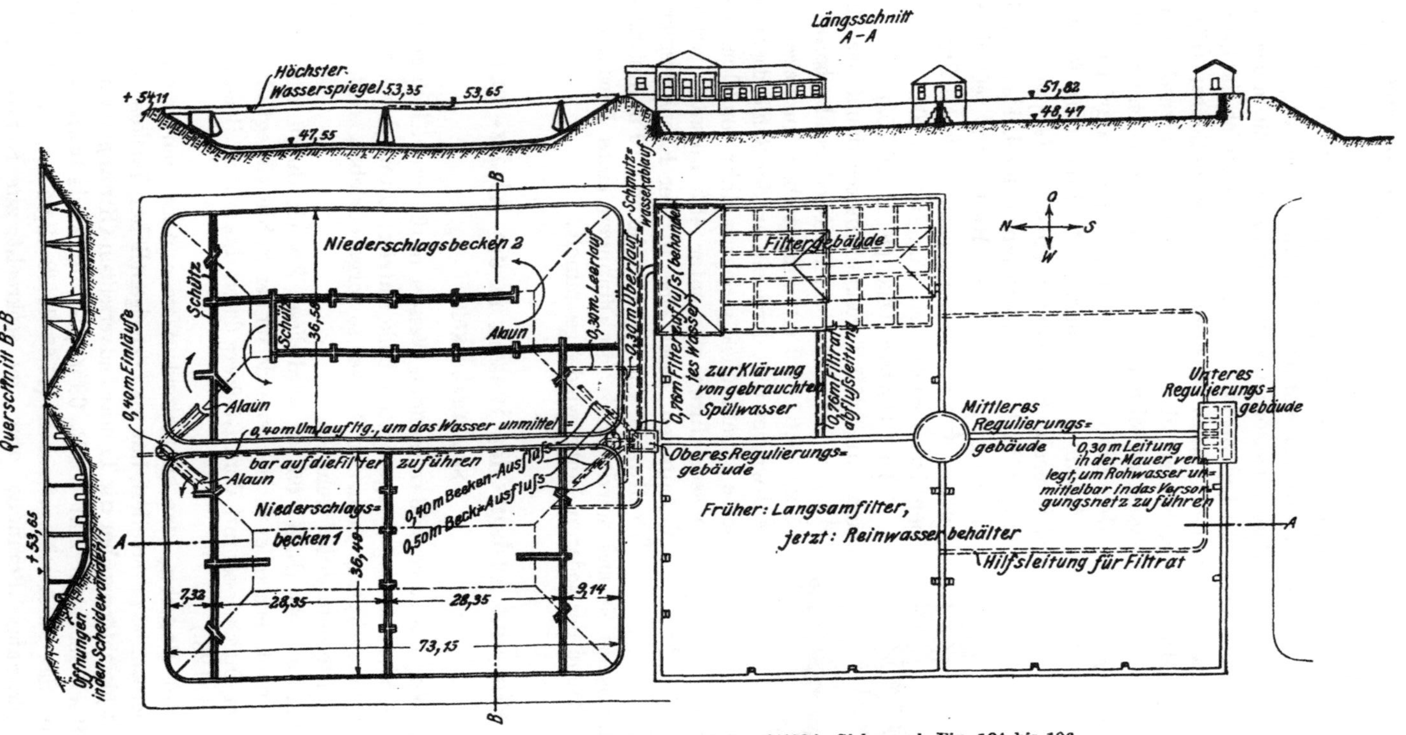


Fig. 60 bis 62. Rock Island. Schnellfilter. (E. R. 63/609.) Siehe auch Fig. 104 bis 106.
Lageplan, Längsschnitt A-A, Querschnitt B-B.

Die Rock Island-Schnellfilteranlage (E. R. 63/609) für rd. 23 000 Tages/cbm Mississippiwasser ist ein Beispiel, wie ein altes Absitzbecken durch Einbau von 20 cm starken Leitwänden mit Strebepfeilern in zwei Niederschlagsbecken von je $\sim$ 11 000 cbm verwandelt worden ist. (Fig. 60 bis 62.)

Das in mittlerer Höhe einströmende Wasser bricht sich in dem Winkel zwischen Strebepfeiler und Leitwand. Es wird hauptsächlich das Ostbecken mit Kehrleitwänden benutzt. Zahlreiche, teilweise verschließbare Öffnungen in den Scheidewänden gestatten, dem Wasser den Weg vorzuschreiben und vier verschiedene „Geschwindigkeiten" zu erzielen. Der Alaunzusatz erfolgt nach Bedarf an den mit „Alaun" bezeichneten Punkten (Fig. 60 bis 62). Die sechs Schnellfilter einschl. Haupthaus nehmen ungefähr $1/4$ der Fläche eines der beiden ehemaligen Langsamfilter ein. Der Rest dient teils als Klärbecken für Filterwaschwasser, teils als Reinwasserbehälter. Siehe auch Fig. 104 bis 106.

In Clinton, Ohio (E. R. 70/162) begnügt man sich für 2650 Tageskubikmeter damit, die Alaunlösung in den beiden Niederschlagsbecken (je 15,24 · 4,65 · 4,0 m) unmittelbar zuzusetzen. Das Rohwasser tritt durch ein an der Sohle, der Schmalseite gleichlaufend verlegtes Rohr von 30 cm Durchmesser durch vier unter 45° aufwärts gerichtete Öffnungen gegen eine in der Krone ausgekragte Prellwand von 1,06 m Höhe in 0,91 m Abstand von

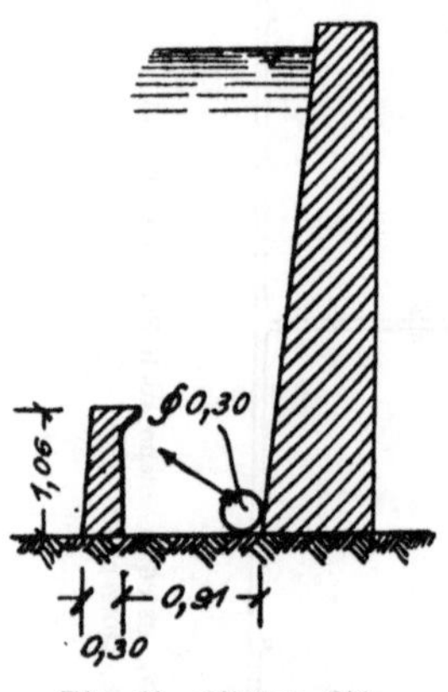

Fig. 63. Clinton, Ohio.
(E. R. 70/162.)
Prellwand am Einlauf des
Niederschlagsbeckens.

der Schmalseite ein und wird durch vier Öffnungen eines Randkanals an der Oberfläche der anderen Seite wieder gesammelt.

## 7. Der Ein- und Auslauf des Wassers in die Absitz- und Niederschlagsbecken.

Der Weg des zu entschlammenden Wassers muß, einerlei ob es an der Filterseite oder am entgegengesetzten Ende eintritt, durch Leitwände oder Hintereinanderschaltung mehrerer Becken so vorgeschrieben werden, daß es nach der Filterseite zurückkehrt.

In Kansas City (E. R. 65/88) wird dieser Zweck durch eine von der Filterseite nach dem anderen Beckenende auf der Sohle verlegte Rohrleitung von 0,91 m Durchmesser mit dem Rückweg durch das offene Becken erreicht. (Fig. 127 u. 128.)

In dem Bestreben, das eintretende Wasser über den durchflossenen Beckenquerschnitt zu verteilen, hat man den eigentlichen Becken ein schmales Abteil mit gleichförmig über die Trennwand verteilten Öffnungen vorgeschaltet.

In Rock Island Arsenal (E. R. 68/609) ist die Auslaßwand vom Mischbecken in das Niederschlagsbecken (15,85 · 11,28 · 3,05 m), die Wand des Sammel-(Entnahme-)Brunnens und eine senkrecht zur Kehrleitwand an schließende Querwand in 1,22 m Abstand von der Endwand mit Löchern von 6 cm Durchmesser, 30 cm Achsabstand = 1,85 Proz. des lichten Beckenquerschnitts versehen.

Zur Entschlammung sind an der Sohle jeder Wand verschließbare Öffnungen von 25 · 25 cm gelassen.

In Niagarafalls (E. R. 65/601) besteht nur der Einlauf aus einer durchlochten Wand, die Entnahme ist als Überfall ausgebildet. (Fig. 123 bis 126.)

Ähnlich in Milwaukee (E. R. 65/688).

In Minot ist das Mischbecken vom Niederschlagsbecken durch Schlitzöffnungen übereinandergesetzter Bretter getrennt (E. R. 69/408). Diese Wände scheinen weniger den oben angedeuteten Zweck zu erreichen, als zur weiteren Mischung, Beruhigung und Aufnahme der ersten Schlammausscheidung des einströmenden Wassers in den durch sie gebildeten Kammern zu dienen.

Das Wasser fließt, wenn auch mit geringer Geschwindigkeit — nicht über 40 mm/Sek. —, wagerecht. Der Schlamm fällt in senkrechter Richtung, aber in einer mit der Fließzeit (der Wegeslänge) abnehmenden Menge und zunehmenden Feinheit. Es findet eine gleichmäßigere Verteilung des Schlammes über die Länge der Beckensohle, eine geringere Beeinträchtigung des durchflossenen Querschnitts und Aufrühren des bereits abgelagerten Schlammes statt, je höher das schlammbeschwerte Wasser eintritt und je wärmer (leichter) es im Verhältnis zum Beckenwasser ist.

Die Ausscheidung wird noch dadurch eine gründlichere, daß der durch die ganze Tiefe absinkende Schlamm einschließlich des koagulierten Fällmittels ein durch das Wasser fallendes Filter bildet.

In diesem Sinne erscheint es zweckmäßig, wenn das behandelte oder das Rohwasser durch große regulierbare Öffnungen mit ganz geringem Überdruck dicht unter Wasserspiegel aus Verteilungskanälen oder Beruhigungsbecken in ganzer Breite in die Absitz- oder Niederschlagsbecken übertritt.

Solche Anordnungen finden sich in

Muskogee (E. R. 65/657): Verteilungstrog;

Rock Island (E. R. 63/609): Beruhigungsbecken mit schräg gestellten Strebepfeilern als Prellwänden und Unterwasserschützen nach dem Niederschlagsbecken (Fig. 60 bis 62);

Albany, Oregon (E. R. 66/192): 45 · 45 cm Schützöffnungen 2,44 m unter Wasserspiegel;

Columbus (E. R. 67/262): vier Sutrowehre.

Baltimore (E. R. 69/521): fünf Schützöffnungen (1,22 · 1,22 m) aus dem Verteilungskanal in mittlerer Höhe; darüber der Entnahmekanal. (Fig. 145.)

Cleveland (E. R. 69/651): Verteilungskanal mit Schützöffnungen (0,91 · 1,53 m) zwischen Misch- und Niederschlagsbecken. Entnahmekanal zwischen Niederschlagsbecken und Filtern. (Fig. 147.)

Für eine Enteisenungsanlage in Charleroi, Pa. (E. R. 63/664), wo es auf Enteisenung und Entgasung (O) von 10 000 Tageskubikmetern Monongahelawasser ankommt, hat man das Stammrohr von 41 cm Durchmesser

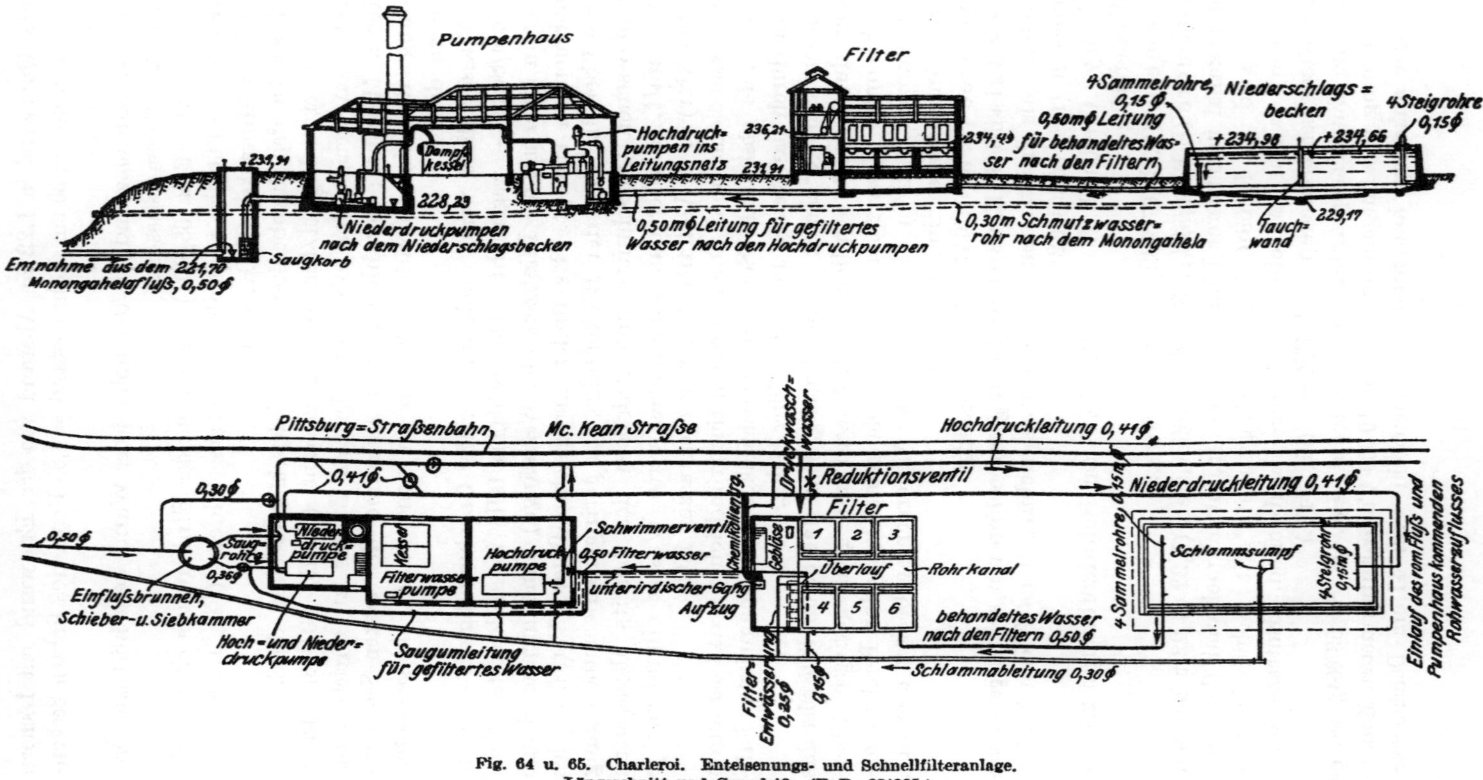



Fig. 64 u. 65. Charleroi. Enteisenungs- und Schnellfilteranlage. Längsschnitt und Grundriß. (E. R. 63/665.)

in vier senkrechte Rohre von 15 cm Durchmesser geteilt, aus welchen sich am Eintritt in das Becken niedrige Fontänen erheben.  Die Mündungen sind mit Prelltellern zum Verteilen des zurückfallenden Wassers umgeben.

Fig. 66.  Charleroi.  Enteisenungs- und Schnellfilteranlage.  Lüftungsüberfälle im Niederschlagsbecken.
(E. R. 63/664.)

Für eine Privatanlage zu Red Bank erfüllt denselben Zweck eine symmetrische Doppeltreppe (Kaskade) (E. R. 63/243).

Fig. 67.  Red Bank, N. J.  Enteisenungsanlage für ein Landgut.  (E. R. 63/243.)

Im Gegensatz hierzu wird das Wasser auch häufig an der Sohle eingelassen.

So in Minneapolis (E. R. 64/586, Fig. 26) durch Schützöffnungen (1,22 · 1,83 m) des unteren Kanals, ferner durch Rohrleitungen: Fort Smith (E. R.

68/619, Fig. 55 bis 58), Kansas City, Kans. (E. R. 65/88, Fig. 127 u. 128); Grand Forks (E. R. 63/698) mit Querrohr an der Sohle und unter 45° nach oben gerichteten Öffnungen. Ebenso Clinton (E. R. 70/162, Fig. 63), wo der aufwärts gerichteten Strömung noch in 0,91 m Abstand eine an der Krone ausgekragte Prellwand von 1,10 m Höhe entgegengesetzt ist.

In Fort Worth (E. R. 66/214) wird das eintretende Wasser durch eine Tauchwand, in Georgetown (E. R. 64/706) und Owensboro (E. R. 65/597, Fig. 17 bis 19b) durch Tauchrohre nach der Sohle gelenkt.

Der nach der Abflußseite aufsteigende Strom des schlammbeschwerten Wassers hat in diesen Fällen die ganze Wassermenge vor sich und trifft auf die herabsinkenden Schlammteile. Die Gefahr, daß er dieselben aufwirbelt und in die Höhe reißt, ist nicht ausgeschlossen. Es kommt auf die Geschwindigkeit, die Beschaffenheit des Schlammes, die Sohlenneigung und die Temperaturverhältnisse an, ob dies günstig oder ungünstig wirkt.

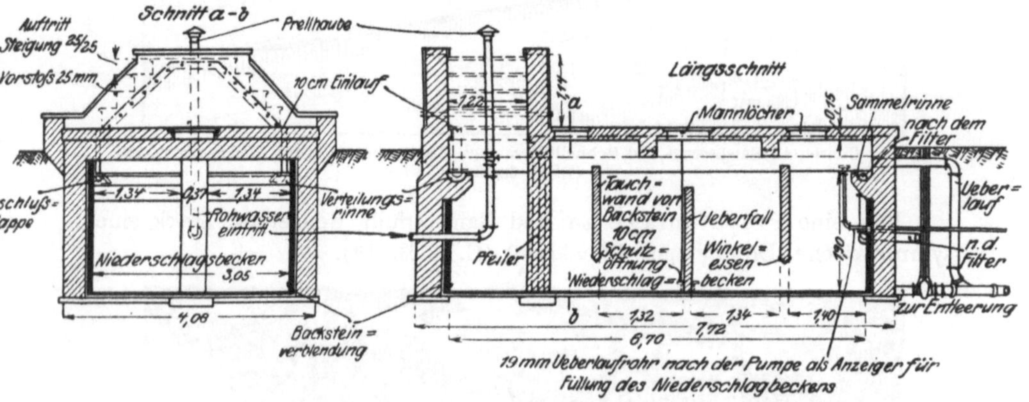


Fig. 68 u. 69. Red Bank. N. J. Entelsenungsanlage für ein Landgut.
Querschnitt a-b und Längsschnitt. (E. R. 63/243.)

Äußere Einflüsse, Strömungen, Wind und Wellenschlag sucht man bei offenen Becken durch Schützwände, Bretterflöße u. dgl. hintanzuhalten.

Die Entnahme aus den Absitz- und Niederschlagsbecken erfolgt beinahe ausschließlich in ganzer Breite in Spiegelhöhe durch in der Endmauer ausgesparte Kanäle oder Tröge aus Eisenbeton, Eisenblech oder Holz über deren Kante.

Statt dessen werden auch Einsätze, Schützen, Schieber, regulierbare Schlitze oder Öffnungen über die Sammelrinne verteilt, um hier nochmals, ebenso wie beim Eintritt, Durchflußmenge und Gefälle des Beckens einstellen zu können.

## 8. Die Entschlammung der Vorkläranlagen.

Sämtliche Behälter der Vorkläranlagen sind mit Grundablässen und im Gefälle liegenden Sohlen zu versehen.

Ein Absaugen des Schlammes durch Pumpenbagger u. dgl. oder ein Transport mittels Kippwagen, durch Schlammpforten oder Krane findet sich nirgends.

Zur raschen Beseitigung des leicht beweglichen flüssigen Schlammes haben sich ausschließlich zwei Verfahren herausgebildet.

1. Die periodische Reinigung nach Entleerung des Beckens. Das Innere des Beckens ist zu dem Zwecke mit zahlreichen Schlauchstutzen zum Anschluß von Druckwasserspülschläuchen versehen. Die glatte, feste Sohle ist ins Gefälle nach Schlammrinnen und Schlammventilen gelegt, in welche wohl noch ein Spülstrom von Rohwasser ohne Druck zum Schlammtransport eingeleitet wird. Offene Rinnen oder unterhalb Beckensohle verlegte Sammeldrains führen das Schlammwasser ab.

Das Becken muß bei dieser Reinigungsart vorher außer Betrieb gesetzt und abgelassen werden. Da der höchste Spiegel dieser Vorkläranlagen in der Regel nur ganz wenig über Filterspiegel liegt, geht ihr Inhalt ohne künstliche Hebung verloren.

Um dies und die Betriebsunterbrechung zu vermeiden, wird das Becken

2. mit einer Anzahl Drainagesystemen und über die Beckensohle verteilten Abflußöffnungen ausgestattet. Beim plötzlichen Öffnen der Verschlüsse der außerhalb Becken liegenden Schlammableitungen wird der in der Umgebung der Sohlenöffnungen abgelagerte Schlamm unter dem Druck des Beckenwasserstandes in das betreffende Teil-Drainagenetz gerissen.

In beiden Fällen pflegen die Spülwasser in einem gemeinsamen Kanal mit dem Filterwaschwasser abgeführt zu werden.

Die Unterbringung des Schlammes in den Flußläufen und Seen scheint keine besonderen Schwierigkeiten zu machen und wird nicht erwähnt. Nur für Baltimore hat man durch eine Art später zu erhöhender Talsperre eine Ablagerungsstelle geschaffen.

Die zwei Baltimore-Absitzbecken (E. R. 69/521, Fig. 145) $2 \cdot 71 \cdot 98,75$ können als Beispiel für die periodische Reinigung dienen. Jedes der Becken wird durch eine Kehrleitwand in zwei Abteilungen von $98,75 \cdot 35$ m Grundriß geteilt. In der Mitte jeder Abteilung führt eine offene Spülrinne nach dem Schlammkanal, welcher als der unterste von drei Kanälen (in der Mitte Speisekanal der Niederschlagsbecken, oben Sammelkanal für dieselben und Speisekanal für die Filter) zwischen den Wänden der Mischbecken und Filter einerseits und Niederschlagsbecken andererseits liegt.

An der entgegengesetzten Seite der Niederschlagsbecken kann Rohwasser als Transportmittel aus Schieberabzweigen eines 30-cm-Rohres in die Schlammrinnen gelassen werden, während die Druckstrahl-Schlauchleitungen mit städtischem Leitungswasser gespeist werden.

Ähnlich Kansas City (E. R. 65/88) mit 15-cm-Druckleitung, 66-mm-Schlauchleitung, und viele andere.

Die „Sohlendrainage‟ ist bereits für Owensboro (E. R. 67/597, Fig. 17 bis 19b) und Georgetown (E. R. 64/706) S. 35 beschrieben.

In Muskogee (E. R. 65/657) ist nur das Vorbecken, entstanden durch

Abtrennung von 16 m Breite des Hauptbeckens von 64,62 m Quadratseite im Lichten, mit Schlammdrainage versehen. Die 10 cm starke bewehrte Scheidewand wird überströmt und die Druckdifferenz während des ersten Füllens durch ausbalanzierte Ventile in Höhe der Beckensohle ausgeglichen.

Die Sohle des Vorbeckens ist gleichlaufend dem Einlaßtrog der Längsseite in fünf Streifen von 64,62 m Länge und 3,2 m Breite geteilt, von denen man annimmt, daß sich auf ihnen Ablagerungen gleicher Stärke niederschlagen. Jeder dieser Streifen wird beherrscht von einem Längskanal, 64,62 m lang, 20 cm tief und 36 cm breit, abgedeckt mit bewehrten Betonplatten von 61 · 61 cm, welche in der Mitte mit einem 1,43-cm-Loch durchbrochen sind. Diesen Abständen entsprechend zweigen innerhalb der Betonsohle, senkrecht vom Kanal, 7,6 cm glasierte Tonrohre ab mit ebensolchen nach oben gerichteten Löchern von 1,43 cm Durchmesser, aber in 70 cm Abstand.

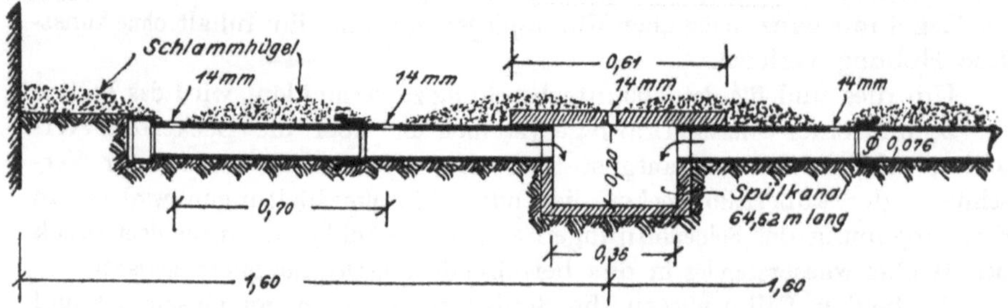


Fig. 70. Muskogee, Oklahoma. (E. R. 65/657.) Entschlammungsnetz des Niederschlagsbeckens. Grundriß 64,62 · 16, Wassertiefe 5,49 m.

Die fünf Sammelkanäle endigen, in den Rohrquerschnitt übergeführt, in der Schmalwand des Beckens und sind durch hydraulisch betätigte Abflußschieber geschlossen. Das plötzliche Öffnen eines dieser Schieber veranlaßt den plötzlichen Abfluß des Schlammes unter dem Druck des Beckenwassers von 5,5 m Höhe aus 405 (525?) Löchern des Systems, allerdings mit Hinterlassung von Schlammhügeln von etwa 15 cm Höhe zwischen diesen Löchern[1].

Vorbedingung für die Wirksamkeit einer solchen Spülung ist gleicher Sog für alle Löcher, große Querschnitte der Schlammableitungen und Ventile. der Querschnitt der letzteren mindestens gleich dem Gesamtquerschnitt der Öffnungen, geringer Leitungswiderstand, tägliche Spülung, damit der Schlamm

---

[1] Für die größere Abteilung des Niederschlagsbeckens wird nur mit 15 Proz. der Gesamtschlammablagerung gerechnet. Sie wird durch Sohlengefälle nach einem Sumpf in der Mitte mit anschließendem 30-cm-Rohr entwässert und muß für Reinigungszwecke trocken gelegt werden. Ähnlich Muskogee ist auch das Doppelniederschlagsbecken 2 · 24 · 164,68 für Columbus (E. R. 67/262) ungedeckt und nur in der Eintrittshälfte, gebildet durch eine mittlere Kehrleitwand, mit Schlammdrainage — zwei eiserne Sammelrohre von 20 cm Durchmesser mit sechs Abzweigungen von 10 cm Durchmesser, Lochabstand 90 cm, Lochdurchmesser 16 mm — versehen.

sich nicht verhärtet und einzelne Öffnungen verstopft, Vermeidung von Wasserschlägen beim Schließen.

In Cleveland (E. R. 69/651, Fig. 147 u. 148) ist für jede der drei Leitwandabteilungen der sechs Becken (43 · 69,2 · 5,18 m) nur ein Drainkanal vorhanden. Die Spülöffnungen sind nur in diesem angebracht und unmittelbar durch Schlammventile geschlossen, auch ist der Abstand der Öffnungen an der Einlaufseite des Beckens entsprechend der größeren Schlammabscheidung enger.

Die eigentliche Spitzkastenform[1], d. h. die Auflösung der Beckensohle in umgekehrte Pyramiden, in deren Spitze der Schlamm auf den steilen Wänden herabrutscht und dort durch zeitweilige oder dauernde Öffnung eines von oben oder unten regulierbaren Ventils in die Schlammleitung abfließt, findet sich bei den Niederschlagsbecken von Fort Smith (E. R. 68/619, Fig. 55 bis 58).

Auch dort ist für jedes Becken nur eine Pyramide und ein Ventil vorhanden und daher die Neigung der Pyramidenseiten zu flach. Das Abrutschen könnte durch perforierte Druckwasser oder Druckluftleitungen, deren Strahlen gleichlaufend dem Sohlengefälle streichen, unterstützt werden, um eine betriebssichere Reinigung zu erzielen.

Sehr interessante Erfahrungen mit der Wirksamkeit der Niederschlagsbecken wurden in St. Louis (E. N. 70/396, 808, 329) gemacht. Eine Vermehrung der Pumpenförderung (Fließgeschwindigkeit) von 227 000 auf 340 000 cbm/Tag vermehrte den Schlammgehalt in dem Sammelbrunnen der neun hintereinandergeschalteten Niederschlagsbecken von 950 000 cbm Inhalt von 2 auf 7 g/cbm. Eine weitere Steigerung auf 454 000 cbm/Tag ergab 25 bis 30 g/cbm Schlammgehalt.

Die Hauptausfällung, 97 bis 99 Proz., fand im ersten Becken statt. Einfallendes, kälteres Rohwasser — im Herbst und Winter — wirbelte den Schlamm in dem wärmeren Beckenwasser auf und änderte die Durchflußströmung.

Der Schlamm nimmt beim Absitzen auf 2 bis 3 Proz. seines ursprünglichen Raumgehalts ab, ist nach 24 Stunden fest gegen leichtere Strömungen und verhindert das Abfließen frischen Schlammes auf seiner rauhen Oberfläche und an den Entschlammungsöffnungen. Die Entkeimung ist proportional der Entschlammung und beträgt bis 1 Million/ccm Keimgehalt des Schlammes. Durch Strömungen werden die Keime leicht bis zum Sammelbrunnen geführt. Ursachen: Wind, Temperaturunterschiede, erhöhte Förderung, Änderung der Fließgeschwindigkeit und Richtung, Ausschalten eines der Becken usw.

Die Kalkenthärtung braucht Zeit, Wärme und genaue Dosierung, sonst Kalkablagerungen im Wasserleitungsnetz.

---

[1] Vgl. die Absitzbecken der Abwasserreinigung: Emscherbrunnen, Mairichbrunnen, Elberfelder Absitzbrunnen (*Dunbar*, München 1912, Oldenbourg, S. 158 bis 169) und die Spitzkästen der Erzaufbereitung.

# V. Die Filter- und Wascheinrichtungen.

## 1. Der Sinn der Bezeichnungen „Langsam- und Schnellfilter", der Unterschied ihrer Wirkungs- und Betriebsweise und der Vergleich ihrer Vorzüge und Nachteile.

Unter „Filtergeschwindigkeit" wird gewöhnlich vollständig irreführend die Höhe der in der Zeiteinheit aus dem Filter gewonnenen Reinwasserschicht gleicher Grundfläche verstanden. Man verwechselt die „Ergiebigkeit" oder „Gesamtgeschwindigkeit" des Filters mit den tatsächlich maßgebenden Einzelgeschwindigkeiten innerhalb der Filterporen.

Solche können aber in den aufs äußerste verengten Zwischenräumen der konzentrierten Oberflächenschmutzschicht eines „Langsamfilters" in Verbindung mit der Saugwirkung des unterhalb Schmutzdecke ziemlich frei abfließenden Wassers dieselben oder sogar größere Werte annehmen als trotz des größeren Filtergefälles und der 30- bis 70-fachen Ergiebigkeit in den durch ständige Spülung offen gehaltenen Poren eines „Schnellfilters".

Daher sind auch die Bezeichnungen Langsam- und Schnellfilter nur in bezug auf die Ergiebigkeit, nicht unbedingt auf die Wassergeschwindigkeit zutreffend.

Zu dem Mißverständnis hat die ursprüngliche und noch jetzt sehr verbreitete Vorstellung über die Wirksamkeit der Filter beigetragen.

Gewiß kann man sich jedes Filter als ein räumliches Sieb oder eine Anzahl übereinanderliegender Siebe denken. Warum sucht man aber die Filter von den Sink- und Schwimmstoffen, ja sogar von den etwa im Überschuß vorhandenen Kolloiden zu entlasten und diese gröberen Verunreinigungen in einfacherer, billigerer Weise zu entfernen? Weil es sich beim Filtern nicht hauptsächlich um Sieben, sondern noch um eine große Anzahl andersartiger recht verwickelter Vorgänge handelt:

Alles organische Leben bedarf zu seinem Bestehen und seiner Weiterentwicklung der Nahrung. So sind auch die im Wasser enthaltenen Organismen auf die darin enthaltene Nahrung und auf gegenseitige, keineswegs restlose Vernichtung angewiesen. Insbesondere scheinen die Bakterien nicht im Wasser frei zu schweben, sondern an die Verunreinigungen desselben, namentlich an die Kolloide, gebunden und beide die Vorbedingung für die Entwicklung des Plankton zu sein.

Diese Anschauung wird dadurch bekräftigt, daß der Schlamm in Talsperren, Niederschlags-, Absitzbecken u. dgl. außerordentliche Bakteriengehalte aufweist. Im St. Louis-Niederschlagsbecken (E. N. 70/396) wurden 1 Million Keime/ccm im Sohlenschlamm des Mississippiwassers gefunden.

Bakterien- und Schlammgehalt des Ohiowassers (E. N. 70/51) nahmen mit steigendem Planktongehalt in Louisville außerordentlich ab, eine auch in Talsperrenwasser beobachtete Erscheinung[1].

Bewegung, Luft, Licht, Temperatur, Elektrizität, Gas und Lösungsgehalt mögen ihren Anteil an Gedeih und Verderb der „Welt im Wassertropfen" haben: die Grundlage sind die Verunreinigungen des Wassers. Gelingt es, diese auszuscheiden, so hält man damit nicht nur den größten Teil der Bakterien, schädliche und unschädliche, zurück, sondern erzielt auch eine Flüssigkeit, in welcher die Weiterentwicklung der übriggebliebenen und neu hinzukommenden Lebewesen erschwert oder verhindert ist.

Typhusbakterien z. B. gehen in reinem Wasser zugrunde.

Daß die zunächst wohl eintretende Siebwirkung beim Filtern nicht die entscheidende ist, geht daraus hervor, daß auch ein Filter vom feinsten Korn kein einwandfreies Filtrat liefert, solange es nicht eingearbeitet ist.

Die Einarbeitung besteht in der Bildung von Netzhäutchen, welche im Anschluß an die Siebwirkung mit Hilfe entspannender Berührung die einzelnen Sandkörner überziehen. Sie besitzen katalytische, dialytische und absorbierende Eigenschaften und begünstigen die sofortige Entfaltung einer lebhaften biochemischen und biologischen Tätigkeit.

Das Filter hat die Aufgabe, alle im Wasser enthaltenen Stoffe und Lebewesen in eine für die intensivste gegenseitige Einwirkung unerläßliche engste Berührung zu bringen, die Möglichkeit der Entstehung der kolloidalen Membrane auf den Sandkörnern als Nährböden für die zu Nestern vereinigten einander feindlichen, freundlichen und indifferenten Bakterien zu bieten, die Absorption und die Verarbeitung der vorüberströmenden Stoffe, Kolloide, Lösungen, Gase, Gerüche durch die Netzhaut und weiterhin durch tierische und pflanzliche Abnehmer zu erleichtern.

Die Tätigkeit der Bakterien trägt vermutlich durch Aufzehrung des Sauerstoffes und Bildung eines Vakuums aus eigener Kraft dazu bei, die in ihren Bereich kommende Nahrung an sich zu reißen.

Die Umsetzungen, Zerstörungen, Neubildungen und Ausscheidungen erfahren mit der Verengung der Poren und der Entwicklung der Mikroben eine Steigerung — das Reifen des Filters.

Es kommt indessen ein Zeitpunkt, wo die Bakterien die im Überschuß herbeiströmende Nahrung nicht mehr bewältigen und diese, die Ausscheidungen und Zersetzungsprodukte, die immer enger werdenden Kanäle verstopfen — das Filter totläuft.

---

[1] Vgl. E. N. 72/1289 u. 73/853 die Entfernung des Mutterbodens aus Trinkwassersperren. Ferner S. 183. Der Planktongehalt wird durch Grobfilter od r Filtertücher mechanisch oder durch Fäll- und Desinfektionsmittel (Clorkalk vorzüglich aber Kupfersulfat 0,2—1,7 Teile auf 1 Million) beseitigt, ehe er die Filter verstopft.

Auf den vorstehend in groben Zügen geschilderten Vorgängen beruht mehr oder weniger jede Filtration.

Ich möchte das „Langsamfilter" als das biologische, als das Ober-flächenfilter mit natürlicher Schmutzdeckenbildung, das „Schnellfilter" als das Absorptionsfilter, als das Raumfilter mit künstlicher Schmutz-deckenbildung bezeichnen.

a) Das Langsamfilter braucht Tage, ja oft Monate, bis es eingearbeitet oder reif ist, d. h. bis die Netzhäute aus dem verhältnismäßig reinen Wasser die obersten Sandkornoberflächen überzogen haben und diese in den nunmehr auf das richtige Durchflußverhältnis gebrachten Zwischenräumen diejenige Absorptions- und Bakterientätigkeit entwickeln, welche auch für die biologische Abwasserreinigung eine so große Rolle spielt.

Die filternde Schicht ist dem geringen Gehalt des Wassers und ihrer Entstehungsart entsprechend nur von ganz geringer Stärke. Dies bedingt einerseits, daß man sie unter Aufwendung der größten Sorgfalt unverletzt erhalten muß, damit das Wasser nicht in durchgerissenen Löchern ungefiltert abläuft. Die Gesamtgeschwindigkeit ist nur ganz ausnahmsweise größer als 2 bis 3 m. Sie darf vor allem aus dem Grunde nicht größer sein, weil sonst die Tätigkeit der Bakterien nicht hinreichen würde, die mit den größeren Rohwasser-mengen ankommenden Verunreinigungen zu verarbeiten und das Filter längere Zeit lebensfähig zu erhalten.

Andererseits erleichtert eine auf die Oberfläche beschränkte Schmutz-schicht die Reinigung und Regenerierung des totgelaufenen Filters. Diese besteht einfach darin, daß die verstopfte Schicht abgekratzt und durch eine beim zweiten Mal etwas rascher erfolgende Neubildung ersetzt wird.

Zur Vermeidung des Durchreißens und zur Einarbeitung des Filters ist es wichtig, daß die Sandschicht nicht unter eine gewisse Mindeststärke (30 bis 40 cm) sinkt, um die Porengeschwindigkeit zu bremsen. Durch eine reichliche Höhe der Filterschicht spart man ferner die Unbequemlichkeit des häufigen Ersatzes des abgezogenen schmutzigen Sandes.

Auf den Filtervorgang selbst ist die Filterschichthöhe von geringem Einfluß.

Die mittlere Korngröße könnte mit Rücksicht auf die Filterung gewiß noch größer als durchschnittlich 1 mm gewählt werden, wie die glänzenden Ergebnisse der Grobfilter und Riesler beweisen. Dieses Maß scheint indessen für die Beschleunigung der Schmutzdeckenbildung und ihre Beschränkung auf eine dünne Oberflächenschicht (Abkratzen) erforderlich.

b) Die Schnellfiltration arbeitet mit einer künstlichen Schmutz-deckenbildung. Man wartet nicht, bis der eigene geringe Kolloidgehalt des Wassers sich allmählich durch Sieb- und Berührungswirkung als Schmutz-decke niederschlägt. Auch die Beschleunigung der Ausfällung dieser kolloi-dalen Verunreinigungen des Rohwassers selbst genügt nicht.

Es sind in der Hauptsache die kolloidalen Zersetzungsprodukte der Fällmittel (Aluminiumhydroxyd, Eisenoxydhydrat), welche den schleimigen Überzug der Sandkörner in kürzester Zeit und reichlicher Menge bis in große Tiefen des Filterkörpers bilden müssen. Wo die natürliche Alkalinität (Kalkgehalt) des Rohwassers nicht hinreicht, muß durch Kalk- und Sodazusatz für die Möglichkeit der Zersetzung der „coagulants" gesorgt werden.

Im übrigen scheint stets eine eher zu große als zu kleine Menge koagulierter Kolloide in die Filter zu gelangen, welche schon durch das Wasser fallend einen Teil ihrer Wirkung äußert.

Ein besonderes Kennzeichen der Schnellfiltration ist es, daß man nicht, wie bei der Langsamfiltration, Wert darauf zu legen braucht, die so leicht gebildete und ersetzbare Schmutzdecke längere Zeit arbeitsfähig zu erhalten. Nach den Erfahrungen der Abwasserklärung ist die Absorption der Netzhäute nicht nur eine außerordentlich große, sondern eine beinahe augenblickliche[1]. Die Verarbeitung der angesammelten Stoffe, die Regenerierung der Absorptionsfähigkeit durch biologische Tätigkeit dauert dagegen mehrere Tage und nimmt mit der Zeit ab.

Während die Langsamfiltration auf die Erhaltung der Lebensfähigkeit ihrer durch Wasserverbrauch und Zeitverluste kostbaren Schmutzdecke dadurch bedacht sein muß, daß sie den Oxydationsbakterien Zeit für ihre Tätigkeit vergönnt, fegt die Schnellfiltration die Netzhäutchen binnen weniger Minuten wieder hinweg, nachdem sie ihre Aufgabe, die Absorption der Verunreinigungen, nicht mehr erfüllen können. Ob während der kurzen Betriebszeiten der Schnellfilter — meist unter 24 Stunden — sich trotzdem eine Mikrobentätigkeit entwickelt, scheint fraglich. Das Filter wird während dieser Zeit bis zur vollen Aufnahmefähigkeit beansprucht — totgearbeitet. Es ist aber an und für sich viel aufnahmefähiger, weil keine Rücksicht auf die Reinigung (Abkratzen) die Filterschicht auf wenige Zentimeter beschränkt. Im Gegenteil wird sie für ihre Aufgabe der Zurückhaltung und Absorption bis zu möglichst großer Tiefe präpariert (Raumfilter). Diese Tiefe wird für den Filterprozeß ausgenutzt und ohne Sandverluste konstant erhalten.

Die Neubildung der Netzhäute wird durch die Entstehungsansätze an den einzelnen Sandkörnern, welche durch das Spülwasser nicht ganz hinweggeschwemmt werden, erleichtert und auch durch Gesamtgeschwindigkeiten bis zu 140 m/Tag nicht beeinträchtigt.

Die große Intensität der Ausscheidung macht eine häufige Spülung notwendig. Trotzdem die Verunreinigungen keine Zeit haben, zu erhärten und den Sand zu verfilzen oder zu verkitten, kann die erforderliche Spülgeschwindigkeit bis zum 16fachen der Gesamtfiltergeschwindigkeit steigen. Eine mittlere Korngröße von 0,3 bis 0,4 mm und eine Sandschichthöhe von 76 cm hat sich als zweckmäßig herausgestellt.

Man kann die Bezeichnungen Langsam- und Schnellfilter beibehalten, wenn man dieselben nicht auf die tatsächlichen Wassereinzelgeschwindigkeiten, sondern auf die Ergiebigkeit und die Schnelligkeit der Wirkung bezieht. Das Qualitätsergebnis ist, gleiche Sorgfalt vorausgesetzt, dasselbe: ein

---

[1] Vgl. *Dunbar* II. Aufl. (Oldenbourg, Berlin u. München), 1912, S. 377 bis 399.

hinreichend keimarmes und durch Nährstoffentziehung geklärtes und sterilisiertes Genußwasser. Ein Wasser ferner, welches in besonderen Fällen eine keimtötende Nachbehandlung ohne weiteres gestattet.

Die Gefahr der Benutzung unreifer Langsamfilter oder unbemerkten Durchreißens der Schmutzdecke ist ebenso groß wie die von Unregelmäßigkeiten in der Beschaffenheit und Zuführung der Zusatzlösungen oder von Durchbrüchen der Tragschicht der Schnellfilter.

Den Kosten, Betriebsunterbrechungen, Wasser- und Sandverlusten, der Sandaufbereitung in Wäschen, Geflutern, Rührwerken, Spültrommeln, Strahlapparaten, den Zeit- und Wasserverlusten beim Wiedereinarbeiten der Langsamfilter stehen die Kosten des Druckwasser- und Druckluft-Spülbetriebes und der Chemikalienzusätze der Schnellfilter, aber keine nennenswerte Zeit- und Sandverluste und Betriebsunterbrechungen gegenüber.

Der Temperaturschutz, die Beaufsichtigung, Bedienung, Zugänglichkeit und Ausbesserungsfähigkeit der kleinen Schnellfilter ist bequemer.

Das erforderliche größere Filtergefälle wird teilweise ausgeglichen durch die Ersparnis an Leitungslängen, Widerstandshöhen und Transportwegen.

Die Notwendigkeit einer Vorbehandlung in Absitz-, Misch- und Niederschlagsbecken, durch Grobfilter oder Filtertücher ist unter gleichen Umständen für Langsamfilter zwingender als für Schnellfilter.

Es ist kaum eine Frage, daß die rasche künstliche Schmutzdeckenbildung durch einwandfreie Chemikalien und die Reinigung durch die saubere und häufige Rückspülung dem Laien sowohl wie dem Hygieniker und Wasserfachmann appetitlicher erscheinen muß als die Schmutzdecke, die ihren Namen mit Recht trägt, die Tätigkeit der Bakterien und das durch Menschen bewirkte oberflächliche Abkratzen der verfilzten alten Sandschicht.

In der Bewältigung beliebig stark verunreinigter großer Wassermengen auf verschwindend kleinem Raum ist das Schnellfilter unbedingt überlegen, innerhalb der Höchstgrenze verträgt es jede Änderung der Gesamtgeschwindigkeit und lohnt eine Herabsetzung durch längere Betriebsdauer.

Man kann ein Langsamfilter, geeigneten Aufbau und Spülvorrichtungen vorausgesetzt, als Schnellfilter betreiben. Man hat auch bei Langsamfiltern die Erfahrung gemacht, daß Beschädigungen der Schmutzdecke (ohne Durchreißen), z. B. durch Gasblasen oder absichtliche Lockerung, die bakterielle Leistung des Filters nicht herabsetzen (*Lueger* II, S. 21; Filteranlagen von Hamburg und Altona).

## 2. Die Grundgedanken des Filter- und Waschbetriebs.

Während beim Langsamfilter bauliche Anordnung und Betrieb viel weniger auf das Filtern als auf die ungestörte Bildung und Erhaltung der Filterdecke, also auf nur geringe „Filtergeschwindigkeit", zugeschnitten sind, wird das Schnellfilter in bezug auf seine Ergiebigkeit aufs äußerste ausgenutzt und die Zeit zur Wiederentfernung der ausgeschiedenen Stoffe einschließlich der verbrauchten Schmutzdecke auf wenige Minuten beschränkt.

Man hat die Erfahrung gemacht, daß bei der künstlichen, beinahe augenblicklichen Schmutzdeckenbildung durch die auf das 30- bis 70-fache erhöhte „Filtergeschwindigkeit" nicht die Güte des Filtrats leidet, sondern nur die Betriebsdauer des Filters, entsprechend der Intensität des Verfahrens, abgekürzt wird.

Die infolgedessen häufige Reinigung des Filtermaterials durch Waschung und Rückspülung an Ort und Stelle erfordert zwar nicht an Zeit, aber an Einrichtungen, Kosten und Sorgfalt das gleiche Maß wie der eigentliche Filterbetrieb.

Man kann das Waschen als eine Umkehrung der Fließrichtung des Wassers beim Filtern unter Verstärkung des Druckes betrachten.

Die Verteilungs- und Sammelnetze müssen beiden Zwecken in vertauschter Benutzungsweise dienen: die Tröge und Sammelkanäle für den Abfluß des schmutzigen Waschwassers sind gleichzeitig die Aufgabevorrichtungen für das Rohwasser oberhalb des Filters, und das Sammelnetz des Reinwassers wird zum Einpressen des Druckwaschwassers unterhalb des Filters benutzt.

Auf diese Weise bleiben nichtgereinigtes Wasser und die von ihm berührten Teile der Reinigungsanlagen vor dem Filter. Hinter dem Filter ist nur gefiltertes Wasser vorhanden, wenigstens wenn zum Waschen reines Wasser benutzt wird, was nicht immer geschieht.

Die vier Hauptleitungen des Filters haben je nur eine Bestimmung:
1. die Zuführung des Rohwassers,
2. die Abführung des Reinwassers (Filtrats),
3. die Zuführung des Druckwaschwassers,
4. die Abführung des Schmutzwassers.

Es kommt darauf an, die Zu- und Abführungsstutzen nach dem oberen und unteren gemeinsam benutzten System mit den darin eingebauten Absperr-, Regulierungs- und Meßvorrichtungen übersichtlich und leicht zugänglich anzuordnen. Einmal ist 1 und 2 geöffnet und je mit der Rohwasseraufgabe und Reinwasserleitung verbunden, während 3 und 4 abgesperrt werden. Das andere Mal ist 3 und 4 geöffnet und je mit Druckwaschwasserverteilungsnetz (vorher Reinwassersammelnetz) und Schmutzwasserabführung verbunden und die Schieber der Stutzen von 1 und 2 geschlossen.

Zu den Hauptleitungen treten noch verschiedene andere.

Unbedingt erforderlich ist eine Entleerungsleitung des Filterkastens und der Reinwassersammelleitung, um das Filter für Reparaturen trocken zu legen. Die Entleerungsleitung kann auch zum Ablassen des ersten Filtrats nach dem Waschen benutzt werden.

Weniger nötig ist eine Leitung zum Einstau des Filters. Man hat es durch die Druckwaschwasserleitung stets in der Hand, über der Sandschicht ein so hohes Wasserpolster herzustellen, daß sie durch den Rohwasserzufluß nicht gestört wird. Wird zum Waschen Rohwasser benutzt, so ist das erste Filtrat in die Schmutzwasserabführung abzuleiten. Ferner ist gewöhnlich eine Druckwasserleitung zur Betätigung der hydraulischen Kolben für die

Leitungsschieber vorhanden, welche zuweilen auch mit Schlauchanschlüssen für Spülzwecke versehen ist.

In Cleveland (E. R. 69/651) hat man in die Filterkasten Wasserstrahlejektoren zur gelegentlichen raschen Ausräumung des Filtersandes eingebaut.

Weiterhin tritt bei einer großen Anzahl Anlagen zu dem Druckwaschwasserverteilungsnetz noch ein besonderes Druckluftverteilungsnetz, welches vor oder gleichzeitig oder abwechselnd mit ersterem in Tätigkeit gesetzt wird. Dasselbe liegt zwischen Trag- und Filtersandschicht und ergibt einen geringeren Widerstand und einfachere Anordnung, als wenn — wie es ebensohäufig geschieht — das Waschwasserverteilungsnetz auch für die Einführung der Druckluft benutzt wird. Die letztere war wohl ursprünglich bestimmt, die Rührwerke zum Aufbrechen und Lockern des Filtersandes zu ersetzen. Beide Einrichtungen haben sich für das Waschen als überflüssig erwiesen. Indessen glaube ich, daß durch die Druckluft namentlich für See- und Teichwasser eine wesentliche Geschmacksverbesserung, jedenfalls eine Ersparnis an Druckwaschwasser, herbeigeführt werden kann.

Die Anordnung und Benutzung der Leitungen ist bei allen Schnellfiltern grundsätzlich die oben beschriebene, wie sie auch schon beim Jewell-Rapidfilter in die Erscheinung tritt. Sie läßt sich bei größeren oder älteren umgebauten oder ergänzten Anlagen häufig nicht mit einem Blick übersehen, sie sei deshalb an dem besonders deutlichen Beispiel einer Druckwasserfilteranlage zu Boundbrook, N. J. (E. N. 71/1036) erläutert.

Das Rohwasser, welches beinahe stets Bacterium coli enthält und nach heftigen Regengüssen stark getrübt ist, wird der Gemeinde nach zwei kleinen Behältern von etwa 25 000 cbm Inhalt 30 bis 35 m oberhalb Straßenoberkante geliefert. Um von dem Beckengefälle nichts und durch das Filtern möglichst wenig zu verlieren, sind die vier Filter als geschlossene oder Druckfilter einfach in das Stammrohr der städtischen Versorgungsleitung eingeschaltet. Sie sind auf je 1900 cbm, den doppelten Tagesbedarf, als Höchstleistung bei rund 140 m Filtergeschwindigkeit bemessen. Es sei hier nochmals erinnert, daß unter Filtergeschwindigkeit ebenso wie unter Waschwassergeschwindigkeit die Tages- (oder Minuten-)menge, dividiert durch die nutzbare Sandoberfläche verstanden wird. Also hier $\dfrac{1900 \text{ cbm}}{14 \text{ qm}} \backsimeq 140 \text{ m/Tag}.$

Jedes Filter besteht aus einem Kessel von 6,05 m Länge und 2,44 m Durchmesser. Der untere Teil des Zylinders ist bis zu einer Wagerechten mit Beton ausgefüllt, welcher das Reinwassersammel- und Waschwasserverteilungsnetz umhüllt.

Die Mündungen der Abzweige, Abstand in jeder Richtung 20 cm, liegen in Betonoberfläche und sind durch Hauben und eine 20 cm hohe Kiestragschicht gegen das Eindringen des Sandes der eigentlichen Filterschicht von 80 cm Höhe geschützt.

Das Rohwasserverteilungs- und Schmutzwasserabführungsrohr liegt gleichlaufend dem Sammelrohr oberhalb der Filterschicht. Auf die Länge des Rohres sind zwei Reihen Löcher nach oben gerichtet verteilt, durch welche das Rohwasser in den Filterkessel ein-, das verbrauchte Spül- oder Schmutzwasser abströmen kann.

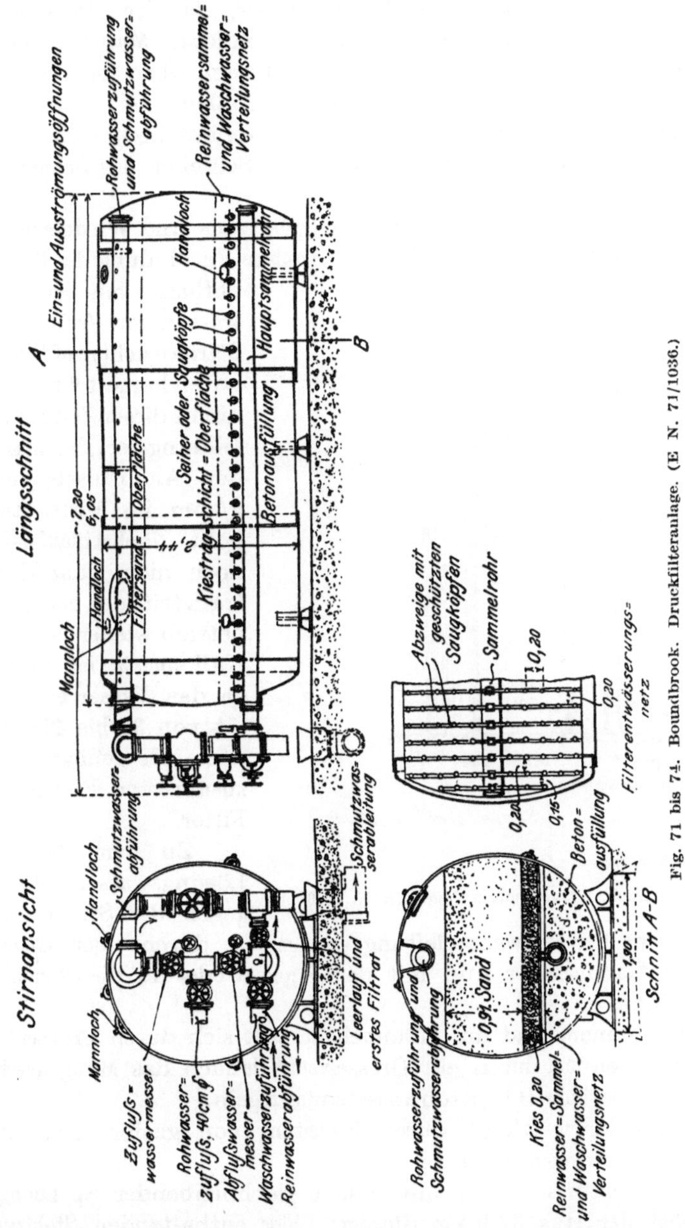



Fig. 71 bis 74. Boundbrook. Druckfilteranlage. (E N. 71/1036.)

Die Stirnseite des Kessels läßt deutlich die Handhabung erkennen. An ein senkrechtes Rohr in der Symmetrieebene des Kesselquerschnittes ist in der Mitte links der Rohwasserzulauf, unten der Reinwasserablauf angeschlossen. Als Druckwaschwasser kann ohne weiteres der unter Druck stehende Reinwasserablauf der drei übrigen Kessel benutzt werden oder mit anderen Worten das städtische Leitungswasser, da der Reinwasserablauf aller vier Kessel an die Versorgungsleitung anschließt. Man kann aber auch das Rohwasser in dem senkrechten Rohr statt nach oben nach unten treten lassen und mit diesem spülen. Während des Spülens, sei es mit Rein-, sei es mit Rohwasser, ist der obere Schieber des senkrechten Rohres, also der Zutritt zur Filteroberfläche, zu schließen, der Schieber des Schmutzwasserabflusses rechts zu öffnen.

Nach Abschluß des klargewordenen Spülstroms und Wiedereinschaltung des Rohwasserzuflusses wird zunächst eine untere Verbindung des Reinwasserabflusses mit dem Schmutzwasserrohr (rechts Fig. 71 Stirnansicht) auf 15 bis 20 Minuten hergestellt und weiterhin in dieser Zeit zur raschen Bildung der „Schmutzdecke" der Alaunzusatz von 3,73 g/cbm im Mittel etwas erhöht. Nach Ablauf des ersten, noch nicht ganz klaren Filtrats tritt der normale Filterbetrieb wieder in sein Recht. Kalkzusatz ist entbehrlich, da das Wasser eine Alkalität von 35 bis 40 g/cbm besitzt. Es genügt ein Alaunzusatz vor Eintritt in das Filter.

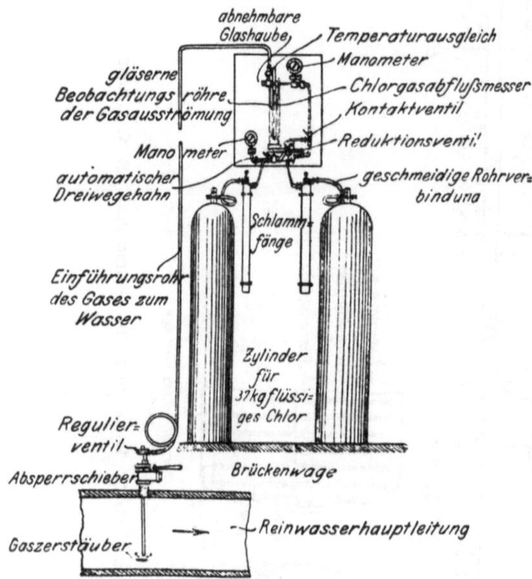


Fig. 75. Boundbrook. Chlorisierungsanlage. (E. N. 71/1036.)

Zu dem Zwecke wird Lösungswasser mittels einer gegen den Strom gekehrten Pitotröhre aus der Rohwasserleitung entnommen, durch einen kleinen geschlossenen Alaunbehälter und mit dem Strom wieder in die Stammleitung zurückgeführt.

Der Verdünnungsgrad im Alaunbehälter läßt sich durch Probeentnahme schnell feststellen und durch ein Drosselventil danach das Mengenverhältnis des umgeleiteten zum Hauptrohwasserstrom regeln.

Die Entkeimung erfolgt durch Einleitung von gasförmigem Chlor in die Reinwasserversorgungsleitung.

Das Gas entwickelt sich mit nahezu gleichbleibender Spannung über dem Spiegel der etwa 37,3 kg flüssiges Chlor enthaltenden Stahlzylinder. Die Messung der abströmenden Gasmenge erfolgt durch Manometer vor und hinter der Ausströmungsöffnung. Diese ist aus Glas, sichtbar und für veränderte Zusatzmengen auswechselbar.

Das Gas strömt gegen einen Prellstreifen im Hauptwasserrohr. Es hängen gleichzeitig zwei Stahlzylinder an dem Aufgabe- und Meßapparat. Sobald der eine entleert ist, klappt selbsttätig ein Dreiwegehahn um, schaltet ihn aus und schließt den zweiten an.

Die Zylinder stehen auf einer Brückenwage, um eine Gewichtskontrolle der Manometeranzeigen zu ermöglichen.

## 3. Die allgemeine Anordnung der Filter.

Mit wenigen Ausnahmen besteht die Filteranlage aus einer Anzahl rechteckiger unterkellerter Kasten mit wagerechter Sohle und gemeinsamen Trennungswänden, beiderseits eines Rohr- oder Bedienungsganges.

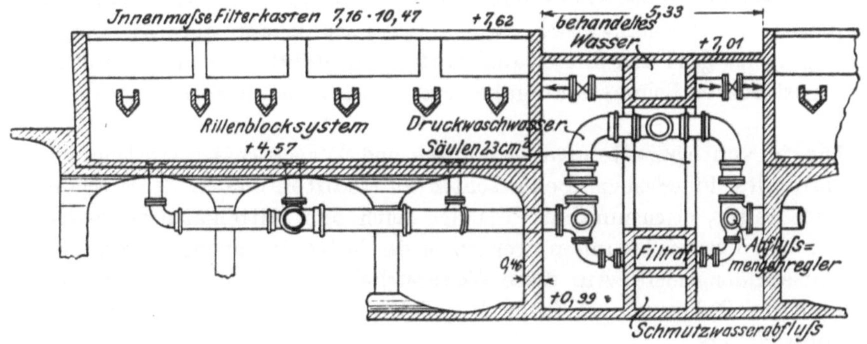


Fig. 76. Evanston. Schnellfilteranlage. Schnitt durch Filter und Rohrkanal. (E. R. 68/578.)

Diese Grundrißform vereinfacht die Anordnung, Bedienung und Beaufsichtigung der Zu- und Abflußleitungen. Sie ist für den Anschluß an die Niederschlagsbecken und Verteilungskanäle, die Raumausnutzung und spätere Erweiterung, die sich über den Filtergrundmauern erhebenden Schutz- und Betriebsgebäude in baulicher, statischer und wirtschaftlicher Beziehung die vorteilhafteste.

Wo der Platz dafür ausreicht, wie z. B. in St. Louis (E. N. 70/808, E. R. 69/340, Fig. 134 bis 136), hat man sich nicht gescheut, die Filterdoppelreihe über 200 m lang zu machen.

In Cleveland (E. R. 69/651, Fig. 147 u. 148) ist das Hauptgebäude symmetrisch in der Mitte eingeschaltet, und die hierdurch halbierten Filterreihen sind noch je durch einen Quergang mit besonderer Rohwasserzuführung in Gruppen von acht und zehn Filtern auseinandergeschoben. Gesamtlänge 223 m.

Baltimore (E. R. 69/520, Fig. 145) zerlegt die Gesamtlänge in zwei Doppelreihen von je 80 m Länge mit gemeinsamer Trennungswand der beiden Systeme.

Jeder Filterkasten bildet eine für sich betriebene Einheit. Es ist klar, daß für große Tagesmengen um so mehr an Anschluß-, Absperr-, Regulierungs- und Meßeinrichtung, Bedienung u. dgl. gespart wird, je größer die Einheiten und je geringer ihre Zahl. Ihre Grundfläche findet indessen eine Begrenzung an der gleichmäßigen Verteilung und daher auch gleichmäßigen Wirksamkeit und Güte des Filterns und Waschens.

So ist man z. B. genötigt gewesen, die drei großen Filtereinheiten von Louisville (E. R. 65/556 und 592, Fig. 118 bis 122) durch einen Mittelschmutzwasserkanal von 44,8 · 9,22 m auf sechs von der Hälfte der Länge (11,95 m) zu bringen, sowie eine nachträgliche zweite Druckwaschwasserleitung und Schmutzwasserabführungsrinnen einzubauen. Dies, obgleich die größere Längserstreckung weniger störend scheint als die Breite.

Eine Vergrößerung des Filterkastens ist beinahe überall dadurch erreicht, daß er durch einen offenen niedrigen Längskanal in zwei Filter zerlegt ist. Der Längskanal dient gleichzeitig zur Einführung des Rohwassers, Abführung des Schmutzwassers und Unterstützung der quer zur Längsrichtung freitragend und die Kanalwände versteifend über die Filteroberfläche gestreckten Rohwasseraufgabe- und Schmutzwassersammelrinnen oder Tröge.

Die je von einem Reinwassersammel- und Waschwasserverteilungsnetz unterhalb des Filterbodens beherrschten Filterhälften bilden daher eigentlich zwei Filter, deren nutzbare Flächen durch den Mittelkanal verkleinert werden. Ihre Stammleitungen werden in der Mitte in einem gemeinsamen Rohr zusammengeführt. Auf diese Weise sind alle Anschlüsse an die Hauptleitungen im Rohrkanal mit ihren Regulierungsvorrichtungen nur die eines einfachen Filters.

Die Abmessungen des Gesamtkastens übersteigen in der Regel 16 m Länge und 10 m Breite nicht.

Die lichte Tiefe des Filterkastens schwankt zwischen 2,13 m (Flint Mich., E. R. 70/272) und 3,5 m (Kansas City, E. R. 65/88).

Noch niedriger ist der eiserne Filterkasten in Louisville, Kentucky (E. R. 65/592) mit etwa 1,53 m, von Unterkante des Rillenblocksystems an gemessen. Dieses ist jedoch nachträglich in den eisernen Kasten von etwa 2,44 m Gesamttiefe eingebaut.

Auf das Gesamtfiltergefälle darf man aus diesen Tiefen nicht schließen. Dieses, vom Filterspiegel bis zur Druckhöhe der Reinwasserabflußleitung oder dem Reinwasserbehälterspiegel gemessen, ist nirgends genau angegeben. Das Gefälle scheint aber mindestens 2 m und meist 3,0 m und darüber betragen zu müssen. Es kommt insofern nicht darauf an, als der Filterabfluß durch Zu- und Abflußregler auf eine unabhängig vom Filterwiderstand konstante Menge in der Zeiteinheit (Filtergeschwindigkeit) gedrosselt wird. Um diese Vorrichtungen einbauen und das Waschwasser einführen zu können, muß der Filterabfluß in geschlossener Leitung zusammengefaßt werden, und es muß ferner der Reinwasserabfluß erheblich tiefer liegen als die Filtersohle. Es würde in letzterer Beziehung genügen, wenn die Rohrkanalsohle allein diese tiefe Lage hätte. Man unterkellert aber in der Regel auch den Raum unter den Filtern, wodurch die Hauptstränge des Verteilungs- und Sammelnetzes, an der Decke desselben aufgehängt, zugänglich bleiben. Der gewonnene Raum wird ferner gewöhnlich als Reinwasserbehälter oder als Vorbehälter zu einem besonderen Reinwasserbehälter benutzt. Die verdeckte, aber gleichzeitig auch geschützte Lage hat keinen Nachteil, da Ausbesserungen und Reinigung selten notwendig werden.

Der Rohrkanal schneidet den Reinwasserbehälter in zwei Hälften, begrenzt durch die Außenwände und die inneren Stirnwände der Filter, zugleich Rohrkanalwände. Die Ausspiegelung erfolgt entweder außerhalb der Filtergrundfläche oder unter der etwas höher gelegten Sohle des Rohrkanals hindurch. Vgl. Trenton (E. R. 69/541), Montreal (E. R. 65/260, Fig. 88),

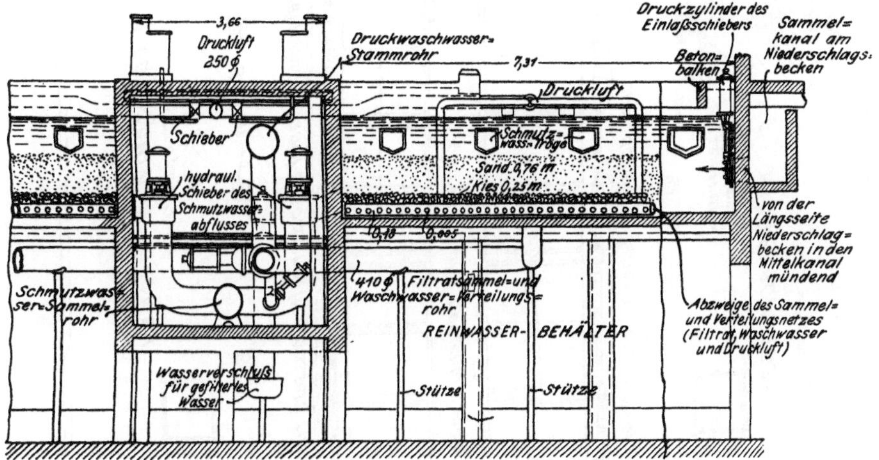


Fig. 77. Trenton. Schnitt A-A durch das Filter. (E. R. 69/541.)

Flint (E. R. 70/272, Fig. 50). Die Filterdecken und Trennungswände werden durch Säulenstellungen auf Sohlengewölben und Gurtbögen oder Träger durch „groined arches", eine Art Kreuzgewölbe[1] oder bewehrte Decken unterstützt.

---

[1] Groined arches sind zusammenhängende Gewölbe, welche, aus Beton gestampft, wie eine Art Kreuzgewölbe in die unterstützenden quadratischen Säulen zusammenlaufen. Letztere ruhen auf den Erhöhungen ähnlich gestalteter Sohlengewölbe. Das einzelne Säulenfeld hat die Form eines aufgespannten Regenschirms und wird als solcher bezeichnet (umbrella).

Der Vergleich trifft insofern nicht ganz zu, als die Gewölbe aus der Säule emporsteigen und das Feld im Grundriß ein Quadrat bildet.

Die Konstruktion hat öfters versagt. In Belmont Philadelphia (E. N. 71/142) war die Kämpfervertiefung über der Säule weder hintermauert noch entwässert. Die Säulen von 55 · 55 cm Querschnitt standen in Achsabständen von 4,6 m und waren teilweise nicht an Ort und Stelle gestampft. Die Scheitelstärke des Gewölbes betrug nur 15 cm, der Stich 91 cm. Eine Bewehrung war nicht vorhanden. Das Filter 14 war im Jahre 1902/03 auf einer Schüttung neben einer tieferliegenden Straße gebaut und zeigte schon im folgenden Jahre Risse. Erst 10 Jahre später erfolgte der Einsturz.

Ein Teil der „groined arches" des Reinwasserbeckens für Baltimore stürzte im Herbst 1913 ein, nachdem es in noch frischem Zustande (10 bis 55 Tage) und bei fehlendem Widerlager am Südende durch Erdüberschüttung belastet war. (E. R. 68/538 werden 56 für Filter und Behälter ausgeführte derartige Überdeckungen aufgezählt.)

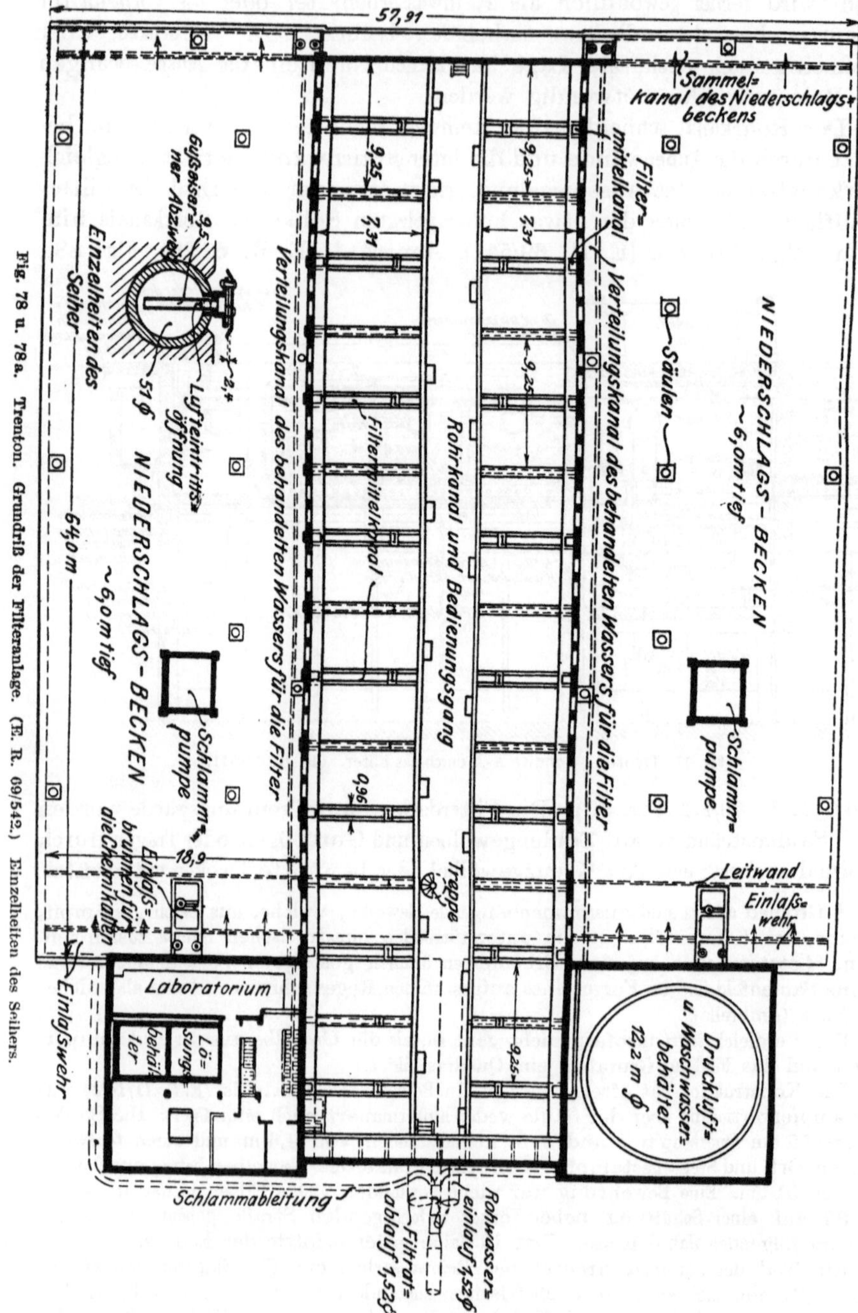


Fig. 78 u. 78a. Trenton. Grundriß der Filteranlage. (E. R. 09/542.) Einzelheiten des Seihers.

Auf diesem Unterbau stampft man die Filterkästen in einem Stück aus Eisenbeton mit dichtem Putz (Ceresit), wodurch eine bequeme genaue Ausführung, größere Dichtigkeit und unabhängige Ausdehnung erzielt wird.

Die Filterkasten werden in Höhe ihrer Oberkante teilweise überdeckt oder die Wände durch Stege oder Balken gegeneinander verankert.

Der ganze Filterunterbau, wenigstens aber der Rohrkanal, dient zur Unterstützung eines Schutzgebäudes, und die frühere Bauweise (*Jewell*), eiserne oder hölzerne Filtergefäße in einem Gebäude aufzustellen, ist verlassen.

## 4. Der Rohrkanal.

Der Rohrkanal hat bei größeren Anlagen eine recht ansehnliche Breite: 7 bis 8 m in St. Louis, Baltimore, Cleveland (Fig. 141, 146, 149).

In seiner Mitte erhebt sich auf ganzer Höhe ein Gerüst zur Aufnahme der Hauptzu- und -ableitungen. Dasselbe ist gewöhnlich aus Eisenbeton hergestellt, und seine Längswände bilden zugleich die Wände der Kanäle. Zu unterst ist die Schmutzwasserableitung, darüber der Reinwassersammelkanal, dann in einem offenen Zwischenraum das Druckwaschwasserrohr und darüber in einem offenen Betonkanal die Rohwasserzuführung untergebracht, deren Spiegel etwas über höchstem Filterspiegel gehalten wird.

Alle diese Leitungen erhalten zur Ersparnis an Gefälle, und um ohne Veränderungen noch weitere Filtereinheiten in der Längsrichtung angliedern zu können, möglichst große Querschnitte.

Es gilt dies namentlich für die Roh- und Reinwasserleitung, welche selten in Eisen[1] hergestellt werden.

Die Rohwasserleitung ist in einigen Fällen auch an der Außenwand der Filter entlang geführt und dient dann gleichzeitig als Sammelkanal für das angrenzende Niederschlagsbecken. (Trenton, E. R. 69/541, Fig. 77 bis 78a; Ottumwa, E. R. 65/494; Gatun, E. N. 70/654; Grand Forks, E. R. 63/598.)

Der Ersparnis an Leitungslänge, Gefälle und Rohrkanalraum steht andererseits dabei der Nachteil gegenüber, daß die Regulierungseinrichtungen des Filters nicht an einer Stelle — Bedienungsgang oberhalb Rohrkanal — vereinigt sind.

Der Reinwasserkanal ist geschlossen, um das Überlaufen zu verhüten, steht also unter Druck. Das Filtrat wird ihm von beiden Längsseiten aus zugeführt, nachdem es die Meß- und Regulierungsvorrichtungen passiert hat.

Man kann das Filtrat auch unter Ersparung des Reinwasserkanals unmittelbar in den Reinwasserbehälter leiten, muß dann aber, um einen Gegendruck bei niedrigem Wasserspiegel in demselben zu schaffen, das Zuleitungsrohr in die Höhe biegen (am besten regulierbarer Schwenkarm) oder ein Überlaufgefäß unterhängen. (Alliance, Ohio, E. N. 73/812; Trenton, E. R. 69/541; Bangor, Me., E. R. 63/64; Montreal, E. R. 65/260.)

---

[1] Cumberland (E. R. 66/284, Fig. 85 u. 86), Kansas City, Kans. (E. R. 65/88, Fig. 131 bis 133), Bangor, Me. (E. R. 63/664).

Man begibt sich damit ferner des Vorteils, den Gesamtfilterabfluß messen oder mit Chlor in dieser Sammelleitung vor Eintritt in das Reinwasserbecken desinfizieren zu können.

In Rock Island (E. R. 63/609) ist der Reinwasserkanal einseitig außerhalb des Rohrkanals unter den Filtern an die Rohrkanalwand angebaut. Fig. 106.

Die Druckwaschwasserleitung braucht gleichzeitig nur die Menge für die Spülung eines Filters heranzuführen. Sie ist daher eine geschlossene Metalleitung geringeren Durchmessers, die zwar zweckmäßig in gleicher Höhe oder höher als das Sammel- und Verteilungsnetz des Filters, aber ebensogut auch unter Reinwasserleitung geführt werden kann, wie Fort Smith (E. R. 70/262, Fig. 81), Flint (E. R. 70/273, Fig. 50).

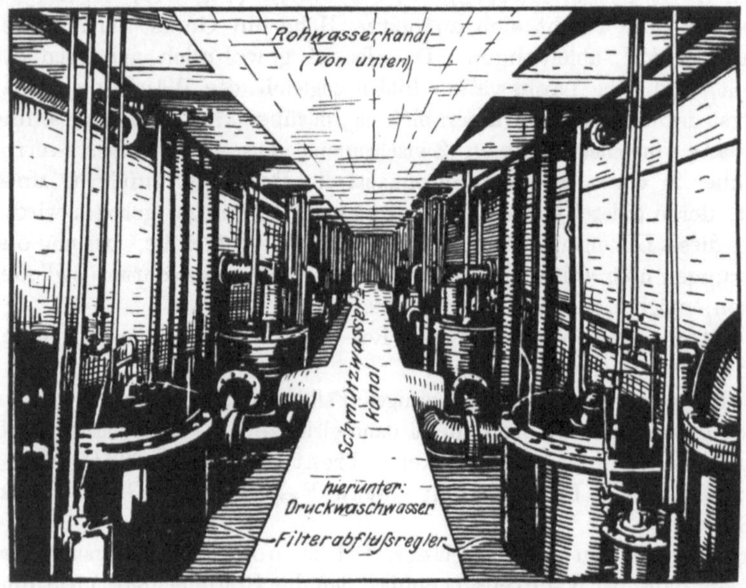


Fig. 79. Flint, Mich. Rohrkanal. (E. R. 70/273.)

Für Niagarafalls (Fig. 125) hat man sie in zwei Stränge aufgelöst, welche an der Filterstirnwand dicht unter dem Filtratauslaufstutzen aufgehängt sind, und erspart dadurch an Länge der Verbindungsstutzen.

Ebendort findet man auch die doppelte Anordnung der Schmutzwasserableitung in der offenen Rohrkanalsohle beiderseits des Reinwassersammelkanals.

In Montreal (E. R. 65/260, Fig. 88) ist je ein Betonkanal, in Rock Island[1] (E. R. 63/607, Fig. 104 bis 106) ein einbetoniertes Rohr und in

---

[1] Das Waschwasser wird in den Rest des früheren Langsamfilterbeckens abgelassen, wovon die neuerbauten Schnellfilter nur etwa die Hälfte der Grundfläche einnehmen. Die geklärte Oberflächenschicht wird dem Rohwasser wieder zugepumpt und dadurch die Waschwassermenge auf etwa 3 Proz. des gefilterten Wassers beschränkt.

St. Louis (Fig. 141) ein freiliegendes Rohr außerhalb Rohrkanalquerschnitt unter den Filtern entlang geführt und nimmt durch senkrechte Schächte oder Abfallrohre das schmutzige Spülwasser aus den Sammelkanälen durch Bodenventile auf.

Meist liegen die Schmutzwasserableitungen in Rohrkanalmitte unter dem Reinwasserkanal über oder auch unterhalb Rohrkanalsohle. Ihr Gefälle beträgt 1 bis 2 Proz. (Baltimore 1,83 Proz.). Sie müssen im tiefsten Punkte liegen, damit sie zur Entleerung aller übrigen Leitungen, auch zur Aufnahme des ersten Filtrats und zur Entwässerung des Rohrkanals dienen können. Dies ist nicht überall der Fall, und es sind dann noch besondere Entwässerungsleitungen erforderlich. Auch ihre Zugänglichkeit durch lose Abdeckung, freie Lage oder Mannlöcher scheint nicht überall gesichert.

Die übrigen Leitungen, Druckluft, Druckbetriebswasser usw., haben geringe Querschnitte und lassen sich leicht an Wänden, Decken und Querträgern des Rohrkanals unterbringen.

Bei kleineren Anlagen entfällt der Mittelbau, und die geringere Weite des Rohrkanals gestattet eine Überspannung desselben mittels Eisen- oder Eisenbetonträgern zur Unterstützung der Hauptleitungen.

Für die Aufstellung der Hauptmeßapparate bietet dann die meist höher gelegte Sohle genügend Raum.

Die Verbindung der Hauptleitungen mit den einzelnen Filtern erfolgt durch senkrechte Rohrabzweige, um die nötigen Regulierungs-, Verschluß- und Meßvorrichtungen bequem einbauen zu können. Selbst wo, wie in Montreal (Fig. 88) und Rock Island (Fig. 106), vom Rohwassergefluter beiderseits Betonkanäle abzweigen, wird in die Filterstirnwand ein Rohrstutzen mit Schieber eingesetzt.

## 5. Der Ausbau der Filterkammern und die Filtratsammel- und Waschwasserspeiseleitungen unterhalb des Filters.

Man hat versucht, das Filtrat in einem einheitlichen Raum unter dem Filterboden (doppeltem durchlochten Boden) zu sammeln und aus eben diesem Raum das Waschwasser in die Höhe zu pressen.

An und für sich ist das nur möglich, wenn der Filterboden aus dünnem durchlochten Blech oder Drahtgewebe auf einem Trägerrost besteht, da sich in einer massiven Decke wegen ihrer großen Stärke die Abflußlöcher schwierig anbringen lassen, großen Widerstand bieten und sich leicht verstopfen.

Die Unterstützung des dünnen Zwischenbodens gegen die Filterlast und die Verankerung gegen den Spülstrom andererseits ist nicht ganz einfach. Der Hohlraum kann aber auch nach Druck und Menge keine gleichmäßige Verteilung auf die Filtergrundfläche gewährleisten, da er nach oben nicht fest abgeschlossen ist. An der Ab- und Zuleitungsöffnung wird das Abfließen des Filtrats und das Aufsteigen des Waschwassers viel lebhafter sein und entsprechend der Entfernung sich vermindern.

Für eine kleine **Filterfläche** wie in **Alliance, Ohio** (E. N. 73/812), 5,72 · 5,72 m, mag diese Ungleichmäßigkeit noch nicht zu größeren Nachteilen

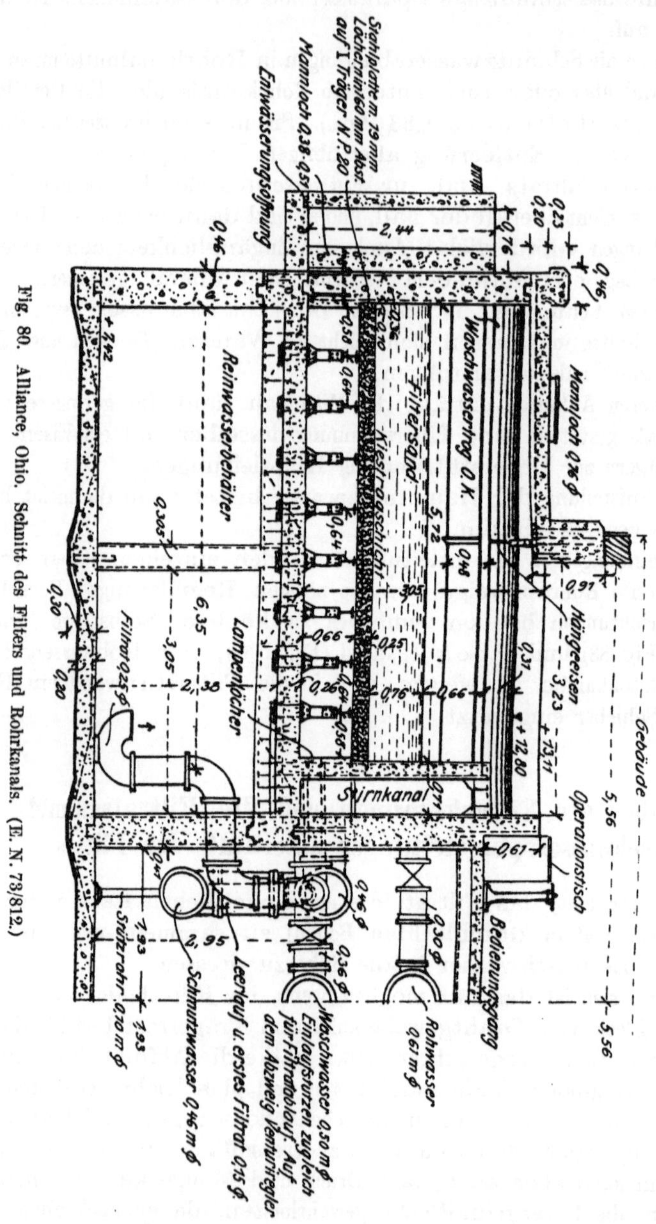


Fig. 80. Alliance, Ohio. Schnitt des Filters und Rohrkanals. (E. N. 73/812.)

führen. Der **Doppelboden**, aus einer 13 mm starken Stahlplatte auf einem Rost von 20-cm-Trägern aufgenietet, liegt in 66 cm Absatnd von der Betondecke des Reinwasserbehälters. (Der Zwischenraum ist von einem Mannloch aus zu befahren und durch Lampenlöcher zu beleuchten. Der Mann schiebt sich dabei auf einem kleinen vierrädrigen Wagen liegend vorwärts.) In das Blech sind in 16 cm Abstand Löcher für die Saugkopfrohre von 19 mm Durchmesser gebohrt.

Bei der Inbetriebsetzung wurde der Sand in dem Doppelbodenraum durchgerissen, was wohl an der großen Geschwindigkeit in der Nähe des Reinwasserabflusses und nicht, wie angegeben, an der zu groben Tragschicht gelegen hat.

Die gerühmte gleichförmige Druckverteilung ist daher zu bezweifeln, die leichte Ausbesserungs-, Reinigungs- und Beaufsichtigungsmöglichkeit ist zuzugeben.

Vollständig versagt hat eine ähnliche Anordnung für die ganz ungewöhnlich großen drei Filter (44,8 · 9,22 m Fläche und 2,44 m Tiefe) in Louisville, Ky. (E. R. 65/594, Fig. 118 bis 122.)

Man hatte für die Unterstützung der Trag- und Filterschicht ein dreifaches Drahtgeflecht — zu unterst (Maschenweite 38 mm von Mitte zu Mitte), in der Mitte ein Geflecht von Nr. 12 und darüber ein solches von 45 Maschen auf den Zoll — über die 10-cm-Zwischen-I-Träger gestreckt und in 15 cm Abständen festgebunden. Ob man beabsichtigt hat, den Zwischenraum von 91 cm Höhe zwischen diesem Tragboden und dem ebenfalls auf Trägern verlagerten festen Blechboden mit oder ohne Sammelnetz (vgl. Jewellfilter, Fig. 8 u. 8a) zu entleeren oder zu beschicken, geht aus der Beschreibung (E. R. 65/592) nicht hervor. Jedenfalls war man genötigt, die drei großen Filterflächen durch eine Schmutzwassersammelleitung von 91 cm Breite zu halbieren, so daß sechs entstanden. Nach Entfernung des obersten feinsten Drahtgeflechts ist auf den beiden übrigen Lagen ein Rillenblocksystem mit aufgehängten Bronzeplatten (sechs Reihen. Löcher von 2,4 mm Durchmesser in 34 mm Abstand, insgesamt = 0,28 Proz. der gesamten Filterfläche Lichtöffnung) verlegt. Ferner ist unter der Decke des Drahtgeflechts ein besonderes Filtratsammel- und Waschwasserverteilungsnetz aufgehängt. Es besteht für jedes Filter aus zwei Längsstammrohren von 51 cm Durchmesser mit beiderseitigen fischgrätenartigen Abzweigen von 1,83 m Länge. Die Abzweige in 2,2 m Abstand sind auf der Unterseite mit Löchern von 13 mm Durchmesser in 9 cm Abstand versehen.

Nur eines dieser Systeme wird gleichzeitig für Filtrat und Druckwaschwasser benutzt, für die größere Menge des Waschwassers muß auch das andere, vollständig getrennt betriebene, herangezogen werden.

Die Beschickung des Filters mit Rohwasser geschieht von der einen Längsseite aus unter Benutzung der Spültröge auf etwa 2,3 m Länge. Durch einen Steg im Spültrog ist dafür gesorgt, daß das Rohwasser nicht auf der anderen Seite wieder in die Schmutzwasserleitung abläuft, welche keinen besonderen Verschluß hat, sondern über die Kanten auf das Filter strömt.

Beim Filtern darf in Louisville der Wasserspiegel natürlich nicht höher stehen als die Trogkante. Beim Waschen fließt das Schmutzwasser durch

den Trog nach beiden Seiten, also auch durch die vorher als Rohwasserzuführung benutzte Leitung ab.

Die Rohrkanäle für Roh- und Schmutzwasser sind in diesem Falle
durch Zerlegung des Zwischenraumes der beiden schmiedeeisernen Filter-
längswände mittels dazwischengespannter Böden und Scheidewand gebildet.

Aus dem Vorstehenden erhellt, daß es vor allem darauf ankommt,
Druckwaschwasser und Druckluft von unterhalb gleichmäßig verteilt in das
Filter einzuführen und auch das Schmutzwasser möglichst gleichmäßig von
der Filteroberfläche durch die Waschwassertröge abzuziehen, um die Lagerung der Filterschichten nicht zu stören. Eine solche Störung oder eine ungleichmäßige Entnahme durch die Sammelleitung würde dann wieder eine
verschiedene Güte des Filtrats und vor allem ein Durchreißen des Sandes
in das Sammelnetz veranlassen.

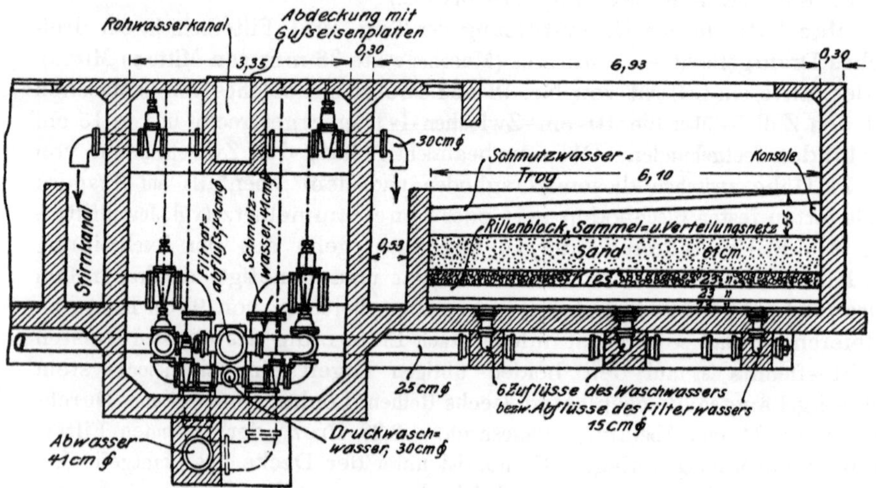

Fig. 81. Fort Smith, Arkansas. Schnitt durch Rohrkanal und Filter. (E. R. 70/264.)

Für die Anordnung des Rohrnetzes ist die Spülwassergeschwindigkeit
mit 30 bis 80 cm/Min. gegenüber der Filtergeschwindigkeit von nur 5 bis
10 cm/Min. (70 bis 140 m/Tag) ausschlaggebend.

Im Druckwaschwasserverteilungsnetz muß ein größerer Vorrat vorhanden sein und durch Speisung an möglichst vielen, von der Größe der
zu beherrschenden Filterfläche abhängenden Stellen ergänzt werden, damit
der Druckabfall in den entfernteren Ausströmungsöffnungen nicht zu
groß wird.

Die Anzahl der letzteren muß zwar reichlich, der Einzelquerschnitt aber
eng und die Speisewassermenge im Verhältnis zur Summe der Einzelquer-
schnitte groß sein.

Für kleinere Filterflächen bis etwa 30 qm scheint ein Verteilungsstammrohr, welches mit seinen beiderseitigen Abzweigen 4 bis 5 m Filterbreite beherrscht, ohne besondere Zwischenspeisung auf seine Länge un-

mittelbar an das Druckwaschwasserstammrohr im Rohrkanal angeschlossen werden zu können. (Vgl. Flint, E. R. 70/272; Rock Island Arsenal,

E. R. 68/609; Clinton, E. R. 70/162; Niagarafalls, E.R. 55/601.) Eine bessere Verteilung wird schon erreicht, wenn ein doppelt so großes, durch einen Mittelkanal in zwei Systeme zerlegtes Filter durch einen gemeinsamen Abzweig aus dem Druckwaschwasserstammrohr bedient wird. Derselbe liegt dann unter dem Mittelkanal, teilt sich unter der Filtermitte und speist jedes Verteilungsstammrohr im Schwerpunkt der Filterfläche, so daß das Druckwasser im äußersten Falle nur die halbe Filterlänge im Verteilungsstammrohr durchfließen muß. (Montreal, Canada, E. R. 65/260, Fig. 88; Trenton, E. R. 69/541, Fig. 77.)

Eine besondere Zuführung zum Verteilungsstammrohrschwerpunkt des Filters findet sich auch bei einteiligen Filtern (Bangor, Me., E. R. 63/64, Fig. 102).

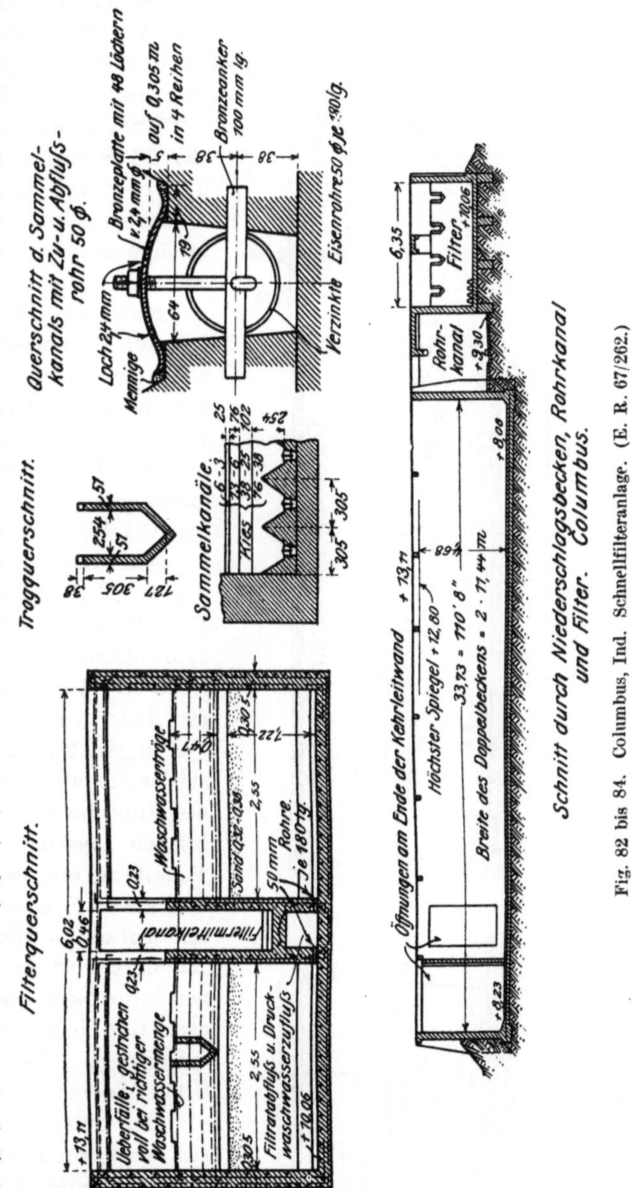


Fig. 82 bis 84. Columbus, Ind. Schnellfilteranlage. (E. R. 67/262.)

Bei den neueren größeren Anlagen, die in der Regel zweiteilig mit Mittelkanal ausgeführt sind, liegt únter der Stammverteilungsleitung noch eine besondere Speiseleitung. Beide sind an zwei bis vier Stellen mittels

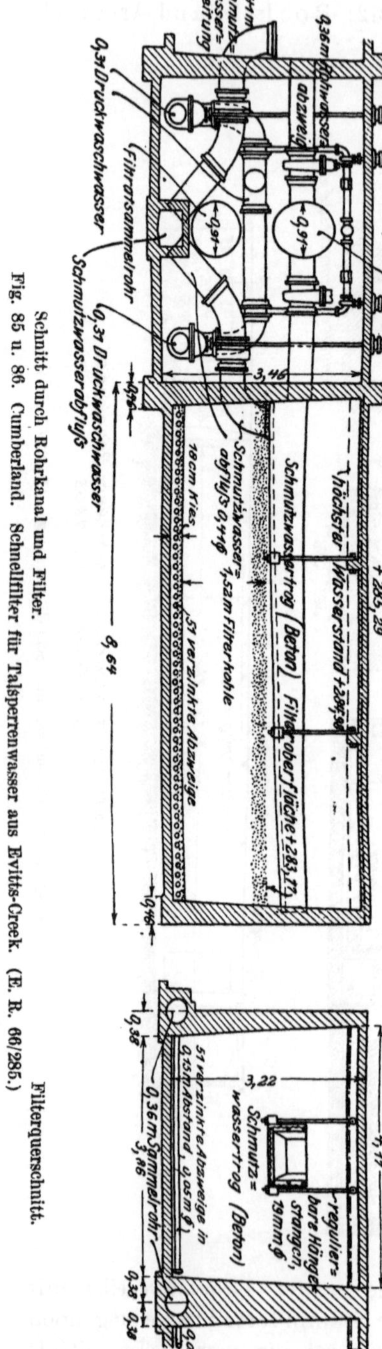


Schnitt durch Rohrkanal und Filter.

Fig. 85 u. 86. Cumberland. Schnellfilter für Talsperrenwasser aus Evitts-Creek. (E. R. 66/285.)

Filterquerschnitt.

senkrechter Stutzen durch die Filterdecke hindurch verbunden.

St. Louis (E. N. 70/808, Fig. 138 bis 141) 2 · 4 Stutzen, Baltimore (E. R. 69/520, Fig. 146, 2 · 4 Stutzen, Evanston (E. R. 68/578, Fig. 76).

In Cincinnati ist jede einzelne der 28 Sammelfurchen von 15,24 m Länge durch je vier Stutzen von 90 mm Durchmesser in 3,81 m Abstand an ein unter dem Filterboden liegendes Ab- u. Zuführungsnetz angeschlossen.

Seltener findet man mehrere Sammel- u. Verteilungssysteme unter einer gemeinsamen Filterfläche, wie z. B. in Louisville (Fig. 119 bis 121, E. R. 65/592 und 556) und Fort Smith (Fig. 81, E. R. 70/262) mit sechs Zuführungsstutzen (Kansas City, Fig. 131 bis 133, E. R. 65/88).

Aus dem Waschwasserverbrauch von 0,3 bis 0,8 cbm/Min. für 1 qm Filterfläche und der letzteren läßt sich leicht ausrechnen, daß man selbst bei größeren Leitungsgeschwindigkeiten sehr bald zu Rohrdurchmessern des Speisungsnetzes gelangt, welche sich auf der Filterkastensohle ohne Störung des Filterbettes nicht mehr unterbringen lassen. Das ist außer der Verteilung ein weiterer Grund für ein besonderes Speisenetz. Die senkrechten Stutzen werden in die Sohle einbetoniert und das wagerechte Speisenetz unterhalb an der Filtersohlendecke der Höhenlage nach regulierbar aufgehängt (St. Louis, Kansas City, Montreal, Cincinnati u. a.).

Bei größeren Anlagen lohnt es sich, entsprechend den abnehmenden Wassermengen die Rohrquerschnitte zu verjüngen.

Auf die Zugänglichkeit des Speisenetzes hat man für Fort Smith verzichtet und es auf Betonklötzen unter der nicht unterkellerten Filtersohle verlegt (Fig. 81). Dasselbe gilt für Gatun, Panama (Fig. 151, E. N. 70/654). Diese Lage ist besonders auch deshalb ungünstig, weil nunmehr die Filtersohle auf aufgewühltem Boden ruht. Besser ist die Anordnung für die kleinen Filterflächen von Columbus, Ind. (Fig. 84, E. R. 67/262) und Cumberland (Fig. 85 u. 86, E. R. 66/284). In letzteren beiden Fällen ragen die Abzweige nur einseitig in die schmale Filterkammer, während der Sammelstrang mit unmittelbarer Speisung das eine Mal unter dem Mittelkanal (Betonkanal 0,46 · 0,46 m), das andere Mal unter der Filterscheidewand (einbetoniertes Eisenrohr von 0,38 m Durchmesser) angeordnet und damit sein Emporragen aus der Filtersohle vermieden sowie eine bequeme seitliche Einmündung der Abzweige gesichert ist[1].

## 6. Der Ausgleich des Waschwasser- und Druckluftverbrauchs durch Hochbehälter und Gasometer.

Die Spülung dauert in der Regel 5 bis 10 Minuten und erfordert z. B. für eine Filterfläche von nur 40 qm und 0,8 m/Min. Spülgeschwindigkeit im höchsten Falle 10 · 40 · 0,8 = 320 cbm.

Zur Spülung wird in der Regel Filtrat, nur in Notfällen Rohwasser verwendet.

Die wiederholte tägliche Entnahme so großer Mengen aus der Hochdruckversorgungsleitung ist wegen des Spannungsabfalls sowohl für die Verbraucher als für die Spülung mißlich. Besonders zu diesem Zweck eingestellte Pumpen müssen sehr kräftig, genau auf Druck und Menge regulierbar sein und werden höchst unvollkommen ausgenützt.

---

[1] Die erfahrungsgemäßen Rohrdurchmesser der senkrechten Speisewasserabzweige aus der Druckwaschwasserstammleitung, die Anzahl und den Durchmesser der Verbindungsstutzen unter Angabe der Filterfläche zeigt folgende Tabelle. Es wäre denkbar, die einzelnen Speisestutzen auf gleiche Wassermenge und Strahlhöhe unter dem für das Wasser erforderlichen Überdruck durch Schieber oder konische Einsätze abzustimmen. Dies ist natürlich nur möglich, wenn das Filtratsammel- und Waschwasserverteilungsnetz unter dem Filter zugänglich ist. Es hat sich nicht als notwendig herausgestellt.

| Bezeichnung der Filteranlage | Durchmesser des Waschwasser-Stammrohrs des Filters m | Abmessungen der Filtergrundfläche | | | Filterfläche qm | Entnahme- und Speisestutzen für Filtrat und Waschwasser | | Bemerkungen |
|---|---|---|---|---|---|---|---|---|
| | | Abteile | breit m | lang m | | Anzahl | Durchmesser m | |
| Fort Smith . | 0,25 | 1 | 4,27 | 6,10 | 26 | 6 | 0,15 | Stirnkanal, Rillenblocksystem |
| St. Louis ... | 0,61 | 2 | 4,27 | 15,24 | 130 | 8 | 0,25 | Mittelkanal,       „ |
| Cincinnati .. | ? | 1 | 8,84 | 15,24 | 134,7 | 112 | 0,09 | Rillenblocksystem |
| Cumberland . | 0,36 | 1 | 3,81 | 7,92 | 30 | — | 0,36 | 1 Metallnetz. Einseitige Entnahme und Speisung |
| Kansas City. | 0,50 | 1 | 4,88 | 9,14 | 44,6 | 9 | 0,20 | Stirnkanal, Rillenblocksystem |
| Baltimore .. | 0,61 | 2 | 4,16 | 16,91 | 134 | 8 | — | Mittelkanal,       „ |
| Trenton..... | 0,41 | 2 | 4,16 | 7,3 | 60,57 | 2 | — | „       2 Metallnetze |
| Evanston ... | 0,41 | 2 | 3,13 | 10,97 | 68,5 | 6 | 0,30 | „       Rillenblocksystem |

In vielen Fällen hat man daher Hochbehälter errichtet, welche möglichst nahe an die Filteranlage, gewöhnlich vor Kopf des Rohrkanals gestellt werden. Ihr Inhalt muß auf etwa zwei Waschwassermengen eingerichtet werden. Ihre Füllung kann aber allmählich in den Betriebspausen aus der Hauptleitung oder durch kleine, ständig und sparsam arbeitende Pumpen erfolgen, deren Leistung auf die Gesamttagesmenge berechnet ist.

Die Druckhöhe über Waschtrogoberkante muß je nach den Leitungs- und Filterwiderstandshöhen 5 bis 10 m betragen. Um die wirksame Druckhöhe annähernd konstant zu erhalten, werden die Hochbehälter sehr flach ausgeführt, oder es wird der etwas zu groß bemessene Überdruck durch kalibrierte Schieber oder eingeschaltete Zwischengefäße, mit schwimmerregulierten Drosselklappen u. dgl. auf der gewünschten Höhe konstant erhalten.

Fig. 87. Louisville. Schnellfilter. Ausgleichbehälter des Druckwaschwassers. (E. R. 65/593.)

Als Beispiel diene Louisville. Der Behälter von 14,0 m $\varnothing$ und 3,05 m Tiefe hat 473 cbm Inhalt. Er ruht in der Mitte auf einem Schacht von 1,83 m $\varnothing$ und 0,30 m Wandstärke, welcher das Steig-, zugleich Ablaufrohr und das Überlaufrohr schützend umhüllt.

Der Überlauf liegt etwa 14,5 m über dem Verteilungsrohr im Filter. Die Verminderung der Druckhöhe auf 2,9 m zur Erzielung einer Geschwindigkeit von 0,61 m/Min. im Filter wird durch Drosselung erreicht.

Es möge hier vorausgeschickt werden, daß, wo gleichzeitig Druckluft vor oder während der Waschung Verwendung findet, diese zweckmäßig in belasteten Gasometern über dem Druckwaschwasser aufgespeichert wird. Vgl. Montreal (Fig. 89, E. R. 65/261). Der Waschwasserbehälter hat 12,8 m Durchmesser im Lichten (128,7 qm Fläche) und soll für drei Waschungen zu je 113 cbm von 5 Minuten Dauer für 65 qm Filterfläche ohne Pumpenhilfe ausreichen ($v = \dfrac{113}{5 \cdot 6} \cong 0,35$ m/Min.). Er besteht aus 13-mm-Blechen am Boden, welche nach oben auf die Hälfte der Stärke abnehmen. Das Druckwasser wird in der Sohle durch ein 30-cm-Rohr zugeführt und steht normal 5,5 m über Oberkante-Waschtrog des Filters.

Die Gasometerglocke hat 12,2 m lichten Durchmesser und wird durch Messingrollen an I-Trägern geführt. Die Decke besteht aus einer 0,96 m starken Betontafel, welche die eingeschlossene, durch ein Standrohr zugeführte Luft in etwa 0,211 Atm konstanter Spannung hält. Das Standrohr

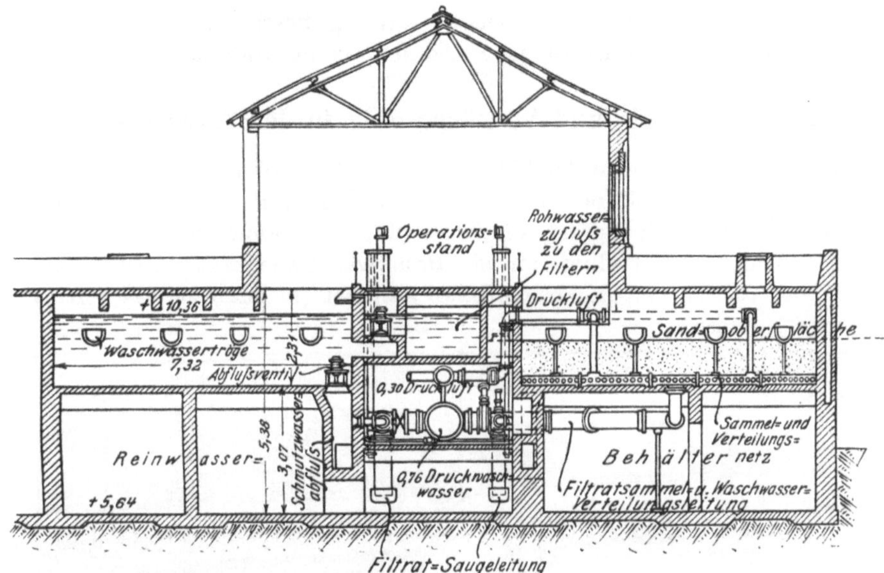



Fig. 88. Montreal. Schnellfilter. Querschnitt durch Filter und Rohrkanal. (E. R. 65/261.)

wird beim Sinken der Glocke durch einen 0,91 m zylindrischen Schornstein auf der Decke eingeschlossen, die Glocke durch ein Gerüst im Innern am Tiefersinken verhindert.

Ein Zwischenbehälter von 1,83 m Durchmesser und 10,82 m Höhe mit Schwimmerregulierung eines Klappenventils gewährt eine selbsttätige Einstellung einer gleichmäßigen Wasserdruckhöhe.

Ein ähnlicher Gasometer von 12,2 m Durchmesser mit 7,3 m Wasserüberdruck und Druckluft von 0,28 Atm Pressung versorgt die 16 Trentonfilter (E. R. 69/541, Fig. 78),

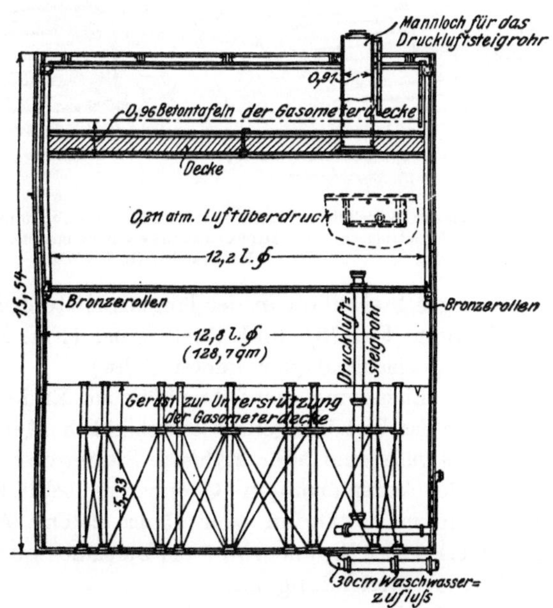



Fig. 89. Montreal. Schnellfilter. Teleskopbehälter für Druckluft und Druckwaschwasser. (E. R. 65/261.)

je $(9{,}25 - 0{,}96) \cdot 7{,}3 = 60{,}57$ qm Fläche. Er enthält zwei Füllungen für eine Waschwassergeschwindigkeit von 48 cm/Min. Bei Leerung werden Luft- und Wasserspeisepumpen automatisch angestellt, deren erforderliche

Leistungsfähigkeit durch den Gasometer auf $^1/_{10}$ beschränkt wird. Außerdem ist noch ein Anschluß an die Hochdruckleitung vorhanden.

## 7. Das Sammel- und Verteilungsnetz in der Filtersohle.

Das Verteilungsnetz in der Filtersohle besteht gewöhnlich für jede Filterabteilung aus einer, seltener aus zwei — Louisville, Panama, Fort Smith, Kansas City (3), Rock Island, Cincinnati (28) — Stammleitungen, welche, wie geschildert, unmittelbar an die Druckwaschwasserstammleitung angeschlossen oder an verschiedenen Stellen gespeist (in bezug auf das Filtrat abgezapft) werden.

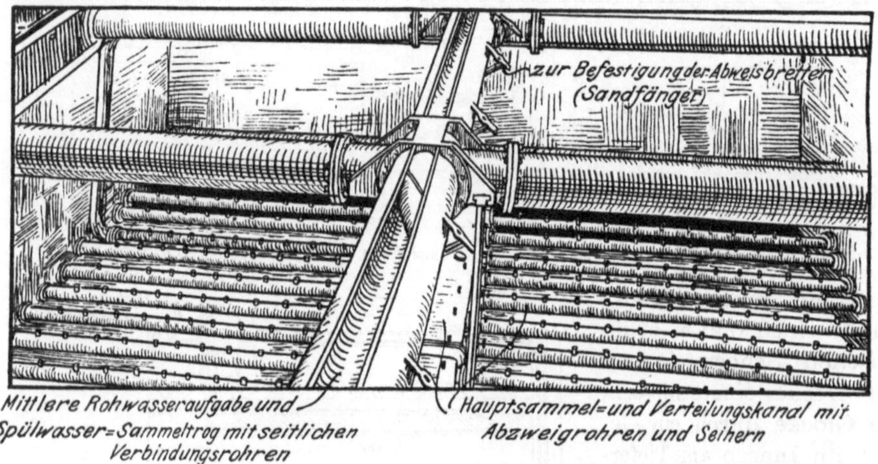


Fig. 90. Evansville. Schnellfilter. Tröge mit Konsolen zur Anbringung der Abweisbretter (Sandfänger), darunter das Filtratsammel- und Druckwaschwasserverteilungsnetz mit Seihern vor Einbringung des Filtersandes. (E. R. 5/510.)

Sie liegen gewöhnlich in der längeren Mittellinie des Filters (Ausnahmen z. B. Trenton [Fig. 78] und Rock Island [Fig. 104 bis 106] je mit zwei Systemen gleichlaufend der kurzen Achse).

Bei der Einführung der Schnellfilter am Ende des vorigen Jahrhunderts wurden für das Verteilungsnetz ausschließlich Metallrohre verwendet.

An das gußeiserne oder stählerne Stammrohr kreisförmigen, flach elliptischen oder kastenförmigen Querschnitts schließen sich fischgrätenartig rechtwinklig in Abständen von 15 bis 25 cm Abzweige aus verzinktem Schmiedeeisen oder Bronze von 5 cm Durchmesser mittels Muffen, Flanschen oder Schraubenverbindung an.

Diese sind ihrerseits wieder mit Einlauflöchern von 1,6 bis 13 mm Durchmesser in Abständen von 7,6 bis 18 cm versehen. Einläufe größeren Durchmessers werden mit sog. „strainers", Saugköpfen oder Seihern, versehen. Sie bestehen aus eingeschraubten Zapfröhrchen aus Bronze, die senkrecht emporstehen und ein Metallhäubchen tragen (Fig. 33a). Dieses bildet mit der Rohrmündung einen ringförmigen (Fig. 78a), gegen das Eintreiben von

Sand geschützten Zwischenraum, oder es ist wie eine Gießkannenbrause mit zahlreichen feinen Öffnungen versehen (Fig. 90 u. 103).

Das ganze Netz ist dann gewöhnlich im Beton der Filtersohle bis auf die hervorstehenden Saugköpfe eingebettet und damit dem äußeren Angriff des weichen Wassers und dem Verbiegen durch die Filterlast entzogen.

Die Rohre, namentlich das Stammrohr, stören ihrerseits nicht die Einheitlichkeit der Tragschicht und die Ausräumung des Filters.

Die Höhenlage der Austrittsöffnung erfüllt die Bedingung, daß weder der austretende Spülstrahl durch ein oberhalb befindliches Wasserpolster gebrochen wird, noch eine stagnierende Schicht unterhalb der Austrittsöffnung sich der Spülwirkung entzieht.

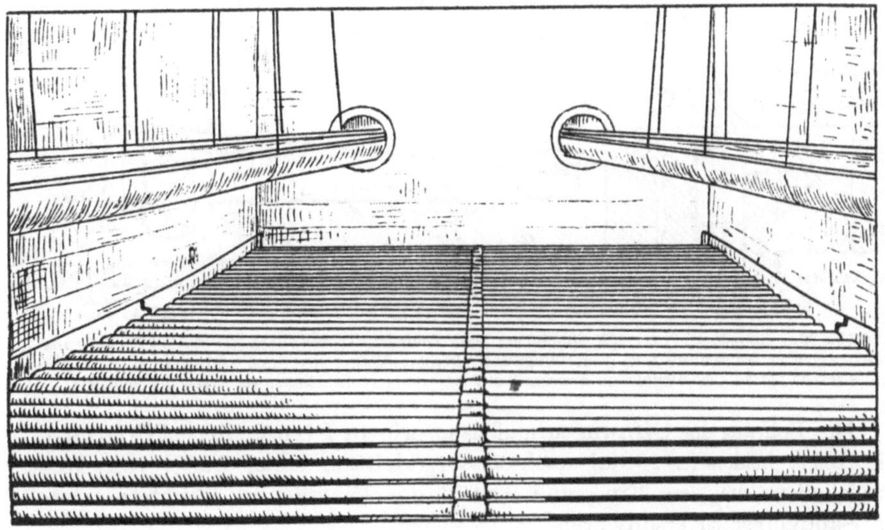

Fig. 91. Harrisburg. Innenansicht einer Filterkammer mit den aufgehängten Schmutzwassertrögen und dem Filtratsammel- und Druckwaschwasser-Verteilungsnetz vor Einbringung des Filtersandes.
(E. R. 69/530.)

Ein großer Nachteil der Einbetonierung ist die Unzugänglichkeit des Netzes. Die Rohre müssen m. E. herausgenommen oder wenigstens durchstoßen werden können.

Sehr geschickt ist das Verteilungsnetz in Harrisburg, Pa. (Fig. 91 bis 93a, E. R. 69/530) angeordnet und nach dessen Vorbild Steelton, Pa., Cumberland, Md., Dallas, Texas u. a.

Das Harrisburgfilter besitzt 4,88 · 8,3 m Grundfläche, und in seiner Längsmittellinie scheinen zwei getrennte Stammrohre je mit besonderer Speisung in ihrer Mitte in den Beton eingebettet. Jedes besteht aus einem flachen gußeisernen Kasten in drei durch Flanschen verbundenen Stücken, der sich nach den geschlossenen Enden verjüngt. An der geradlinig begrenzten Seite sind in Abständen von 152 mm Löcher von 74 mm Durchmesser gelassen, in welche der Krümmer eines T-Stückes eintritt. Derselbe trägt ober-

halb Betonoberfläche eine mit Schraubengewinde versehene Muffe, in welche
die beiderseitigen Abzweige von 32 mm Durchmesser eingeschraubt sind.
Die Eintrittsöffnungen derselben von 2,4 mm Durchmesser liegen an der
Unterseite in 76 mm Abstand, die Enden sind durch Kappen verschlossen.

Es wäre möglich gewesen, das Stammrohr dadurch zu verjüngen und
beiderseits rechtwinklige Anschlüsse der Abzweige zu erzielen, daß man
die Sohle desselben beiderseits von der Speisemündung aus ansteigen ließ.
Man hätte aber dann die Filtersohle tiefer durchschnitten.

Zwei Verbesserungen hätten sich indessen leicht anbringen lassen: ein
aufschraubbarer Deckel, welcher die Zugänglichkeit des Stammrohrkastens
ermöglichte, und die volle Auflagerung der Abzweigrohre auf der Filterkastensohle statt in der Tragschicht, welche in zwei Lagen von 102 und 76 mm
Stärke von 19 auf 6 mm Korngröße abnehmend das Rohrnetz einhüllt.

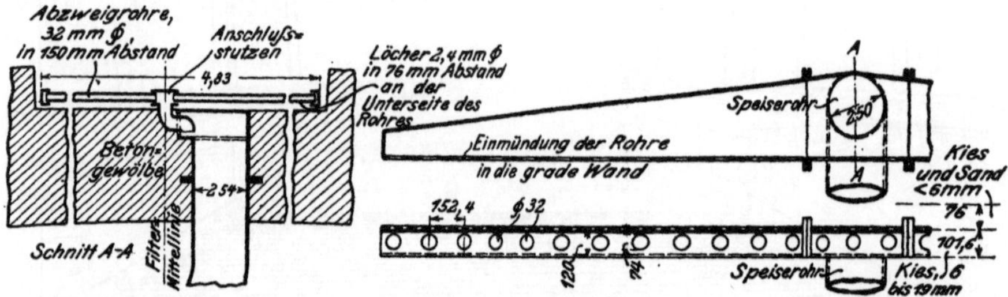


Fig. 92 bis 93a. Harrisburg. Filter. (E. R. 69/530.) Links: Querschnitt des Filters mit seitlicher Einführung
der Abzweige in den Sammel- und Verteilungskanal. Rechts: Wagrechter und senkrechter Schnitt des
gußeisernen Sammel- und Druckwaschwasser-Verteilungskanals rechteckigen verjüngten Querschnitts.

Die Bohrung der Öffnungen muß dann, wie in Flint, Mi., und Clinton
(Fig. 107), beiderseits radial nach unten gerichtet, einen Winkel von 45°
einschließen, um den Ein- und Austritt des Wassers zu erleichtern, den
der Sandkörner zu erschweren.

Verschiedene Unzuträglichkeiten der vorbeschriebenen Anordnungen,
wie das Hervortreten des Stammrohres über der Sohle oder das Eingreifen
in die Sohle, die Schwierigkeiten des Anschlusses der Abzweige an dasselbe
und der festen Lagerung, der Angriff des Rostes oder die schwierige Reinigung, die Gefahr des Eindringens von Sand in die auf Abzweigrohroberkante
liegenden Ein- und Austrittsöffnungen oder die Abschwächung des Spül-
strahls bei unten liegenden, führten zu einem wesentlichen Fortschritt gegenüber dem metallenen Sammel- und Verteilungsrohrsystem: im Jahre 1907
wurde in Cincinnati, Ohio, zum erstenmal in großem Maßstabe das sog.
Rillenblocksystem verwendet (E. R. 69/529).

Die Filtersohle von 15,24 m Länge und 8,84 m Breite ist dort durch
Betonblöcke in 28 Längskanäle von 305 mm Achsabstand, 64 mm unterer,
70 mm oberer Breite und 76 mm Höhe zerlegt. Auf die oberen Ränder von
25,4 mm Breite stützt sich eine den Kanal abschließende, mit 16 mm Pfeil
nach oben gewölbte Bronzeplatte (Erhöhung des Trägheitsmoments), welche
mit senkrechten Hakenschrauben in ihrer Mitte von den Kanal durchschnei-

denden wagerechten Querstegen gegen den Waschwasserdruck (Geschwindigkeit 56 cm/Min.) verankert ist. Die 6 mm überdeckten Stöße der Platten
sind mit Mennige gedichtet, die Ränder sowie der Endeingriff in die Filter-
stirnmauern mit Zementmörtel. Oberhalb der Platten bilden die Zement-
blöcke eine Furche oder Rille von 130 mm unterer, 254 mm oberer Weite
und 241 mm Tiefe, welche mit Kies abnehmender Korngröße ausgefüllt ist,
und zwar

$$
\begin{array}{lll}
25,4 \text{ mm} & \text{von} & 25 \text{ bis } 13 \text{ mm} \\
178,0 \text{ ,,} & \text{,,} & 13 \text{ ,, } 6 \text{ ,,} \\
12,0 \text{ ,,} & \text{,,} & 6 \text{ ,, } 3 \text{ ,,} \\
\underline{25,4 \text{ ,,}} & \text{,,} & 3 \text{ ,, } 2 \text{ ,,} \\
240,8 \text{ mm} & &
\end{array}
$$

Über die Oberfläche des Kieses und an den Schneidenoberflächen der
Betonblöcke von 5 cm Breite wurde mit Bolzen in 410 mm Abstand ein
Bronzedrahtnetz (25 Proz. Zink + 75 Proz. Kupfer) verankert, um das
Aufwirbeln zu verhüten.

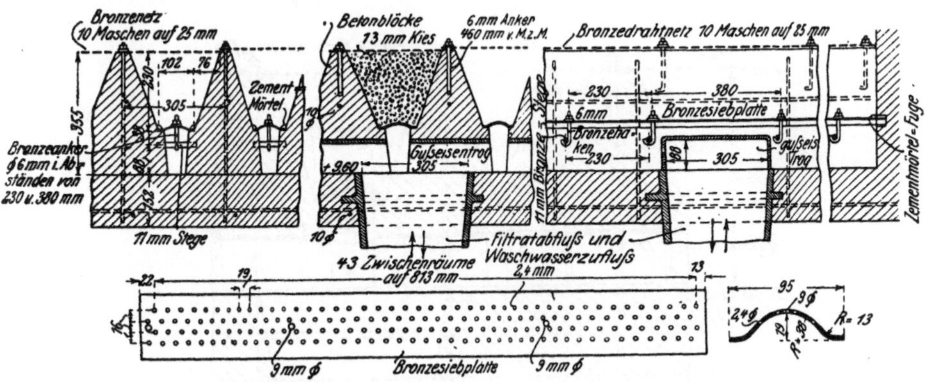

Fig. 94, 95 u. 95a. Kansas City, Kans. Oben: Einzelheiten des Rillenblocksystems. Unten: Bronzeplatte
zum Abdecken der Rille. Aufsicht und Querschnitt. (E. R. 69/90.)

Die Bronzeplatte (66,96 Cu, 0,14 Pb, 0,26 Fe, 32,64 Zi) hat 62 Löcher
von 2,4 mm Durchmesser auf 0,305 m Länge, entsprechend ungefähr 0,3 Proz.
der Filterfläche.

Stammkanäle im Filter selbst sind nicht vorhanden; jede Furche wird
an vier Stellen in 3,81 m Abstand aus einem Verteilungsnetz großer gußeiserner Rohre unter der Filtersohle gespeist.

Bei neueren Ausführungen ist man zu den Stammkanälen wieder zurück-
gekehrt und hat die Furchen durch im Beton der Blöcke ausgesparte Querkanäle mit oder ohne Gußeisenauskleidung verbunden.

Die Speisestutzen (in Kansas City trichterförmig erweitert) treten mit
ihrem oberen Rand etwas über Filtersohle oder sind mittels durchbrochener
Hauben u. dgl. gegen das Eintreiben des Sandes etwas geschützt. Fig. 94 bis 95a.

Mit Rücksicht auf die Sammelkanäle wird der Zweigkanalquerschnitt
mehr hoch als breit gestaltet. Trotzdem mußten z. B. die Sammelkanäle

der St. Louis-Filter (Fläche 2 · 4,27 · 15,24, Fig. 141 u. 142) bei **127 mm**
Höhe 712 mm Breite erhalten (Zweigkanäle 76 mm breit und ebenfalls 127 mm
hoch), um den nötigen Querschnitt zu erzielen. (Fig. 142.)

Das nach den Abflußkanälen hinströmende Filterwasser und das empor-
steigende Spülwasser bilden Körper keilförmigen Querschnitts, deren Seiten
um so steiler sind, je größer die Wassergeschwindigkeit. Der Furchenrücken
füllt somit einen von beiden Strömungen ungenügend beherrschten gewissermaßen toten Raum in unschädlicher Weise mit Beton aus. Er hält die
Strömungen und die Kiesfüllung der Furchen zusammen und verhindert die

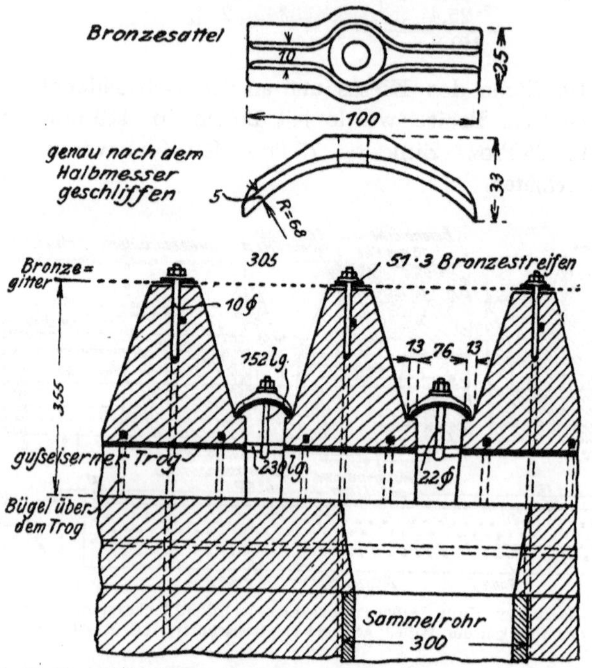


Fig. 96. Kansas City, Kans. Verbessertes Rillenblocksystem. (E. R. 70/56.)

Störung der Schichten durch ungleichmäßige Geschwindigkeiten, wie sie beim
ebenen Filterböden in viel höherem Maße auftreten müssen.

Der hohe Waschwasserdruck macht es erforderlich, die auf der Filtersohle verlegten Blöcke mit dieser zu verankern. Noch besser ist es, beide
in einem Stück herzustellen. Die Einschalung der Rillenblöcke und die Aufnahme des Anpralls des Druckwaschwassers durch eine etwas gebrechliche
verankerte Platte sind aus Fig. 97 u. 97a Evanston ersichtlich. Aus
Fig. 98 geht für Grand Rapids hervor, wie die wagrechten Ankerstege der
Bronzeplatten seitlich in die Rillenblöcke eingeschleift werden. Die Bronzeplatten werden, statt sie nach unten zu verankern, wohl auch aufgehängt
und die Auftriebswirkungen durch vorspringende Ränder der Betonblöcke
aufgenommen. (Fig. 99.) Doch stört die Aufhängung die Kiesausfüllung der
Furchen, und die Platten verlieren jede Unterstützung, wenn ein Anker-

bolzen bricht[1]. Sie ist an den Stellen nicht zu vermeiden, wo die Sammelkanäle das Furchensystem durchschneiden. In beiden Fällen liegen die Schraubbolzenmuttern oberhalb der den Kanal abschließenden Bronzeplatten, um die Verbindung herstellen und lösen zu können und die Zugänglichkeit zu sichern. Die gewölbte oder gebrochene Form der Platten erhöht deren Steifigkeit und Tragfähigkeit gegenüber den Lasten und Ankerbefestigungen.

Zum dichten Anschluß an die Betonauflager werden Blei- und Asbeststreifen untergelegt.

Das Verhältnis der Gesamtfläche der

---

[1] Das Rillenblocksystem Kansas City, Kans. (E. R. 70/55), ist auf eine Waschwasser-Geschwindigkeit von 20 Gall. sqf. = 0,814 m/Min. und 0,492 Atm. Druck berechnet. Dieser Druck muß wahrscheinlich durch zu rasches Öffnen der Einlaßschieber überschritten sein, denn es brachen die 6 mm bronzenen Ankerbolzen und mußten durch 10- bzw. 22-mm-Bolzen ersetzt werden. (Fig. 96.)

Einschalung der Rillen.

Einschalung der Kanäle (Prellplatte).

Fig. 97 u. 97a. Evanston. Rillenblockschalung. (E. B. 69/580.)

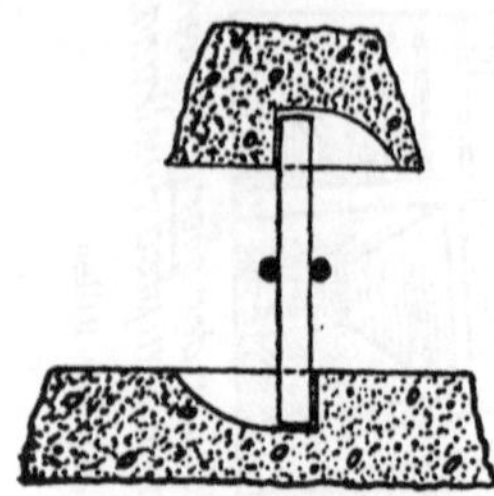

Fig. 98. Grand Rapids.
(E. R. 69/533.)
Grundriß der Ankerstegeinklin
kungen in die Rillenblöcke.

Öffnungen von 1,6 bis 2,4 mm Durchmesser in den Bronzeplatten zur Filtergrundfläche = 0,17 bis 0,3 Proz. hat sich bewährt.

Die häufigsten Betriebsstörungen bei diesem System sind auf Undichtigkeiten durch Lockerung, Überspannung oder Bruch von Bolzenankern, Verbiegung der Platten, Abbröckeln der Betonränder am Auflager der Platten und Bildung von Fugen am Anschluß der Blockhälften an die Filterkastenwände eingetreten. Dadurch entsteht in beiden Richtungen ein Spülstrom, welcher den Filtersand in die Kanäle führt, diese zusetzt, die Filterschichtung stört und eine Ausräumung des Filters erforderlich macht.

Das Bronzedrahtnetz zum Trennen und Niederhalten der Furchenkiesfüllung hat sich nicht bewährt. Es folgte der wechselnden Wasserdruckrichtung, lockerte und löste sich, wurde auch binnen kurzem vom Wasser

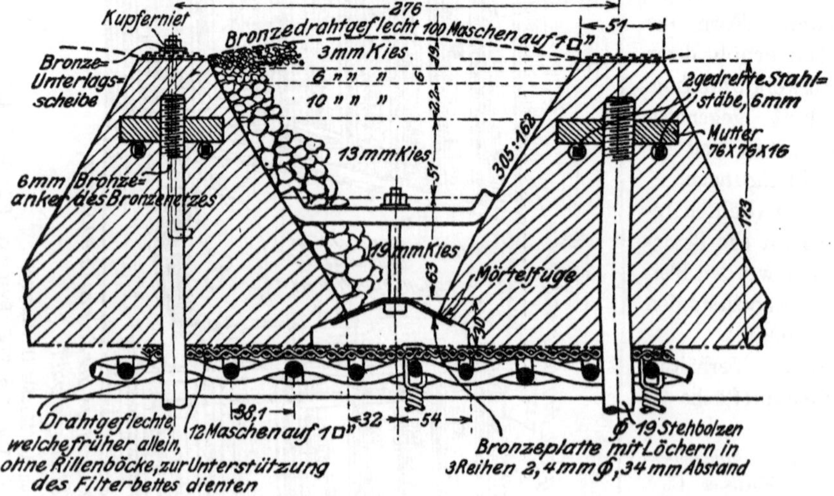


Fig. 99. Louisville. Schnellfilter. Einzelheiten des Rillenblocksystems. (E. R. 65/594.)

angegriffen. Man hat es durch eine gröbere und höhere Tragschicht — 10 cm über Blockoberkante in St. Louis (Fig. 142, E. N. 70/810) — mit Erfolg ersetzt.

Das Anlassen des Spülstromes muß namentlich bei stark verschmutztem Filter langsam geschehen.

Eine Anordnung, welche die Bronzeplatten entbehrlich macht, die „*Wheeler*-Filtersohle", ist bezüglich der Versuchsanlage im E. N. 72/22, in der Ausführung für Belfast, Maine, S. 180 beschrieben.

Die Filtersohle ist in eine Anzahl pyramidenförmiger vierseitiger Vertiefungen von 70° 32′ Winkel und 15 bis 19 cm Tiefe aufgelöst. **Vgl.**

auch Fig. 33a. Aus der unten liegenden Spitze der Pyramide dringt das Waschwasser je aus einem dort eingesetzten Bronzeröhrchen von 19 mm Durchmesser empor gegen eine Kugel aus reinem Zement von 76 mm Durch-

messer. Auf dieser ruhen vier gleiche Kugeln aus Zement und darüber eine dritte Lage von acht glasierten gebrannten Tonkugeln von 32 mm Durchmesser mit einer neunten als Mittelkugel von 40 mm Durchmesser. Über die ganze Fläche ist eine 15 cm starke Lage groben Kieses, nach oben feiner werdend, von Korn > 25 mm ausgebreitet.

Bei einer Waschwassergeschwindigkeit von 153 cm/Min. konnte keine Störung dieser Lagerung hervorgebracht werden. Eine Bewegung der Kugeln trat vornehmlich an den Kanten und Seitenflächen der Pyramide ein.

Besonders interessant auch in bezug auf die Lagerungsfestigkeit von Erddämmen gegenüber Durchspülungen sind die Beobachtungen über die Höhe des Aufwirbelns und die Ordnung nach Korngröße der darüber ruhenden Sandschicht von 76 cm

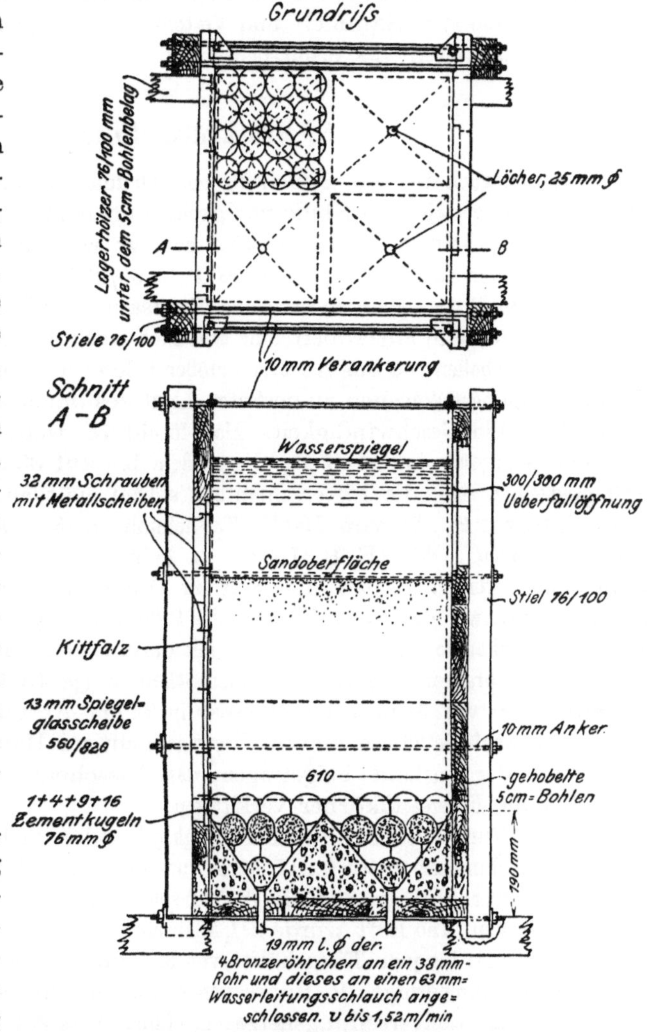



Fig. 100 u. 101. Probeweise Ausführung des Wheeler-Filterbodens.
(E. N. 72/22.)

Bei einem späteren Versuch genügten 1 + 4 Zementkugeln von 76 mm ⌀, darüber 8 glasierte Tonkugeln von 32 mm ⌀ und eine in der Mitte von 40 mm ⌀, darüber feiner werdende Lagen von Kies, zusammen 152 mm hoch. Der Winkel der Vertiefung betrug 70° 32′; die Tiefe 152 mm.

Höhe unter der Wirkung des Spülstromes. Sie wurden in einem Holzkasten mit seitlicher Spiegelglasscheibe und vier kugelgefüllten Betonpyramiden gemacht. Die Kugeln — Körper vom größten Gewicht bei geringster Oberfläche und geringstem Reibungswiderstand — verhinderten in Verbindung mit der Kiesdecke jede Störung des Sandes durch den Spülstrahl und jedes Eindringen von Sand in die Pyramiden beim Filtern.

Ein Nachteil des Systems scheint mir die schwere Zugänglichkeit der im Beton ausgesparten Sammel- und Verteilungsleitungen, die sich höchstens von den Filterseiten aus ermöglichen läßt.

## 8. Druckluftspülung.

Ursprünglich ist die Einleitung von Druckluft, gleichmäßig unter der Filterschicht verteilt, an Stelle von mechanischen Rührwerken zum Lockern der Filterschichten vor dem Waschen benutzt worden.

Für Harrisburg (Fig. 91 bis 93, E. R. 65/221 69/531) wurde 4 Minuten Druckluft im Druckwaschwasser- (und Filtratsammel-) Röhrensystem gegeben, um die inkrustierte Filteroberfläche gründlich aufzubrechen und die Bildung von Schmutzballen und das Absetzen größerer Schollen von Sand und Schmutz beim nachherigen Waschen zu verhüten. Letzteres dauerte dann nur 5 Minuten mit 23 cm/Min. Geschwindigkeit. Man fürchtete wohl auch, daß größere Waschwassergeschwindigkeiten, die seitdem bis auf 80 cm/Min. ohne Nachteil gesteigert sind, die Filterschichtung stören würden. (Der Entwurf für Harrisburg, Pa., ist von 1902.) Tatsächlich mußte die Druckluftspülung für Columbus, Ohio (E. R. 1906 v. 24. Febr., S. 202), aus diesem Grunde aufgegeben werden. Auch hier war für Druckluft und Wasser dasselbe System, und zwar statt Metallröhren das Rillenblocksystem, benutzt worden. Die Abzweigkanäle waren aber nicht mit durchlaufenden gelochten Platten, sondern mit brausenförmigen einzelnen Scheiben (je 48 Löcher von 1,6 mm Durchmesser) von 64 mm Durchmesser in 22 cm Abstand abgedeckt. Die Druckluft warf die 25 cm starke Kiestragschicht zu Haufen auf. Vielleicht hat hierzu der Umstand beigetragen, daß Ausscheidungen von Kalk und Magnesia die Filtersandkörner verkitteten.

Die Lüftung mittels ähnlicher Saugköpfe oder Seiher (33 Löcher von 1,5 mm Durchmesser) unter 0,211 Atm Druck aus einem Metallrohrverteilungsnetz für Montreal (Fig. 88, E. R. 65/260) scheint zu Klagen keinen Anlaß gegeben zu haben. Die Luft wurde $2^{1}/_{2}$ Minuten lang durch ein 30-cm-Stammrohr heran- und für jede Filterhälfte von 32,5 qm durch zwei senkrecht die Filterschicht durchdringende Rohre von 20 cm Durchmesser in das Stammrohr des Druckwasserverteilungsnetzes eingeführt. Das Waschen mit 35 cm/Min. Geschwindigkeit dauerte 3 bis 5 Minuten.

Die Anordnung mit gleichem Rohrnetz für Filtrat, Druckluft und Waschwasser und Saugköpfen geht aus den Beschreibungen für Bangor, Me. (E. R. 63/64) und Trenton (E. R. 69/541) besonders deutlich hervor.

In Bangor (Fig. 102 u. 103) ist ein elliptisches Sammelrohr in die Längsachse des Filters von 7,32 · 5,54 m Grundfläche verlegt. Beiderseits sind Abzweige von 51 mm Durchmesser in Abständen von 155 mm in angegossene Flansche eingebleit. Auf diesen sitzen wieder in Abständen von 135 mm die

Strainer = Seiher oder Saugköpfe, welche allein aus der Betonoberfläche der
Filtersohle emporragen und in den Querschnitt der 5-cm-Abzweige ein-
tauchen. Sie bestehen aus senkrecht eingeschraubten Röhrchen von 9,5 mm
lichtem Durchmesser, welche oben eine Brause mit 33 Löchern von 1,6 mm
Durchmesser tragen. Die Druckluft kann infolge des Wasserverschlusses nicht
von unten in die Seiherröhrchen von 9,5 mm Durchmesser eintreten, sondern

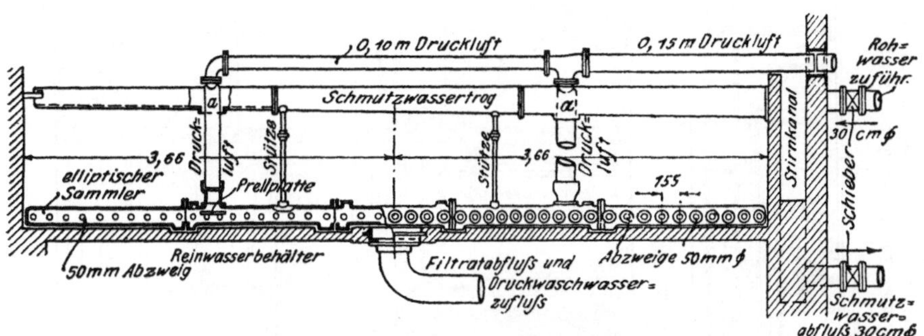


Fig. 102. Bangor, Me. Schnellfilter. Längsschnitt. Die Druckluftleitung durchdringt bei a den Schmutz-
wassertrog in einem linsenförmigen Querschnitt. (E. R. 63/65.)

nur durch ein seitlich dicht unter innerer Oberkante-Abzweigrohr eingebohrtes
Loch von nur 2,4 mm Durchmesser. Dem Wasser stehen beide Wege offen.
Wasser wird in der Mitte des Stammrohres gegen eine Widerstandshöhe von
11,0 m durch eine Zentrifugalpumpe, Luft unter 0,28 Atm durch ein Rootgebläse von oben mittels Abzweig von
15 cm, bestehend in zwei senkrechten
Rohren linsenförmigen Querschnitts,
welche die Waschwasserträge und
Filterschichten durchdringen, eingepreßt. Unter den Mündungsstel-
len sind in dem elliptischen Stammrohr Prellplatten angebracht. Die
Lüftung dauert 2 bis 3 Minuten.

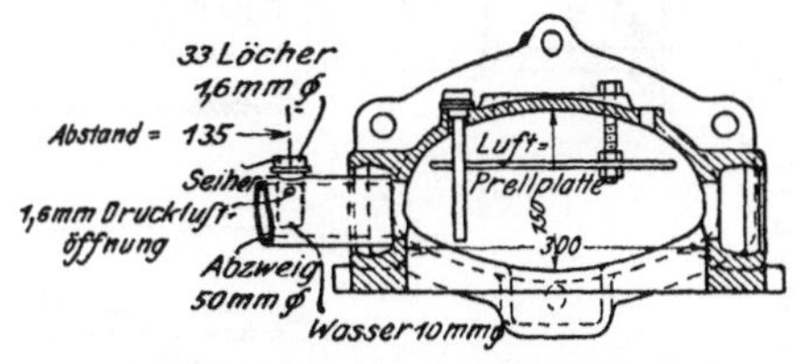


Fig. 103. Bangor, Me. Schnellfilter. Querschnitt des
elliptischen Filtratsammel- und Druckwaschwasser-
Verteilungsstammrohrs mit Prellplatte für den Lufteintritt und eingebleiten Abzweigrohren mit Seihern.
(E. R. 63/65.)

In Trenton (E. R. 69/541,
Fig. 77 bis 78a) findet sich eine
ähnliche Anordnung für ein zweiteiliges Filter von 2·4,16·7,3 m nutz-
barer Fläche. Statt durch Brausen sind die Ausströmungsöffnungen durch
Platten geschlossen, welche einen ringförmigen Zwischenraum frei lassen.
Die Waschwassergeschwindigkeit beträgt 48 m/Min., die Druckluftpressung
0,28 Atm.

Zu erwähnen ist noch das Vorfilter für die Philadelphia-Langsam-
filter, welches auch durch dasselbe System mit Druckluft und Waschwasser
versorgt wird (E. R. 1908 v. 15. Nov., S. 536 und E. R. 69/534).

Ebenso wurde dasselbe Rohrnetz (*Jewell*-Anordnung) in Clarksburg
für 21 qm Filterfläche für Drucklufteinpressung unter 0,155 Atm Druck

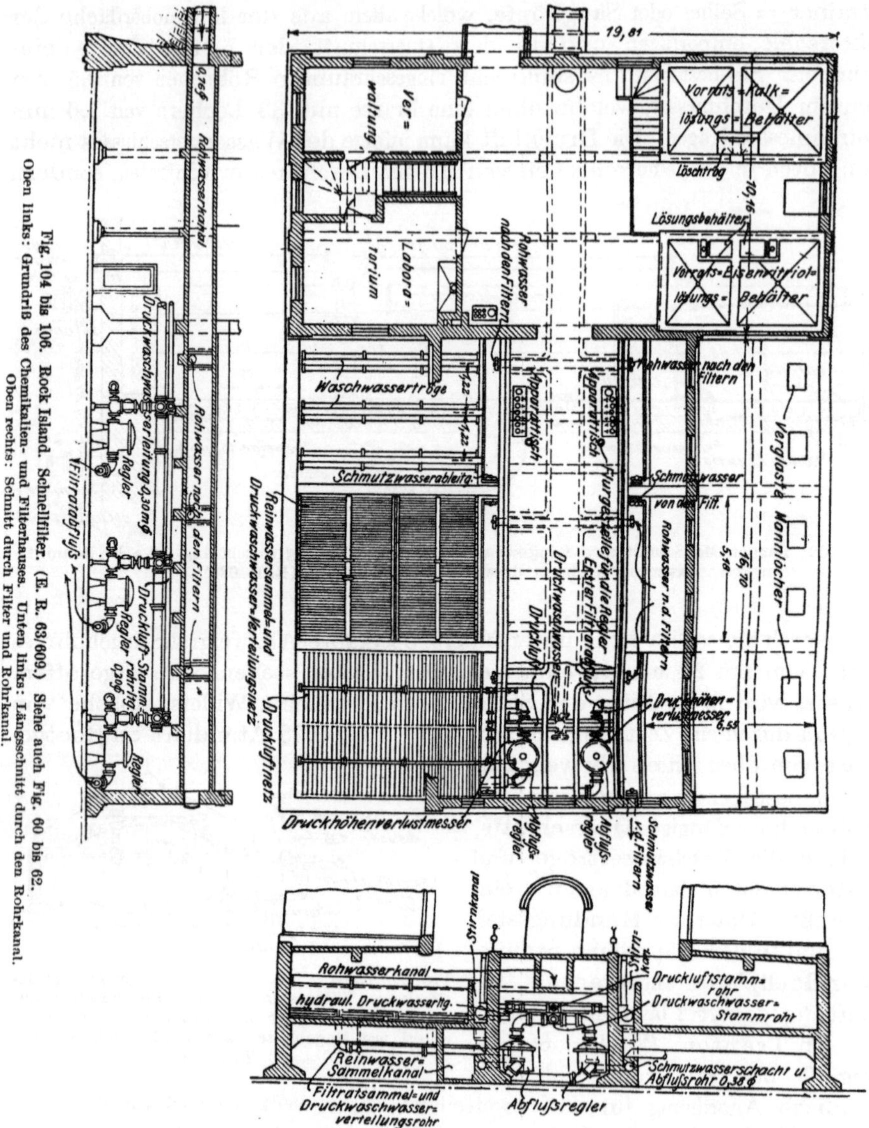





3 Minuten lang und darauf für Wasserspülung unter 0,46 Atm Druck
(Geschwindigkeit 33 cm/Min.) 5 Minuten lang ohne Nachteil benutzt.
(E. R. 68/7.)

Getrennte Netze für Druckluft und Wasser werden übereinander, die ersteren zwischen Trag- und Filterschicht, verlegt, so daß die Luft die Tragschicht unberührt läßt und nur die Filtersandschicht durchdringt. Eine Störung des Filterns und Waschens scheint dieses doppelte Rohrnetz nicht mit sich zu bringen.

In Rock Island (E. R. 63/609, Fig. 60 bis 62 u. 104 bis 106) kreuzen sich die beiden Systeme rechtwinklig. Das Druckluftsystem besteht aus zwei Stammrohren von 10 cm Durchmesser mit beiderseitigen Abzweigen aus Bronzerohren von 13 mm Außendurchmesser und unter 45° geneigten Öffnungen von 1,6 mm Durchmesser in 15 cm Abstand. Durch einen Wasserverschluß ist dafür gesorgt, daß das Waschwasser nicht in den Kompressor gelangt und jede Saugwirkung der Luftrohre ausgeschlossen wird. Der Lufteintritt erfolgt von der Stirnseite der Filter im Rohrkanal. Die Filterfläche umfaßt $6{,}55 \cdot 5{,}18 \cong 34$ qm.

Der Wasserspiegel im Filter wird gesenkt und Druckluft unter 0,16 Atm 3 Minuten lang gegeben. Gleichzeitig mit dem Absperren der Druckluft wird Wasser in das Druckluftnetz gegeben, um das Eindringen von Sandkörnern zu verhindern. Dann wird etwa 4 Minuten Spülwasser eingelassen, bis es klar abfließt.

In Flint (E. R. 70/272) besteht das Druckluftnetz über einem gußeisernen Waschwassernetz aus drei Bronzestammrohren mit Bronzeabzweigen wie in Rock Island und wird durch ein Rootgebläse mit 0,28 bis 0,42 Atm gespeist. Filterfläche $4{,}88 \cdot 6{,}85$ m.

In Clinton (E. R. 70/162) ist das Druckluftstammrohrnetz aus Bronze an den drei Filterseiten entlang geführt und die beiden Gabeln durch Bronzerohre von 13 mm Außendurchmesser und 15 cm Abstand wie eine Harfe verbunden. 1,6-mm-Löcher, unter 45° beiderseitig nach unten gerichtet, sind hier sowohl in die Stamm- als auch in die Zweigleitungen gebohrt.

In Niagarafalls liegt das bronzene, von oben gespeiste Druckluftnetz (drei Stammrohre von 5 cm Durchmesser mit beiderseitigen Abzweigen) 23 cm über dem gußeisernen Verteilungsnetz und gleichlaufend demselben. Die Filterfläche $4{,}72 \cdot 7{,}62$ m

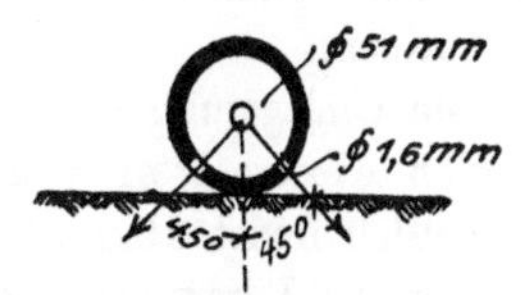


Fig. 107. Clinton. Bohrung des Abzweigs des Filtratsammel- und Druckwaschwasser-Verteilungsnetzes.

wird gleichzeitig durch Druckluft von 0,352 Atm und Waschwasser aus Gebläse und Pumpen 7 Minuten lang aufgewirbelt. Die Abzweige der Druckluftleitung sind beiderseits mit seitlichen Schlitzen an der Unterseite versehen. (Fig. 123 bis 126.)

Der Luftdruck braucht, wenn nicht etwa wie in Niagarafalls gleichzeitig auch Wasser gegeben wird, nur den darüber liegenden Filterwasserdruck zu überwinden, der meist auch noch durch vorheriges Absenken des Filterspiegels vermindert wird. Sobald die Luft das Rohrnetz verlassen hat, steigt sie von selbst in die Höhe.

## 9. Die Wirkung der Waschung und die Anordnung der Trag- und Filterschichten.

Die Verwendung von Druckluft scheint hauptsächlich für metallische Verteilungsnetze des Druckwassers erforderlich, die keine großen Geschwindigkeiten des Waschwassers vertragen. Sie gewährt eine Ersparnis an Waschwasser und verbessert den Geschmack. Der letztere Zweck kann außerhalb des Filters, wie in Panama (E. N. 70/654, Fig. 151), durch Lüftung im Mischbecken oder durch besondere Lüftungseinrichtungen (Charleroi, Fig. 64, Kensiko, Fig. 43 bis 45b, Norristown, Fig. 46 bis 49, Urbana, Fig. 113) erreicht werden.

Die zulässigen hohen Geschwindigkeiten des Waschwassers im Rillenblocksystem bis 80 cm/Min.[1] machen die Lüftung für die Reinigung des Filtersandes überflüssig.

Die um das verdrängte Wasser an Gewicht erleichterten Filtersandkörner geraten bei allen Systemen unter dem aufsteigenden Wasser- bzw. Luftstrom auf ihre ganze Tiefe von 61 bis 76 cm in einen Zustand der Lockerung und tanzenden Bewegung. Die Lockerung erreicht meist einen solchen Grad, daß sich die Filterfläche um 20 bis 40 cm hebt und man mit einem Stock die Tragschicht von oben berühren kann.

Man kann sich leicht vorstellen, wie durch das gegenseitige Abscheuern der Sandkörner und die Spülwirkung die Schmutzteilchen nach oben geführt werden.

Das Waschen der Filter stellt ferner beinahe denselben Vorgang dar wie die Sortierung der Roherze und Kohlen nach Schwere und Korngröße unter Hinwegführung des tauben Gesteins in den Setzmaschinen der Aufbereitungen.

Die Umlagerung der Sandkörner im Filter nach der Feinheit des Kornes ist nach wiederholten Versuchen eine außerordentlich gleichmäßige. Durch das Spülen findet also gleichzeitig auch eine für das Filtern günstige Neuordnung der Filterschichten von unten nach oben abnehmend statt.

Die Tragschicht bleibt vom Spülstrom beinahe unberührt. Sie hat die Aufgabe, das Eindringen des Sandes in das Sammelnetz zu verhindern und umgekehrt das Spülwasser durch ihre Poren gleichmäßig zu verteilen. Auch für sie ist die Spülwassergeschwindigkeit ausschlaggebend. Die Tragschicht muß das Sammel- und Verteilungsnetz vollständig überdecken und um so stärker und in der Sohle um so grobkörniger sein, je größer die Waschwassergeschwindigkeit. Erfahrungsgemäß schwankt die Gesamtstärke der Tragschicht von 15 bis 46 cm und die Korngröße von unten nach oben abnehmend von 76 bis 15 mm Durchmesser.

Es ist zuzugeben, daß beim Filtern wohl die Korngröße die ausschlag-

---

[1] Des Moinesflusses für Ottumwa (E. R. 65/494). Die Waschwassergeschwindigkeit ist wahrscheinlich nicht, wie angegeben, 4,0, sondern 0,4 m/Min., Druckluft 0,281 Atm durch dasselbe Metallröhrensystem mit mittlerem Sammler und Strainern auf den beiderseitigen Abzweigen. 23 cm Tragschicht ∾ 32,5 qm Filterfläche.

gebende Rolle spielt. Meines Erachtens müßte aber auch die Form, die Oberflächengestaltung, die Porosität, das Raumgewicht und die Zusammensetzung des Filtermaterials Beachtung finden.

Zum Beispiel ist nach Angaben des E. R. 63/111 der Wassergehalt verschiedener Sande, also die Hohlräume desselben, zwischen 37 und 60 Proz. ermittelt.

Dies kann doch auch in der Form der Sandkörner, der mehr oder weniger sperrigen Lagerung seinen Grund haben und muß einen wesentlichen Einfluß auf das Filtern und Waschen ausüben.

Zur Charakterisierung eines Sandes in bezug auf die Korngröße hat man in Lawrence ein Verfahren festgestellt, auf Grund dessen man für die amerikanischen Filter die wirksame Korngröße, die mittlere Korngröße und den Gleichmäßigkeitsgrad eines Sandes angibt. (Siehe *Dunbar*, 2. Aufl., Verlag Oldenbourg, 1912, S. 327; *Lueger* II, S 19.)

Unter wirksamer Korngröße versteht man diejenige, welche, wenn sie allein vorhanden wäre, die gleiche Durchlässigkeit besitzt wie das zu prüfende Material ungleichmäßiger Korngröße. Diejenige Siebweite, welche 10 Proz. des letzteren durchläßt, entspricht erfahrungsgemäß der wirksamen Korngröße. Der mittleren Korngröße entspricht diejenige Siebweite, welche 60 Proz. des zu prüfenden Materials durchläßt. Dividiert man die mittlere durch die wirksame Korngröße (Siebweite), so erhält man den Gleichmäßigkeitsgrad.

Um die wirksame und mittlere Korngröße festzustellen, benutzt man einen Satz

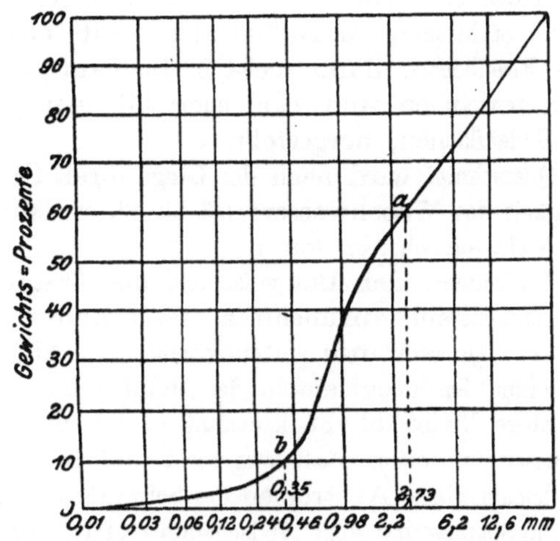


Fig. 108. Lawrence. Korngrößenbestimmung für Filter 6 ist:

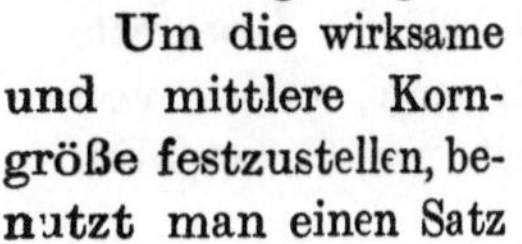

| Durchmesser in mm feiner als ....... | 12,6 | 6,2 | 2,2 | 0,98 | 0,46 | 0,24 | 0,12 | 0,06 | 0,03 | 0,01 |
|---|---|---|---|---|---|---|---|---|---|---|
| Die Raummenge enthält davon in Proz. ... | 83 | 73 | 57 | 32 | 13 | 7 | 4 | 2 | 0,5 | 0 |

Die Zahlen stellen die Korngrößen in mm dar. Die in der Zeichnung aufgetragenen Abstände der X-Achse sind = den Logarithmen dieser Zahlen. Die wirksame Korngröße ist nach der Abbildung 0,35, die mittlere 2,73, der Gleichmäßigkeitsgrad = $\frac{2,73}{0,35}$ = 7,7 .

Siebe (in der Figur Maschenweiten von 0,03 bis 12,6 mm) und stellt, vom feinsten anfangend, für jedes den Gewichtsprozentsatz der durchfallenden Menge Probesandes in bezug auf die Gesamtmenge von 100 g fest. Man trägt die Prozentsätze der durchgefallenen Mengen als Ordinaten zu den Maschenweiten als Abszissen (in der Fig. 108 die Logarithmen der Maschenweiten) ab.

Die Punkte, wo die entstandene Kurve die 60- und die 10-Proz.-Linie schneidet, auf die Abszissenachse herabgelotet, ergeben die mittlere und wirksame Korngröße; z. B. E. N.· 72/24: *Wheeler*-Filter.

| Sandprobe | Wirksame Korngröße 10 Proz. feiner als: | Mittlere Korngröße 60 Proz. feiner als: | Gleichmäßigkeitsgrad |
|---|---|---|---|
| I | 0,49 | 0,94 | 1,92 |
| II | 0,33 | 0,47 | 1,42 |
| III | 0,53 | 0,79 | 1,49 |
| IV | 0,40 | 0,60 | 1,50 |
| V | 0,26 | 0,44 | 1,69 |

Während die mittlere Korngröße für Langsamfilter etwa 1 mm beträgt, sind die mittleren Korngrößen für Schnellfilter viel feiner (0,33 bis 0,44 mm), der Gleichmäßigkeitsgrad schwankt zwischen 1,3 und 1,65.

## 10. Die Waschwassertröge.

Die Tröge zur Aufnahme des schmutzigen Spülwassers werden aus Eisen oder Stahlblech in Halbkreisform mit etwas überhöhten Rändern oder aus Eisenbeton, dann meist in Diamantquerschnitt, d. h. mit senkrechten Seitenwänden und zwei unter 45° geneigten und zur Rinne vereinigten Bodenflächen, hergestellt.

Ihr Querschnitt wird nach der Länge ihrer Überfallkanten und der Geschwindigkeit des Waschwassers (23 bis 80 cm/Min.) so berechnet, daß er dasselbe leicht aufnehmen kann.

Die Einfachheit der Bauweise und die Tragfähigkeit führt dazu, den Querschnitt konstant anzunehmen. Doch findet man auch vielfach eine Zunahme des Querschnitts entsprechend der Abflußmenge durch allmähliche Zunahme der Trogtiefe in der Abflußrichtung, also ein Sohlengefälle.

Die obere Breite bleibt konstant = 25 bis 50 cm. Die Kanten der Tröge müssen auf jeden Fall wagerecht und in ganz gleicher Höhe liegen, um ein gleichmäßiges Abströmen des Schmutzwassers sicherzustellen.

Wo die Spannweite eine Zwischenunterstützung der Tröge durch Hängestangen verlangt, werden Spannschlösser eingeschaltet, um die Höhenlage regulieren zu können (auch für Betontröge). Stützen auf der Filtersohle sind schon deswegen weniger zu empfehlen, weil sie die Filterschichten stören.

Für Columbus, Indiana (E. R. 67/262, Fig. 82 bis 84), sind die Kanten der Betontröge je mit vier ausgeklinkten rechteckigen Überfällen versehen, so daß kleine Höhenunterschiede sich ausgleichen. Sobald die Überfälle gestrichen voll laufen, zeigen sie an, daß die Spülwassermenge, welche von Hand reguliert wird, die beabsichtigte Geschwindigkeit von 61 cm/Min. erreicht hat.

Die Überfallkanten der Betontröge werden wohl auch als eiserne Schneiden ausgebildet.

Die Länge der Tröge (bis 9,25 m) und die Lage, ob quer oder längs zur Filterseite, ist nur für die Unterstützung von Wichtigkeit. Dagegen darf der Achsabstand 1,8 bis 2,5 m nicht überschreiten, damit der wagerechte

Weg des Schmutzwassers im Verhältnis zum senkrechten und das beherrschte Feld nicht zu groß wird.

In Niagarafalls (E. R. 65/601, Fig. 123 bis 126) ist man von einer gleichmäßigen Teilung abgewichen. Die Mittelrinne besteht dort aus einem 15 cm weit oben geschlitzten Rohr, welches je durch drei Rohre von 30 cm Durchmesser mit den beiden 36 cm breiten gußeisernen Seitentrögen dicht an der Filterkastenwand verbunden ist. Aus diesen findet eine unmittelbare Ableitung des Schmutzwassers durch die Filterstirnwand in den Sumpf des Rohrkanals statt. Ähnlich Evansville (E. R. 65/510, Fig. 90). Ein mittleres geschlitztes Rohr von 30 cm $\varnothing$ ist mit zwei gußeisernen kastenförmigen Trögen von 36 cm Quadratseite, welche auf den Scheidewänden der Filter ruhen, durch je drei geschlossene 20-cm-Rohre verbunden. Das System steht durch 25-cm-Rohre in offener Verbindung mit der 41-cm-Schmutzwassersammelleitung.

Die übliche Anordnung für größere Filter ist derart, daß durch zwei niedrige dünne Betonwände in der Längsachse des Filterkastens senkrecht zur Rohrgalerie ein Mittelkanal von 0,60 bis 0,76 m Lichtweite gebildet wird. In diesen münden, in gleichen Abständen, von beiden Seiten die Spültröge der beiden Filterhälften. Sie finden dabei ihr Auflager einerseits in der Filterkasten-, andererseits auf der Mittelkanalwand, diese verankernd. Ihre freitragende Länge ist in dieser Anordnung nur 4 bis 5 m, da die Filterhälfte mit Rücksicht auf die Beherrschung durch die beiderseitigen Abzweige der Sammel- und Waschwasserleitung diese Breite nicht überschreiten darf. (Vgl. St. Louis, Minneapolis, Montreal, Trenton, Baltimore, Cleveland, Evanston u. a.)

Der Mittelkanal dient gleichzeitig in umgekehrter Richtung in Verbindung mit den Trögen als Rohwasserzuführung zur Filteroberfläche. Es entsteht durch den Mittelkanal eine kleine Schwierigkeit in der Rohranordnung, da Rohwasser, Waschwasser, Filtrat und Schmutzwasser, allerdings in verschiedenen Höhenlagen, alle in der Mittellängsachse des Filters, da, wo die Mittelkanalwände an die Filterstirn- zugleich Rohrkanalwand stoßen, zu- und abgeführt werden müssen.

Man hat sich die Lösung dieser Aufgabe dadurch erleichtert, daß man das Schmutzwasser durch eine Bodenöffnung aus dem Mittelkanal abführt. (St. Louis, Fig. 139 bis 141, Baltimore, Fig. 146, Montreal, Fig. 88.)

In Trenton (E. R. 69/541, Fig. 77 u. 78), Grand Forks (E. R. 63/693), und Ottumwa (E. R. 65/495) tritt das Rohwasser aus der Sammelrinne des Niederschlagbeckens von der dem Rohrkanal entgegengesetzten Seite in das Filter ein.

Eine sehr gebräuchliche Anordnung für kleinere Filter mit ungeteilter Fläche ist die eines Stirnkanals gleichlaufend der Rohrkanalwand. Die Einführung des Rohwassers und die Abführung des Schmutzwassers kann dann an beliebiger Stelle der Filterbreite erfolgen. (Alliance, E. N. 73/812, Ottumwa, Bangor, Rock Island, Flint, Clinton, Fort Smith, Kansas City, Kans., und viele andere.)

Für Cumberland (E. R. 66/284, Fig. 85 u. 86) ersetzt der Spültrog in Filtermitte den Mittelkanal in bezug auf Rohwasseraufgabe und Schmutzwasserabführung.

In Niagarafalls fließt das Rohwasser ohne Benutzung der Tröge durch ein Gefluter unmittelbar auf die Filteroberfläche, und ebenso wird das Schmutzwasser aus den Trögen ohne Sammelkanal abgeführt. (Fig. 123 bis 126.)

Die Höhe der Trogoberkante über Filtersandoberfläche beträgt etwa 30 bis 76 cm (76 cm Rock Island, Kanṣas City). Je höher sie liegt, je geringer ist die Gefahr, daß der 20 bis 40 cm hoch aufwirbelnde Sand mit hinweggespült wird, je höher aber auch die Auflagerkonstruktions- und Widerstandshöhe. Dicht über der Sandoberfläche liegende Tröge hat man mit Sandfängen versehen: in Scharnieren oder Haken angehängten, beider-

Fig. 109. Flint. Mich. Aufgehängte Schmutzwassertröge der Filterkammern mit Sandfängern (seitlichen Abweisbrettern). (E. R. 70/272.)

seits abfallenden Brettern oder Blechtafeln (zu entlüften!). Es scheint aber, als ob die Diamantform genügte, um den emporsteigenden Sand vom Überfallrand abzuweisen.

Die Tröge können beim Filterbetrieb ohne Bedenken beliebig hoch überstaut werden, wenn ein Abflußverschluß vorhanden ist.

Der Waschwasserverbrauch der Schnellfilter beträgt zwischen 2 und 10 Proz. der Filtratmenge. Er hängt vom Schlammgehalt des Rohwassers und der Häufigkeit der Spülung — bis zweimal täglich — ab. Die Sandverluste sind in jahrelangem Betrieb nur wenige Millimeter, wenn nicht Brüche und Undichtigkeiten im Sammelnetz entstehen.

Auch kann es vorkommen, daß durch im Rohwasser enthaltene Stoffe, Algen, Ungeziefer, Frösche, oder durch die Chemikalienzusätze (Kalk, Eisenvitriol) oder die Zusammensetzung der Sandkörner Verstopfung, Undichtigkeit oder ein Zusammenbacken und Verkitten der Filterkörner eintritt, welches Sandverluste nach sich zieht und Abkratzen oder Ausräumen der Filtermaterialien erforderlich macht.

# 11. Das Ransome-Triebsandversuchsfilter für Toronto.
## (E. R. 73/680.)

Die Stadt Toronto hat auf Grund 36tägiger Versuche der Reinigung von häufig schlammigem und verseuchtem Ontario-Seewasser in einer Triebsand-Schnellfilteranlage von 2271 cbm/Tag einen Vertrag über eine endgültige Anlage von 272000 cbm/Tag in Ergänzung ihrer Langsamfilter 145000 cbm/Tag abgeschlossen.

Das Versuchsfilter arbeitete mit einem größtenteils Kalkstein enthaltenden Filtersand von 0,4 mm wirksamer Korngröße und einem Gleichmäßigkeitsgrad von 2,7. Derselbe ist in einem zylindrischen Betonbehälter von 4,11 m Durchmesser (13,3 qm lichter Grundfläche) mit flach kegelförmiger Oberfläche aufgeschichtet.

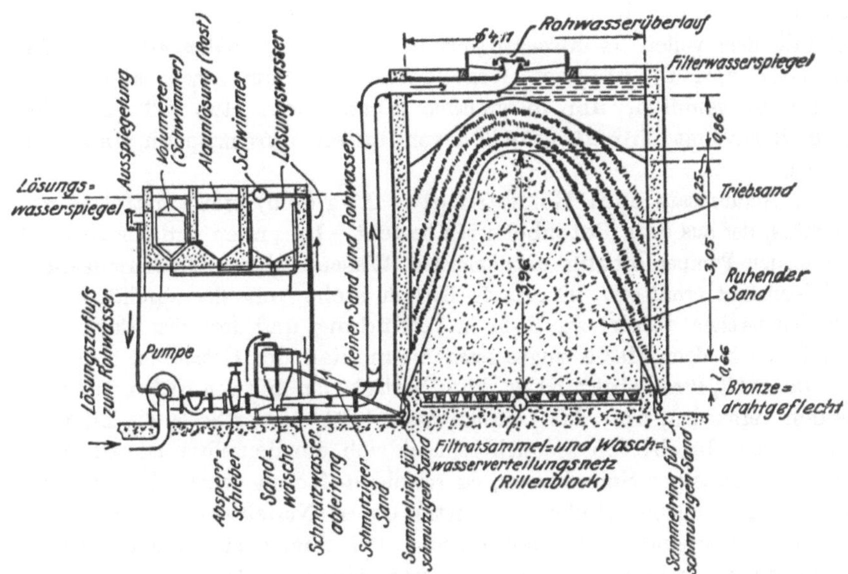


Fig. 110. Toronto. Versuchsanlage des Triebsandfilters. (E. N. 73/630.)

Bis zu einem steileren Kegel von etwa 28,4 qm Oberfläche, 3,96 m größter und 0,66 m Randhöhe ist eine Oberflächenschicht von 0,86 m Tiefe in der Spitze und 3,05 m Tiefe am Behälterrand in beständiger Bewegung. Sie wird durch das über der Kegelmitte aus einem Standrohr überströmende Rohwasser nach dem Behält.rrand gerissen und strömt 0,86 m über dem Reinwassersammelnetz durch trichterförmige Ausläufe in eine den Filterbehälter ringförmig umgebende Sammelleitung. Die Ausläufe sind zur Beobachtung teilweise aus Glas und mit Regulierungshähnen versehen.

Der mit Rohwasser vermischte schmutzige Sand wird dann weiterhin durch ein Rohr in ein Gefäß geführt, welches wie eine Schmierölbüchse auf einer venturiähnlichen Verengung der Rohwasserzuleitung sitzt. Das durch eine Pumpe zugeführte Rohwasser äußert daher eine Saugwirkung, welche in Verbindung mit dem Überdruck im Filterbehälter die Bewegung des schmutzigen Sandes in demselben und das Abströmen nach dem Reiniger (der „Schmierölbüchse") in Gang erhält.

Die Saugwirkung des Venturirohres wird noch dadurch erhöht, daß in die kegelförmige Sohle des Reinigers ejektorähnlich ein Abzweig des Druckrohwassers eingeführt ist, welches den sich absetzenden gereinigten Sand in die Rohwasserleitung führt, in deren Strömung und in Vollendung des Kreislaufes er wieder in die Ausströmungsöffnung des Filterbehälters gelangt. Mit anderen Worten: es fließt der hauptsächlich verunreinigte Teil der Filtersandoberfläche mit einem Teil des Rohwassers fortwährend durch die am Rande des Filterbehälters verteilten Abzugsöffnungen nach dem Reiniger ab. Im oberen Teile des letzteren wird das trübe Wasser, durch eingesetzte Glasscheiben sichtbar, in dem erforderlichen Maße abgezogen. Der Sand gelangt mit dem vollen Rohwasserstrom in den Filterbehälter zurück. Das Reinwasser wird in üblicher Weise durch ein Sammelnetz abgezogen. Vorsorge ist getroffen, um in größeren Zeiträumen, etwa 8 Tagen, den ganzen Sandvorrat einmal gründlich von unten durchzuspülen und umzulagern.

Der Alaunzusatz zum Rohwasser (etwa 15 g/cbm) erfolgt mittels eines Apparates, der aus drei Betonbottichen besteht. Im ersten wird der Spiegel des aus der Pumpenleitung entnommenen Wassers durch ein Schwimmerventil konstant erhalten. Der erste Bottich steht mit der kegelförmigen Sohle des zweiten durch ein Rohr in Verbindung und löst den dort auf einem Siebe in dem Maße zugesetzten Alaun, daß der Gehalt der Lösung nicht unter $1^1/_2$ Proz. sinkt. Der dritte Bottich ist mit den beiden vorhergehenden verbunden, und das Leitungswasser tritt an der Sohle, die Lösung von oben ein. Im dritten Bottich befindet sich ein denselben nahezu ausfüllender zylindrischer Schwimmer, der sowohl auf dem oberen als auf dem unteren kegelförmigen Boden die Spitze eines Nadelventils trägt. Der Schwimmer ist so eingestellt, daß er gerade bei einer Lösung von $1^1/_2$ Proz. beide Öffnungen freimacht. Sinkt das spez. Gewicht der Alaunlösung, so sinkt der Schwimmer, es fließt von oben stärkere Lösung zu und der Wasserzufluß wird abgesperrt, und umgekehrt. Dadurch wird auch die Mischung in Umlauf erhalten. Die unter konstantem Druck ausfließende $1^1/_2$ proz. Lösung wird, ehe sie in die Rohwasserkreiselpumpe eintritt, noch weiter verdünnt auf $1/_2$ Proz.

Die Bakterienzahl des Rohwassers von 100 bis 21 000 wurde durch dieses Verfahren meist weit unter 100 herabgedrückt, und zugesetzte Colibakterien von 240 bis 600 f. d. ccm verschwanden gänzlich. Eine künstlich durch Tonbrühe herbeigeführte Trübung nahm von 375 bis 650 g/cbm auf 0 ab. Der Waschwasserverbrauch betrug einschließlich der Rückspülungen 3 Proz. des gefilterten Wassers. Der Druckhöhenverlust war bei reinem Filter 2,13 m, unmittelbar vor der Waschung das Doppelte.

## 12. Die Regulierung der Filtergeschwindigkeit.

Die Schichthöhe eines amerikanischen Filters umfaßt 76 cm eines Sandes von 0,33 bis 0,44 mm mittlerer Korngröße von einem Gleichmäßigkeitsgrad 1,3 bis 1,8 und beträgt einschließlich Tragschicht rund 1,0 m.

Die äußerste Filtergeschwindigkeit ist etwa 140 m/Tag oder rund 10 cm/Min., der kürzeste Aufenthalt des Wassers im Filter ist daher 10 Minuten.

Diese Zeit scheint notwendig zu sein, um dem reinen oder gewaschenen Filter Gelegenheit zu geben, seine absorbierende Wirkung auf die Verunreinigungen des durchströmenden Wassers in hinreichendem Maße zu äußern. Sie scheint aber auch, trotzdem die reinigende Wirkung des Filters im Verlaufe der Filterung sich erheblich steigert, die äußerste Grenze der „Filtergeschwindigkeit", denn das Bestreben aller amerikanischen Einrichtungen ist, die Abflußmenge konstant zu erhalten. Dies erklärt sich folgendermaßen:

Die wirksamste Schicht ist von vornherein die der obersten feinsten Sandkörner, eine Anordnung, welche durch die Art der Waschung — Spülung von unten — und der Verschmutzung von oben nach unten fortschreitend nicht nur erhalten, sondern befördert wird. Es nimmt also zwar die Wirkung des Filters durch die Verengung der Poren und die Tiefe der filternden Schicht schnell zu, aber auch die Einzelgeschwindigkeiten erreichen unzulässige Werte. Das Verhältnis der Einzelgeschwindigkeiten in den oberen, immer mehr verengten Poren zu demjenigen in den sich gleichbleibenden unteren Sandzwischenräumen wird ungünstig: Saugwirkung.

Jedenfalls nimmt der durchlässige Querschnitt ab, die Filterwiderstände wachsen, und die Erfahrung hat gelehrt, daß ein der Menge nach gleichmäßiger Filterabfluß eine gute Beschaffenheit des Wassers gewährleistet, verhältnismäßig leicht zu erreichen und zu überwachen ist.

Diese Aufgabe ist nicht dadurch zu lösen, daß man für eine konstante Aufgabe von Rohwasser sorgt und dasselbe unterhalb des Filters frei abfließen läßt. Man hätte zwar die Menge des Abflusses, nicht aber die Höhe des Filterspiegels und Wasserpolsters für den Rohwassereinlauf und die Zeit des Aufenthalts im Filter in der Hand.

Daraus ergibt sich die Notwendigkeit, auch den Abfluß zu regulieren, damit das Wasser nicht schneller weg- als zuläuft, das Wasserpolster wegfällt, die Geschwindigkeit im Filter nicht auch der Grundfläche nach zu groß und ungleichmäßig wird.

Praktisch haben sich drei Verfahren herausgebildet, um das Gleichgewicht des Zu- und Abflusses bei vorgeschriebener Filtergeschwindigkeit, also gleiche Zu- und Abflußmenge in der Zeiteinheit zu sichern.

1. Das gebräuchlichste ist die Erhaltung einer konstanten Spiegelhöhe über Sandoberfläche durch Drosselklappenregulierung, Rücküberfall od. dgl. Bei dem gegebenen Gesamtbruttogefälle $H$ (vgl. Fig. 111) wird die Absperrvorrichtung des Ablaufs mit Hilfe eines kalibrierten Schiebers oder anderer später beschriebener Meß- und Regulierungsvorrichtungen auf die

gewünschte Abflußmenge eingestellt und erhält nun rückwirkend durch eine
schwimmerbetätigte Drosselung des Zulaufs beim Steigen des Filterspiegels
auch diesen konstant.

Es bildet sich eine Abflußdruckhöhe $h$ heraus gleich der Gesamtfilter-
druckhöhe $H$ weniger der Widerstandshöhe des Filters $W$. Dieselbe hat
ihren größten Wert bei reinem Filter im Anfang der Betriebsperiode. Die
Abflußdruckhöhe vermindert sich mit wachsender Widerstandshöhe. Ab-
und Zuflußmenge — die „Filtergeschwindigkeiten" — können nur dadurch
konstant erhalten werden, daß das abnehmende Gefälle durch vermehrten
Abflußquerschnitt ersetzt wird. Die Einstellung desselben erfolgt gewöhnlich durch eine selbsttätige mit dem Wassermesser verbundene Vorrichtung,
seltener von Hand.

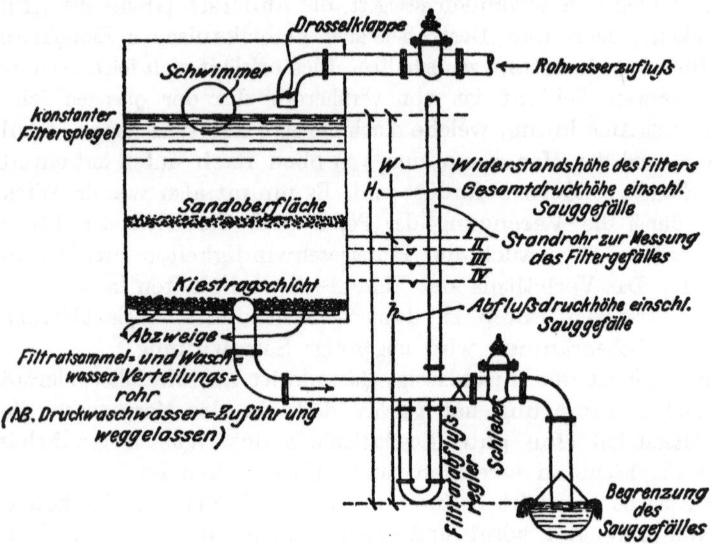


Fig. 111. Schematische Darstellung des Filtergefälles.

Die Filterperiode wird einerseits durch die abnehmende Abflußdruckhöhe,
andererseits durch die größte Öffnungsweite des Absperrschiebers begrenzt.
Ist die konstante Abflußmenge mit Hilfe dieser beiden Faktoren nicht mehr
zu erzielen, so muß das Filter gewaschen werden.

Eine tiefe Lage des Absperrschiebers erhöht die Betriebsdauer. Über
3,5 bis 4,0 m Gesamtbrutto-Filterdruckhöhe $H$ hinauszugehen, ist aber mit
Rücksicht auf die eintretende Verstopfung zwecklos und mit Rücksicht auf
die Konstruktionshöhe und den Gefällverlust unvorteilhaft. Man begnügt
sich mit einer geringeren Ablaufdruckhöhe $h$ und nimmt eine kürzere Betriebsdauer und öftere Waschung des Filters in den Kauf.

Auf das Sauggefälle hinter dem Absperrschieber kann meines Erachtens
nur bei voller Öffnung des Abflußrohrquerschnitts und Ausfüllung desselben
mit Wasser gerechnet werden.

Selbst wo dies beabsichtigt ist und der Abfluß unmittelbar in den Reinwasserbehälter erfolgt, wird meist die Bruttohöhe $H$ durch ein bis zu bestimmter Höhe nach oben gekrümmtes Ausflußrohr oder ein an das senkrechte Rohr angehängtes Tauch- und Überfallgefäß beschränkt (Alliance, Ohio, Fig. 80, Niagarafalls, Fig. 125, Montreal, Fig. 88, Bangor, Fig. 102).

Steigt umgekehrt der Reinwasserspiegel über diese Austrittshöhe hinaus, so wird zwar die Brutto- und Abflußdruckhöhe noch mehr vermindert. Diese Ermäßigung der Filtergeschwindigkeit ist aber ohne Nachteil oder wird sogar künstlich herbeigeführt, da in diesem Falle der Reinwasserbedarf gedeckt ist.

Die Regulierungs- und Meßeinrichtungen arbeiten meist vom wechselnden Gegendruck des Reinwasserspiegels unabhängig.

Wenn man unter Druckgefälle die über der filtrierenden Schicht befindliche Wasserstandshöhe versteht, so ziehen mit wenigen Ausnahmen die Schnellfilter im Gegensatz zu den Langsamfiltern das Sauggefälle zur Mitwirkung heran.

Der Controller = Meß- und Regulierungsapparat steht in der Regel 1,5 bis 3,0 m unter Filterspiegel.

Es kann sich daher nur auf Langsamfilter beziehen, wenn im E. R. 68/287 angeführt wird, daß *Allen Hazen* in seinem Buch „Filtration of Public Water Supplies" sagt: „Es ist gebräuchlich, eine Wassertiefe über dem Filter zu halten, welche die größte Widerstandshöhe ($W$ in Fig. 111) übertrifft, so daß niemals eine Saugwirkung dicht unterhalb der Schmutzdecke eintreten kann."

Die *New York Continental Filtration Jewell Company* hatte auf die bekannte Vakuumbildung ein Patent genommen mit dem Anspruch, daß durch dieselbe eine tiefere Verschmutzung der Filterschichten und dadurch eine vollkommenere Ausnutzung und längere Betriebsdauer des Filters herbeigeführt werde[1]. Der Anspruch des Erfinders wurde in der ersten Instanz gegen das Wasserwerk der Stadt Harrisburg und damit gegen viele andere Wasserwerke anerkannt (New Orleans, Columbus, Louisville). Harrisburg wies indessen durch sechsmonatige Versuche nach, daß in seinen Filtern in 191 von 256 Betriebsperioden überhaupt kein Vakuum auftrat. In den übrigen 65 Fällen trat es, wie zu erwarten, erst gegen Ende der Betriebsperiode nach Verstopfung der Filterdecke ein, und zwar an ganz verschiedenen, örtlich begrenzten Stellen des Filters, wovon nur 8 an der Filtersohle. Darauf wies der Richter der zweiten Instanz den Patentanspruch als für Harrisburg unzutreffend ab, ohne eine Entscheidung über die Gültigkeit des Patents zu fällen.

Der Gedanke, daß aus einer niedrigen Wasserschicht über dem Filtersand und unter überwiegendem Sauggefälle die Ausscheidungen weniger an der Sandoberfläche erfolgen und tiefer in das Innere des Filters eindringen, wird durch einige Sachverständigengutachten bekräftigt (E. R. 68/288).

---

[1] Vgl. E. R. 68/287 und 70/344.

Eine Vakuumbildung — wohl zu unterscheiden von Sauggefälle — könnte als Anzeichen der Verstopfung des Filters benutzt werden. Sie ist durch Waschung zu verhüten, weil sie unmittelbar ein Durchreißen des Filters veranlassen, mittelbar die Störung der Filterschichten durch Luftblasenbildung aus dem entspannten Wasser begünstigen kann.

2. Eine zweite Möglichkeit, das Gleichgewicht zwischen Zu- und Abfluß des Filters in einfacher Weise herzustellen, ist die unveränderliche Einstellung des Abflusses bei reinem Filter auf die gewünschte Menge und die Konstanterhaltung des Zuflusses. Der Filterspiegel steigt dann mit der zunehmenden Widerstandshöhe und vermehrt das Bruttogefälle in dem Maße, wie die Widerstandshöhe zunimmt, so daß sowohl das Abflußgefälle wie die Abflußöffnung sich gleich und damit die Abflußmenge gleich der Zuflußmenge bleibt. Die Anordnung eignet sich für nicht unterkellerte Filter (Fort Smith, Fig. 81, Columbus, Fig. 82 bis 84, Cumberland, Fig. 85 bis 86, Panama, Fig. 151).

Der Rohwassereinlauf muß in diesem Falle so hoch liegen, daß er von dem Rückstau des Filterspiegels nicht eher beeinträchtigt wird, als bis die volle beabsichtigte Bruttodruckhöhe $H$ erreicht ist. Diese Art Filter arbeiten natürlich mit einem das Sauggefälle überwiegenden Druckgefälle.

Die Regulierung des gleichmäßigen Zuflusses erfolgt meist durch Überfälle oder Auslauföffnungen unter gleich erhaltener Druckhöhe.

Die Spiegelschwankungen in dem Einlaufgefluter des Rohrkanals in Fort Smith werden durch die Niederschlagsbecken und die Pumpenregulierung auf ein geringes Maß ausgeglichen (E. R. 70/263). (Letzteres kann auch selbsttätig durch Schwimmerregulierung der Pumpen geschehen.) In den Rohrabzweig für jedes einzelne Filter von 30 cm Durchmesser ist zwischen die Flanschen eine 16 mm starke Messingplatte mit gefaster Durchflußöffnung eingesetzt, welche so ausprobiert ist, daß sie bei dem im Gefluter gewöhnlich vorhandenen Überdruck die der beabsichtigten Filtergeschwindigkeit entsprechende Zuflußmenge liefert.

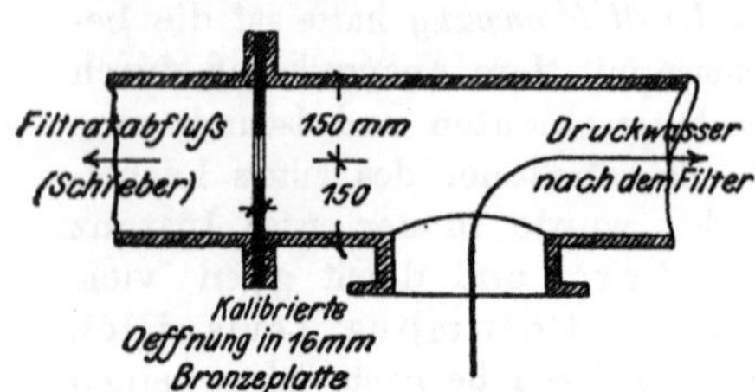


Fig. 112. Fort Smith. Filtrat-Abflußregulierung.
(E. R. 70/264.)

Eine zweite Bronzeplatte ist in die Filtratsammelleitung eingesetzt. Deren Öffnung ist so bemessen, daß sie bei reinem Filter die Abflußmenge unter einem Stau des Rohwassers von 30 cm über Sandoberfläche gerade abführt.

Der erforderliche Abflußdruck stellt sich nun vollständig selbsttätig durch Steigen des Filterspiegels her. An dem Höchststand desselben kann leicht die Notwendigkeit der Waschung erkannt werden. Das Waschwasser wird nach Absperrung der Filtratsammelleitung zwischen Einsatzscheibe und Filterboden so eingeführt, daß es durch die Bronzeabflußplatte nicht ebenfalls gedrosselt wird (Fig. 112).

**3. Eine dritte Art der Regulierung** besteht darin, daß man gleichzeitig den Filterspiegel steigen läßt und, sobald er die vorhandene Druckhöhe zu überschreiten droht, auch die Abflußöffnung erweitert. Diese Anordnung ist bei geringem Bruttogefälle und Handbetrieb unvermeidlich.

Sie hat beispielsweise für die Lüftungs- und Enteisenungsanlage[1] in Urbana (E. R. 69/419) — ohne vorherige chemische Behandlung des Rohwassers — Verwendung gefunden.

Die beiden kleinen Filter (3,66 · 4,57 m) sind mit getrenntem Luft- und Wassernetz versehen. Je zwei Waschwassertröge (25 bis 36 cm tief) ergießen in eine Stirnsammelrinne, aus welcher das Schmutzwasser beiderseits im Gefälle abgeführt wird. Das Rohwasser steigt aus einem senkrechten Rohr in einem Strahl empor, dessen Druckhöhe und Menge an einem kalibrierten Wasserstandsglas abgelesen und entsprechend reguliert werden kann. (Austritt etwa 1,8 m über Filteroberfläche durch eine wagerechte Verschluß- und Prellplatte, Filtermenge 1,3 cbm/Min., Geschwindigkeit 117 m/Tag.) Der Absperrschieber wird dann bei reinem Filter so eingestellt, daß sich der Wasserspiegel bei diesem konstanten Zufluß 0,61 cm unter der Kante eines Sicherheitsüberfalls hält. Um das Überlaufen zu vermeiden, mußte dann 2- bis 3mal

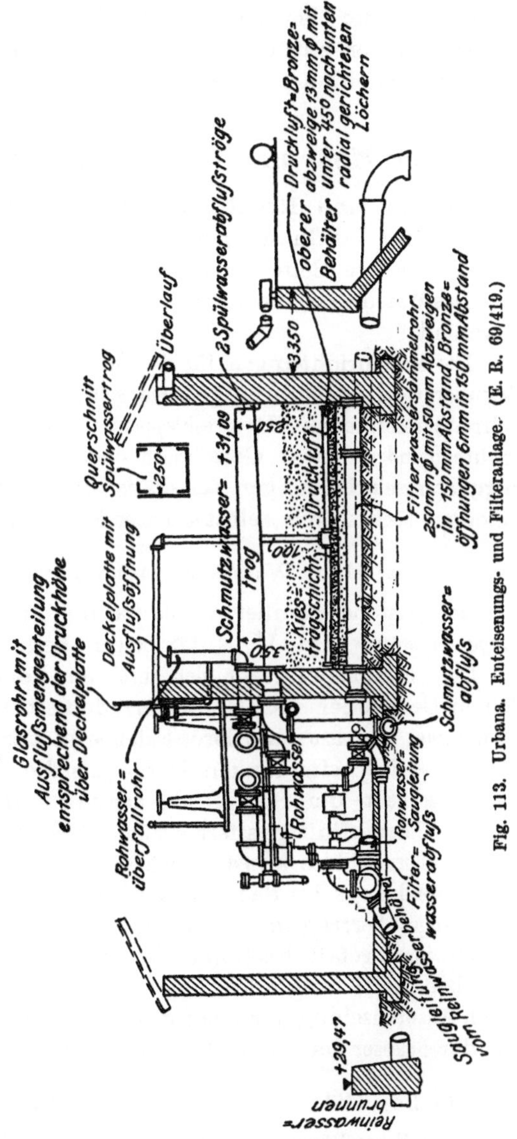



Fig. 113. Urbana. Enteisenungs- und Filteranlage. (E. R. 69/419.)

während einer Betriebsperiode der Absperrschieber weiter geöffnet werden.

Der Spielraum für die Vermehrung von Druck und Sauggefälle beträgt 1,22 m.

---

[1] Eisengehalt 2 Millionstel, Kohlensäure 40 Millionstel.

Es sei hier angeführt, daß das Eisen die Filtersandkörner umhüllte und die starke Schmutzdecke ein Durchreißen veranlaßte. Die Betriebsdauer wurde von anfänglich 30 auf wenige Stunden vermindert. Der Sand mußte innerhalb 8 Monaten zweimal ausgeräumt und gewaschen werden. Es wird beabsichtigt, ihn bei späteren Waschungen durch eine Zentrifugalpumpe wieder ins Filter zurückzubefördern. Das Aufrühren der Filterdecke mittels eines Spritzenschlauches hat sich bewährt.

## 13. Die Meß- und Regulierungseinrichtungen (Controller).

Die Meß- und Regulierungseinrichtungen genügen zum Absperren des Filterzu- und -abflusses gewöhnlich nicht, sondern es müssen für diesen Zweck besondere Schieber vorhanden sein.

Das Waschwasser wird stets zwischen Abflußregulierung und Filterboden eingeführt.

Die Meßeinrichtungen für die Zu- und Abflußmengen können von den Regulierungseinrichtungen getrennt sein, also gewöhnliche Überfälle, Sutrowehre, Wassermesser, Drosselklappen u. dgl. einerseits, Absperrschieber und Schützen andererseits. Gewöhnlich sind aber die Meßeinrichtungen mit den Regulierungseinrichtungen selbsttätig verbunden, und ihr Verhalten wird außerdem noch durch selbstschreibende Vorrichtungen kontrolliert.

### a) Der Westoncontroller (*Lueger* II, S. 128).

Der Westoncontroller wurde für die Jewellfilter verwandt und ist in *Lueger-Weyrauch*, Bd. II, S. 128 beschrieben.

Der Filterspiegel stellt sich durch ein kommunizierendes Rohr in einem kleinen Gefäß über der Rohwasserzuflußleitung her. Ein dort befindlicher Schwimmer betätigt eine Drosselklappe in der Zuleitung mittels Hebelübertragung, so daß beim Sinken des Spiegels die Drosselklappe sich öffnet, beim Steigen schließt, der Spiegel also konstant erhalten wird. (Fig. 8 u. 8a.)

Der Filterabfluß passiert ein ähnliches Gefäß, dessen Spiegel und damit die Abflußdruckhöhe konstant erhalten wird. Dies geschieht ebenfalls durch eine Drosselklappe im darüberliegenden Filtratabflußrohr, betätigt durch die Zahnstangenübertragung eines Schwimmers. Die Boden- und Abflußöffnung im Schwimmergefäß bestimmt die Abflußmenge. Sie besteht aus einer in eine Bodenvertiefung des Schwimmergefäßes eingelegten Bronzescheibe. Durch Auswechselung derselben gegen eine solche mit größerem oder kleinerem Lochdurchmesser hat man die Abfluß- = Filtergeschwindigkeit in der Hand.

### b) Der Filterregler nach *Lindley-Götze* (*Lueger* II, S. 42).

Diese Vorrichtung scheint für die Louisville-Filter (E. R. 65/592) benutzt. Der Filterspiegel wird durch Schwimmer und Drosselklappe konstant erhalten. Das Filtrat wird in ein Gefäß (Schacht) geleitet. Dort hängt in einem Ringschwimmer ein senkrechtes Tauchrohr, in dessen oberem Rande rechteckige Überfallschlitze ausgeklinkt sind. Die Tiefe der Überfallschneiden im Verhältnis zum Wasserspiegel kann durch Betätigung einer senkrechten Aufhängeschraube des Tauchrohres, welche durch eine vom Schwimmer fest unterstützte Mutter geführt ist, eingestellt werden. Das Rohr bildet also einen schwimmenden Überfall, dessen Höhe unabhängig von der Wasserspiegelhöhe sich gleich bleibt und immer dieselbe Wassermenge in das Innere des senkrechten Rohres abführt, solange nicht eine anderweitige Einstellung der Höhe im Verhältnis zum Schwimmer erfolgt. Das Tauchrohr bewegt sich in der Stopfbüchse eines Standrohres[1], von dem aus die konstante Überfallmenge durch einen Abzweig beliebig weitergeführt werden kann.

Der Spiegel im Ausgleichgefäß (Schacht) stellt sich auf eine konstante Abflußmenge ein, und diese sowie das Höhenverhältnis zum Rohwasserspiegel kann auf verschiedenen Pegeln abgelesen werden.

Der gebräuchlichste Abflußregler gründet sich auf die Benutzung des Venturimessers; es sollen dafür einige Beispiele angeführt werden: Vgl. auch S. 51, Fig. 32.

### c) Venturi-Filterabflußregler für die Schnellfilteranlage Alliance, Ohio (E. N. 73/814).

Der gleichmäßige Abfluß jedes Filters von etwa 3780 cbm/Tag wird gemessen und reguliert durch einen in die Abflußleitung eingebauten Venturimesser nebst dahinterliegendem Absperrschieber. Auf dem letzteren ist ein senkrechter hydraulischer Zylinder mit besonderer Druckwasserleitung aufgesetzt. Die Druckwasserzuführung vor und hinter den Kolben der Schieberstange wird durch den Druckhöhenunterschied in der Zuleitung und in der Kehle des Venturimessers betätigt. Von diesen beiden Stellen

Fig. 114. Alliance, Ohio. Filterabflußregler. (E. R. 73/814.)

zweigen Leitungen nach einem kleinen wagerechten Zylinder oberhalb und gleichlaufend der Venturiachse ab und übertragen die beiden Drücke auf die beiden Seiten eines kolbenartigen Diaphragmas. Dieses weicht unter dem Druckunterschied aus und betätigt durch eine Hebelübertragung ein kleines Steuerventil der beiden Druckwasserzuführungen zum Kolben des

---

[1] Eine ähnliche Vorrichtung ist ein schwimmender Heber mit angehängter Ablaufschale (vgl. E. R. 63/511). Klemmungen, wie sie beim Tauchrohr möglich sind, fallen weg. Indessen muß das Abreißen des Hebers vermieden und für Entlüftung des Heberscheitels gesorgt werden. (Fig. 1.)

senkrechten hydraulischen Zylinders und damit die Stellung des Absperrschiebers.

Durch einen Hebel mit Teilung und Laufgewicht kann man einen beliebigen Teil des Überdruckes auf das Diaphragma, von welchem die Stellung des Steuerventils und Absperrschiebers, also auch die Abflußmenge ab-
hängt, ausbalancieren. (Bei der Ausführung $A$ des St. Louis-Schiebers geschieht dies durch die Wassersäule des Generalreglers.)

Wenn sich mit wachsender Widerstandshöhe des Filters und nachlassen-
dem Venturidruck der auf das Diaphragma ausgeübte eingestellte Abflußdruck vermindern will, stellt die Öffnung des Steuerventils und Absperrschiebers denselben wieder her.

Die dem Druckunterschied entsprechende Wasserabflußmenge bleibt
also stets dieselbe auf der Skala des Regulierungshebels vermerkte. Vgl.
auch Fig. 32.

### d) Eichung der Venturiabflußregler für St. Louis (E. N. 73/880) sowie die Bauweise derselben.

Unter Beibehaltung des Entwässerungsnetzes wurden die von Sand ent-
leerten Filter (Grundfläche 137,5 qm) auf etwa 2,44 m Höhe durch Pumpen

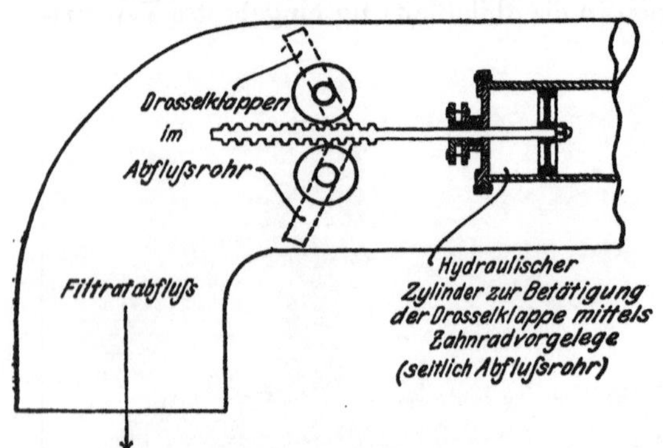


Fig. 115. St. Louis. Filtratabflußregler $B$.

gefüllt und deren Leistungsfähigkeit so reguliert, daß
der Filterspiegel beim Abfluß
durch den Messer langsam
sank, und auf diese Weise der
allmähliche Druckhöhenverlust dargestellt.

Vom niedrigsten Stand
von 1,0058 wurde der Spie-
gelstand dann wieder bis
zum höchsten von 3,658 m
aufgepumpt und in beiden
Fällen fortlaufend beob-
achtet.

Die Wassermenge konnte in der Pumpenzuflußleitung nach den Filterkästen durch Flügelmesser und nach Durchlaufen des Venturimessers unterhalb Filtersohle durch Überfall gemessen und daraus die gleichmäßige Abgabe des Venturireglers festgestellt werden.

Der eine dieser Regler $B$ arbeitet mit zwei Drosselklappen je 305 · 305 mm,
welche in die Abflußmündung des Venturirohres von 0,61 m Durchmesser
eingebaut sind.

Auf den Drehachsen der Drosselklappen sind außerhalb des Rohres
Zahnräder aufgesteckt, zwischen denen eine oben und unten gezahnte wagerechte Zahnstange läuft[1]. Die Zahnstange setzt sich in der Kolbenstange
eines hydraulischen Zylinders fort, welcher die Drosselklappen einstellt.

---

[1] Statt dessen kann auch ein Stirnradgetriebe Verwendung finden.

Das Steuerventil des Zylinders und damit der Druckwassereintritt beiderseits des Kolbens wird durch die Bewegung von zwei Schwimmern und eines Hebels geregelt. Zur Aufnahme der Schwimmer sind zwei senkrechte Rohrstutzen von 15 cm Durchmesser vorhanden. Einer derselben ist mit der 61-cm-Zuleitung des Venturirohres, der andere mit der 25-cm-Kehle durch je ein Rohr von 32 mm Durchmesser verbunden.

Jede Änderung der Druckdifferenz an diesen beiden Stellen beeinflußt den Schwimmerstand, den Hebel, das Steuerventil, die Zahnstange und die Drosselklappenstellung in dem Sinne, daß der Abflußdruck wiederhergestellt, die Abflußmenge konstant erhalten wird. Die Schwimmer übertragen ihre Bewegung ferner auf einen Mechanismus, welcher die Wassermengen registriert.

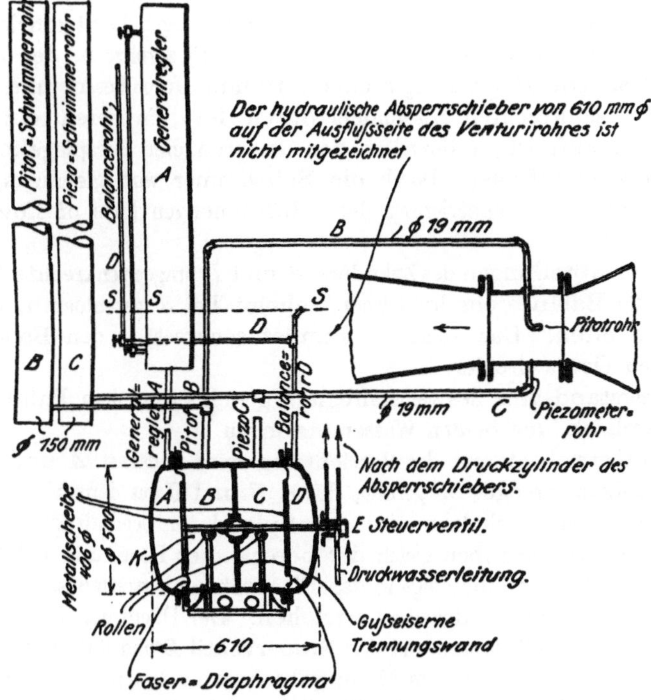


Fig. 116. St. Louis. Filtratabflußregler *A*. (E. N. 73/881.)

Der Venturiregler *A* für die St. Louis-Schnellfilter ist ähnlich gebaut wie derjenige für Alliance, Ohio (E. N. 73/880 und 73/814).

Die Steuervorrichtung besteht in einem wagerechten zylindrischen Gußeisengehäuse von 0,61 m Länge und 0,50 m Durchmesser. Dasselbe ist durch eine feste Scheidewand in zwei Hälften und diese wieder durch kolbenartige dünne Metallscheiben in je zwei Unterabteilungen *AB* und *CD* geteilt. Die Metallscheiben sind durch eine wagerechte Kolbenstange *K*, durch die Mittelwand und den einen Deckel hindurch starr verbunden und durch zwei Rollen unterstützt und geführt. Der ringförmige Zwischenraum zwischen den Metallscheiben von 406 mm Durchmesser und der Zylinderwand wird durch ein dünnes Fiber- (Jute-Faser-) Diaphragma geschlossen, welches einerseits zwischen die Flanschen des Zylinders geklemmt, andererseits auf dem Rande der Metallscheibe befestigt ist. Der Durchtritt der Kolbenstange durch die Mittelwand ist durch zwei ähnliche kleine Scheiben beiderseits derselben reibungslos gedichtet. Am Ende der Kolbenstange $K$ befindet sich ein Steuerventil $E$, welches durch eine geringe Bewegung derselben den Zutritt von Druckwasser zu zwei Leitungen zwecks Betätigung eines hydraulischen Zylinders regelt. Derselbe ist oberhalb des Absperrschiebers in die 61-cm-Abflußleitung des Venturireglers eingebaut. Seine Kolbenstange setzt sich in der Schieberstange fort.

Die innere Abteilung $B$ des Zylinders steht mit einer engen Pitotröhre in der Achse und Kehle des Venturimessers, Öffnung gegen die Stromrichtung, in Verbindung, die innere Abteilung $C$ mit einer Piezoröhre in der Außenwand der Kehle. Die Rohrleitungen haben 19 mm Durchmesser und setzen sich nach zwei senkrechten Schwimmerröhren fort, in deren einer der Pitotwasserstand auftritt, während in der anderen eine Ausspiegelung mit dem Piezodruck stattfindet. Durch die Schwimmer wird gleichzeitig der Mechanismus für die Registrierung der Abflußmengen (rate of flow) eingestellt.

Die äußeren Abteilungen des Zylinders $A$ und $D$ tragen senkrechte Rohre. Das eine $D$, als Balancerohr bezeichnet, scheint bei $S$ geschlossen, im anderen Schenkel offen. Das andere $A$ mündet senkrecht in den Boden des Rohres für den Generalregler.

Ein Wasserstandsglas des Generalreglers gleichlaufend dem Balancerohr läßt einen Vergleich der beiden Wasserstände zu.

Für die Inbetriebsetzung der Vorrichtung wird zunächst $A$ und $D$ bis zu einem beliebigen Spiegel $SS$ gefüllt, dann $B$ und $C$ aus dem Venturirohr bis Filterwasserspiegel. Sodann wird der Spiegel im Generalregler bis zu einem Stand über $SS_1$ gehoben gleich der berechneten Höhe, um welche das Wasser in der Pitotröhre diejenige in der Piezoröhre übertreffen soll, um die gewünschte Abflußgeschwindigkeit zu erreichen. Der Überdruck im Generalregler bewegt die Metallplatten und das Steuerventil $E$ und läßt Wasser aus der Druckleitung zur Öffnung des 61-cm-Schiebers austreten, bis der Überdruck in der Pitotröhre über den der Piezoröhre die Metallplatten und das Steuerventil in die neutrale Stellung zurückschiebt.

Der Regler $B$, welcher mit Venturidruckhöhen- und Drosselklappenregelung des Abflusses arbeitet, hat sich dem Regler $A$ mit Piezo- und Pitotdruckhöhen und Schieberregler überlegen gezeigt. Die Abweichungen des ersteren betragen auch bei kleineren Geschwindigkeiten und Abflußmengen nur etwas über 3 Proz., während die des letzteren bis über 10 Proz. steigen. Es wurden Versuche mit Abflußmengen von 6 bis 20 000 cbm/Tag gemacht.

Es gibt noch eine große Anzahl Abflußregler, sog. „rate controllers“, so z. B. den Simplex-, Vivian-, Earl-, Norwood-rate controller. Sie sind meist von geschlossenem Typ und arbeiten auch bei Gegendruck mit geringem Druckhöhenverlust (Evansville, E. R. 65/508: 23 cm; Rock Island, E. R. 63/607: 21 cm).

## 14. Einige Hilfsapparate für die Filterbedienung.

a) Filterwiderstandshöhenmesser (E. N. 73/813) für das Wasserwerk zu Alliance, Ohio.

Der Widerstandshöhenmesser jedes Filters ist auf einem kleinen Schrank in Höhe des Filterflurs aufgestellt, um auf ihm den Zeitpunkt für die Waschung des Filters erkennen zu können.

Er besteht aus zwei Standrohren, auf welche in gleicher Höhe geschlossene Glaszylinder aufgesetzt sind.

Durch einen Wasserstrahlejektor wird, wie es scheint, durch ein gleiches Vakuum der Filterspiegel in dem einen Standrohr, der Reinwasserabflußrohrspiegel in dem anderen gewissermaßen heraufgesaugt.

Die beiden Wassersäulen drücken je auf die Oberflächen eines mit Quecksilber gefüllten U-förmigen Glasrohres, so daß man aus dem Höhenunterschied der Quecksilberspiegel in den beiden nebeneinander liegenden graduierten Schenkeln den Druckhöhenunterschied der beiden Wasserspiegel in verkleinertem Maßstabe abliest.

Fig. 117. Alliance, Ohio. Filterwiderstandshöhenmesser (rechts) und Wasserprobenentnahmehahn (links). (E. N. 73/813.)

Das Vakuum muß ab und zu durch den Ejektor wieder erhöht werden, wenn es sich durch ausgeschiedene Luft vermindert hat.

Ist der Reinwasserabfluß geschlossen und herrscht statt dessen unter dem Filter der Druck des Waschwassers, so kann man umgekehrt den Überdruck desselben über dem Filterspiegel ablesen, da auch dieser nicht über 10 m steigt.

Ziegler, Schnellfilter.

Die Beschreibung und Abbildung in Eng. News sind nicht ganz klar verständlich; das Prinzip der Manometereinrichtung scheint aber viel einfacher als das der sonst üblichen Schwimmerübertragung.

In ähnlicher Weise wird in einem besonderen Standrohr durch Erzeugung eines Vakuums mittels Ejektor das Filtrat zur Entnahme von Wasserproben auf den Apparatentisch befördert.

### b) Versand von Wasserproben für bakteriologische Untersuchungen.

Eine sichere und einfache Versandweise für Wasser, welches auf Bakterien untersucht werden soll, wird im Eng. News 73/353 beschrieben.

Man reinigt ein gewöhnliches Probiergläschen mit verdünnter Salzsäure und spült es mit destilliertem Wasser. Sodann zieht man in der Gasflamme die obere Öffnung zu einer Spitze von etwa 2 mm lichtem Durchmesser aus und bricht sie gerade ab. Man hat ein paar Tropfen des destillierten Wassers zurückgelassen und verdampft sie über der Flamme. Nachdem alle Luft ausgetrieben ist, und noch während der Dampf ausströmt, wird die Spitze rasch zugeschmolzen. Der Dampf schlägt sich nieder und das Probierglas ist gebrauchsfertig.

Soll es mit der Wasserprobe gefüllt werden, so reinigt man es sorgfältig namentlich an der Spitze, sterilisiert, indem man es schnell durch eine Alkoholflamme zieht, und taucht es, die Hände stromabwärts, die Spitze voran, in das Wasser, welches untersucht werden soll.

Nachdem mit einer Zange die Spitze unter Wasser abgebrochen, saugt sich das Glas voll und wird dann schnell und vorsichtig in der Flamme der Alkohollampe wieder zugeschmolzen.

Das Glas wird dann in ein Baumwolltuch gehüllt und mit zerstoßenem Eis in einer Thermosflasche verpackt.

Dieses Verfahren hat sich in Los Angeles, wo die Proben sogar mit dem Schiff einige hundert Kilometer weit versandt wurden, jahrelang bewährt.

Zahlreiche Untersuchungen gleichzeitig entnommener Proben des Wassers im Laboratorium an Ort und Stelle und des verschickten Wassers zeigen durch Übereinstimmung die Zuverlässigkeit des Verfahrens.

## 15. Das Einarbeiten und die Störungen des Filterbetriebes.

Aus dem Vorstehenden geht hervor, was für ein verwickelter Mechanismus eine große Schnellfilteranlage ist, abhängig einerseits von den Anlagen zur Gewinnung und Heranschaffung des Wassers, der Beschaffenheit desselben, andererseits von den Ansprüchen der Verbraucher auf Menge, Druckhöhe, Temperatur, Geschmack und gesundheitliche Beschaffenheit im Laufe der Jahres- und Tageszeiten. Darauf müssen die Pumpen und Leitungen, die Meß-, Registrier- und Kontrolleinrichtungen, die Art und Menge der Chemikalien, deren Aufspeicherungs-, Lösungs- und Aufgabevorrichtungen, die Absitz-, Niederschlags-, Misch-, Filter-, Roh-, Wasch- und Reinwasserbehälter; die chemischen und bakteriologischen Untersuchungen fortwährend abgestimmt werden.

Es empfiehlt sich, mit dem zur Verfügung stehenden Rohwasser und Filtersand zunächst in Versuchsanlagen Erfahrungen zu sammeln.

Mit der Fertigstellung des Baues beginnt die undankbare Aufgabe des Einarbeitens des Personals und der Apparate. Das erstere wird meist aus den Leuten, die bei der Installation beschäftigt waren, ausgewählt. Als Leiter findet man Wasserversorgungsingenieure, Chemiker, Elektrotechniker, Maschinenbauer, deren Fachkenntnisse für den vielseitigen Betrieb beinahe gleich wichtig sind. Jedem einzelnen ist sein Platz und seine Aufgabe anzuweisen. Der technischen Schwierigkeiten sind unzählige: da zeigen sich Undichtigkeiten oder Verstopfungen in den Leitungen, Behältern und Filtern, Rohrbrüche treten ein, Hochwasser-, Frost- und Eisschäden. Maschinen, Meß- und Registriereinrichtungen, Ventile, Steuerungen versagen, setzen aus oder erweisen sich als zu schwach und zu wenig widerstandsfähig. Kurzschlüsse bilden sich, die Reibungswiderstände in Schiebern, Stopfbüchsen, Führungen, Lagern und Zahnradeingriffen sind zu beseitigen. Gebäudesenkungen oder Erdlasten veranlassen Setzen der Lager, Durchbiegung der Wellen, Risse in den Behältern, Brüche der Leitungen. Die Gefäll- und Querschnittsverhältnisse der Leitungen müssen verändert, mangelnde Druckhöhe durch weitere Querschnitte, Öffnungen, Umleitungen, höheren Stau oder Pumpenförderung ergänzt werden.

Hier erweist sich die unzugängliche Lage von Leitungen, Schlammkanälen, Schiebern, der Mangel an Mannlöchern und Reinigungsöffnungen als verhängnisvoll. Dort müssen Schutzvorrichtungen gegen Verunreinigung, Durchnässung, gegen Zerstäuben und Verdampfen getroffen, Heizung, Beleuchtung und Ventilation ergänzt werden.

Schlammfänge, Roste, Siebe, Ausdehnungsfugen und -vorrichtungen sind einzuschalten; Misch-, Spül- und Reinigungsapparate mit Dampf, Druckluft oder Wasser vorzusehen.

Mit der Zeit macht sich der Angriff des Wassers und der Chemikalien auf metallische Teile und die Betonwände durch Ausfressen oder Inkrustationen bemerkbar. Dem ist durch Glasieren, Verzinken und Anstriche vorzubeugen. Besonders haben sich Asphaltanstriche der Misch- und Lösungsbehälter, auch der Filterflure, bewährt.

Die Inkrustationen der Überfälle, Ausflußöffnungen und Rohrwände (*Körting*scher Turbinenreiniger) sind zu beseitigen. Dieselben erstrecken sich häufig sogar auf die Filtersandkörner (Kalk, Eisen), erhöhen deren Durchmesser oder wirken verkittend.

Durch Mauerwerksrisse, Abbröckeln von Mörtel, Bildung von Fugen, Brüche von Bolzenankern, Verbiegen von Platten entstehen in den Filtern Strömungen in beiden Richtungen, welche die Filterschichtung stören, den Sand in das Leitungsnetz, die Schieber und Meßvorrichtungen führen. Das Unglück zeigt sich beim Waschen durch stellenweises Aufquirlen des Sandes, Einsenkungen und Risse in der Filteroberfläche, ferner durch trübes

Filtrat und Versagen der Absperrschieber, und erfordert das Ausräumen des Filters. Daher sind alle Verankerungen, in enger Teilung, kräftig auszuführen, Blechstärken und Widerstandsmomente reichlich zu bemessen. Die Ausbesserung mit Hilfe von Zement ist möglichst zu vermeiden, da derselbe einige Wochen zum Abbinden braucht, an Betonflächen schlecht haftet und den Geschmack des Wassers beeinträchtigt. (Ankerbolzen werden mit Schwefel oder Blei vergossen.)

Das Anlassen des Spülstromes muß vorsichtig erfolgen.

Eine besondere Aufgabe ist das Ausbalancieren der Schwimmer und das Eichen der Wassermesser und Meßvorrichtungen. Zu letzterem Zwecke werden die rechteckigen Filterkästen benutzt.

Für verschiedene Spiegelstände (Druckhöhen) kann die abfließende Wassermenge aus Grundfläche, Zeit und Maß des Absinkens berechnet und danach die Skala geeicht oder die Eichung geprüft werden. Dabei stellen sich häufig Hemmungen, Unempfindlichkeiten, Festsitzen durch eingetriebene Gegenstände ein. (E. R. 67/684: Minneapolis, Cincinnati.)

Auch der Filterbetrieb bringt Überraschungen. Plötzliche Steigerung des Schlammgehaltes durch Hochfluten, Auftreten von Mangan- und Eisenverunreinigungen, das Wachstum von Algen, das Auftreten von Fischen, Fröschen, Schnecken, Würmern und anderem Ungeziefer.

Gegen das organische Leben ist außer Absperrung und Vertilgung besonders Kupfersulfatlösung in 0,1- bis 0,2 millionstel Verdünnung verwendet.

Für jede größere Anlage ist eine Reparaturwerkstätte und ein Lager von Ersatzteilen notwendig. Die Zahl der letzteren ist schon bei der ersten Einrichtung dadurch zu beschränken, daß möglichst einheitliche Stücke verwendet werden. Namentlich sind die Rohrdurchmesser von vornherein reichlich und einheitlich zu wählen und in geraden, leicht zugänglichen Strängen gleichmäßigen Gefälles zu verwenden.

# VI. Einige ausgeführte Beispiele.

## 1. Die Louisville-Filteranlage, Ohio.
### (E. R. 65/592.   Vgl. Fig. 87 u. 99 u. 118 bis 122.)

Diese Anlage wurde schon 1896/97 durch Versuche und Entwürfe vorbereitet. Bei der Ausführung 1908 erwies sich die Verteilung und Abführung des Waschwassers als ungenügend und ein Niederschlagsbecken als erforderlich.

Louisville hatte 225 000 Einwohner, einen durchschnittlichen Verbrauch von 83 000 cbm/Tag, und die Anlage genügt für 136 267 cbm/Tag.

Das Wasser hat in den beiden Abteilungen des eingedeichten Crescenthillbehälters von 378 000 cbm Inhalt 4 Tage Zeit zum Absitzen, gelangt dann in ein Doppelniederschlagsbecken (106 m lang und 48,8 bzw. 24,4 m breit, 6,1 m tief), das erste mit drei, das zweite mit einer Kehrleitwand. (Fig. 118.)

Die 2 proz. Alaunlösung wird in einem durch Ringeinsatz in zwei gleiche Teile von je 530 cbm (Wochenbedarf) geteilten stählernen Zylinder aufgehoben. Sie passiert einen Ausflußbehälter, dessen Spiegel konstant erhalten wird, ehe sie durch 10-cm-Gußeisenrohre in das Niederschlagsbecken gelangt.

Der Gefällverlust von 12,2 m für das Filtern und den Weg nach dem Reinwasserbehälter wird durch Pumpen und ein Standrohr mit Hochbehälter, 67 m über Straßenoberkante, ausgeglichen. Die Behälterhöhe darf aber nicht vom Wasser erreicht werden, weil sonst die Leitungsrohre platzen, sondern nur 30 m.

Die drei Filterbehälter aus Stahlblech (44,8 · 9,14 · 2,44 m) erwiesen sich für die gleichmäßige Verteilung des Waschwassers beim Rückspülen als zu groß und wurden der Länge nach in sechs zu 21,95 · 9,14 m durch einen 91 cm breiten Schmutzwassersammelkanal geteilt.

Ursprünglich ruhte der Sand unmittelbar auf drei übereinander liegenden durch I-Träger unterstützten Lagen von Bronzegittern von 38 bzw. 6,3 bzw. 3,7 mm Maschenweite 0,91 cm über Filtersohle. Dies hat sich nicht bewährt, und man hat auf den Bronzegittern nach Wegnahme des obersten feinsten Gitters ein Rillenblocksystem mit aufgehängten Siebplatten (6 Reihen Löcher, 2,4 mm Durchmesser in 34 mm Abstand, 0,28 Proz. der Filterfläche) mit einer Ausfüllung von Kies von 19 bis 3 mm Korngröße, abgedeckt mit einem Bronzegitter von 2,5 mm Maschenweite, eingebaut (Brasswire cloth 10, mesh Nr. 20, wobei die Maschenweite in Drahtmitte gemessen, Fig. 99). Darauf ist eine 66 cm starke Lage Sand von 0,47 mm wirksamer Korngröße und 1,3 Gleichmäßigkeitsgrad gebracht, so daß die ganze Filterhöhe 86 cm beträgt.

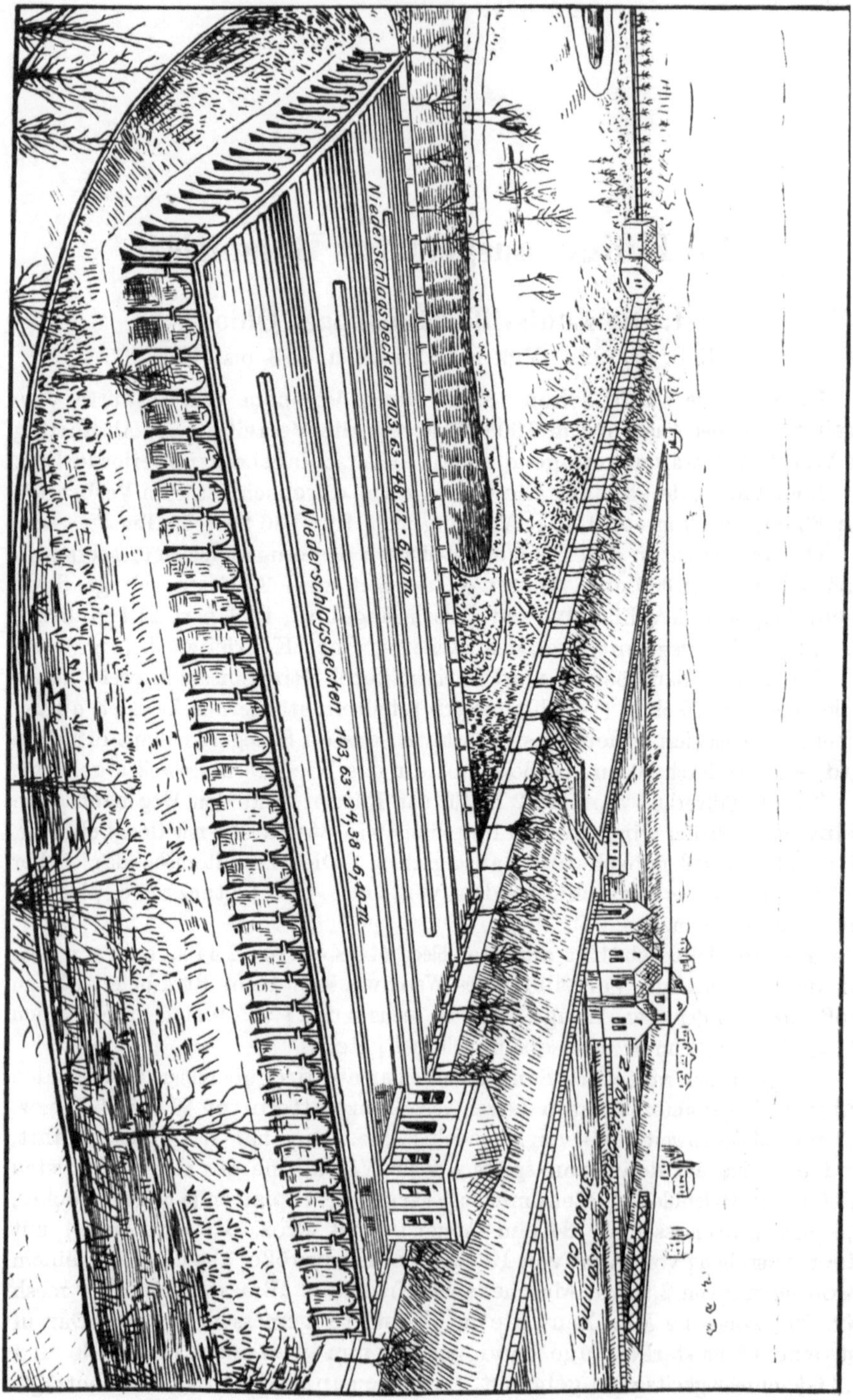

Fig. 118. Louisville. Schnellfilter. Absitz- und Niederschlagsbecken. (E. R. 65/592.)

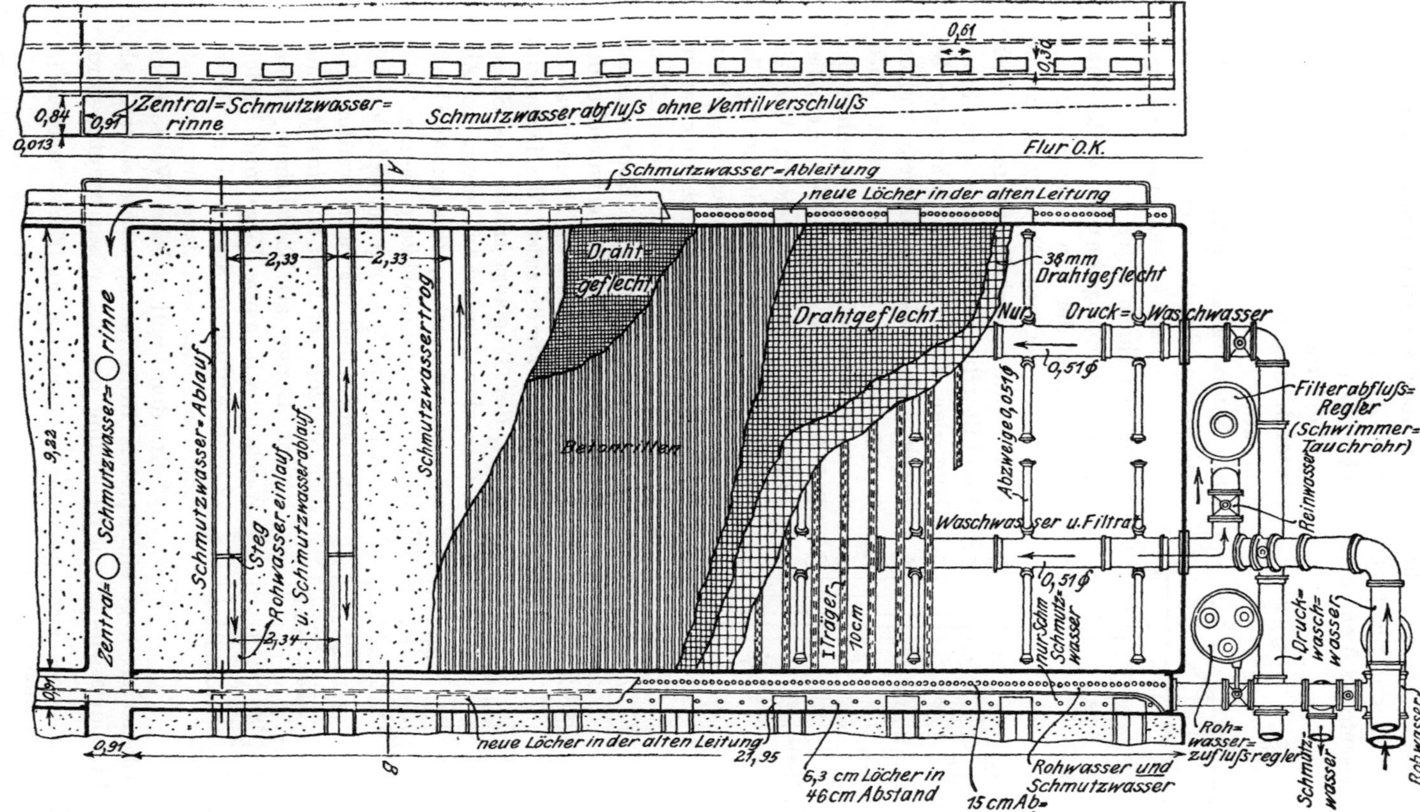


Fig. 119 u. 120. Louisville. Schnellfilter. Unten: Grundriß des Eckfilters. Oben: Schnitt durch die Schmutzwasserrinne mit den neuen Verbindungslöchern nach der Erweiterungsleitung. (E. R. 65/594.)

Das Wasser darf nicht über 45,7 cm oberhalb Sandschicht steigen, sonst würde es durch die nicht verschließbare Abflußleitung der Schmutzwassertröge, Oberkante 48,3 cm über Sandoberfläche, abfließen.

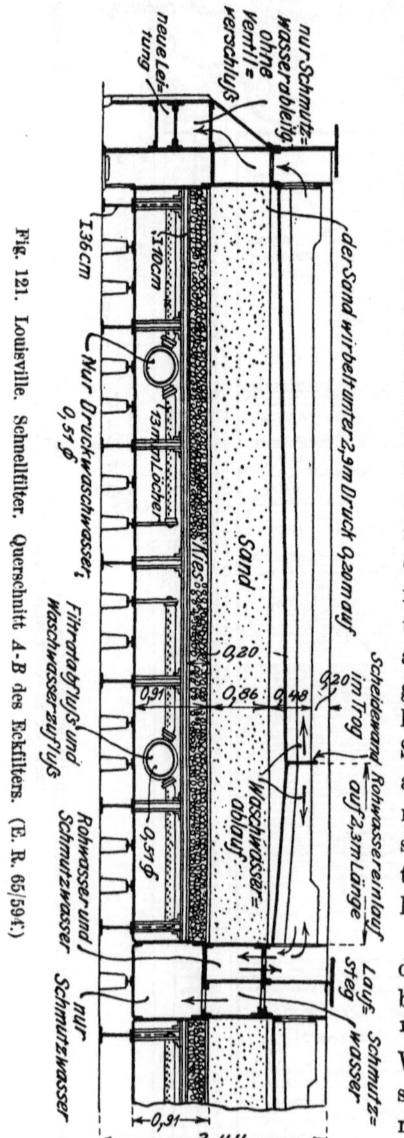


Fig. 121. Louisville. Schnellfilter. Querschnitt A-B des Eckfilters. (E. R. 65/59f.)

Die Tröge, ∽ 60 cm breit in 2,33 m Abstand, dienen, an der Einflußseite des Rohwassers auf ¹/₄ ihrer Länge durch einen Quersteg abgesperrt, als Aufgabevorrichtung desselben. Das Rohwasser steigt aus einem kastenförmigen Doppelgerinne zu ihnen empor.

Diese Doppelgerinne, drei an der Zahl, liegen neben der dem Rohwasserzufluß zunächst gelegenen Filterlängswand und werden durch je ein Zuleitungsrohr oberhalb Filterflur von der Stirn- oder Schmalseite der Filter aus mit Rohwasser beschickt. Der senkrechte Abzweig, welcher in die Kasten hineinführt, hat einen Schieberverschluß, um beim Waschen den Zufluß für jedes der sechs Filter abstellen zu können. Ferner ist in diesen Abzweig eine Drosselklappe mit Schwimmerregulierung auf konstanten Filterspiegel eingebaut und zwischen beiden ein Schmutzwasserabfluß mit eigenem Schieberverschluß angeschlossen. Die einseitige Rohwasserzuleitung dient nämlich bei entsprechender Schieberstellung auch als Schmutzwasserableitung[1]. Für die andere Filterlängsseite mit ³/₄ der Troglänge jenseits des Steges sind in den Längskästen besondere Abteilungen vorgesehen, welche ausschließlich der Schlammableitung dienen.

Die neun Quertröge mit Gefälle nach den Längsseiten des Filters werden also beim Speisen der Filter nur einseitig auf ¹/₄ der Länge als Überfallrinne, beim Waschen auf ganze Länge mit beiderseitigem Abfluß als Sammel- und Abführungsrinnen des Schmutzwassers benutzt.

In dem 0,91 m hohen Wasserraum unterhalb Filterboden liegt ein doppeltes Rohrsystem, welches sowohl als Sammler des Reinwassers als zur Einführung des Spülwassers benutzt wird.

---

[1] Die Drosselklappe steht dann (durch Absenkung des [Filter-] Spiegels im Schwimmergefäß?) offen.

Fig. 122. Louisville. Schnellfilter. Innenansicht des Filtergebäudes. (E. R. 65/593.)

Dasselbe besteht aus zwei Längsrohren von 51 cm Durchmesser mit je beiderseitigen Abzweigen von 1,83 m Länge im Abstand von 2,3 m, 13 cm Durchmesser und Löchern von 13 mm Durchmesser und $\sim$9 cm Abstand an der Unterseite.

Diese beiden fischgrätenartigen Sammel- und Verteilungssysteme ruhen auf Stützen dicht unterhalb Filtersohle. Für das Sammeln des Reinwassers wird nur das eine benutzt, in dessen Abfluß ein Schieber und ein Regulator zur Konstanthaltung der Abflußmenge eingebaut ist. Nach Absperrung des Rohwasserzufluß- und Reinwasserabflußschiebers kann Druckwaschwasser, ebenfalls von zwei Rohren der Stirnseite der Filter aus, in beide Systeme[1] gelangen, welches, nachdem es die Filterschicht spülend durchdrungen, in der oben beschriebenen Weise abgeführt wird. (Fig. 122.)

Der Reinwasserabflußregler scheint aus einem trogartigen Behälter zu bestehen, in welchen die Filterabflußleitung eingeführt ist. Das Filtrat ergießt sich dann weiterhin über den Rand eines teleskopischen Tauchrohres, welches an einem Schwimmer der Höhe nach regulierbar aufgehängt ist. Die Überfallhöhe folgt daher den Schwankungen des Reinwasserspiegels, und die Überfallmenge, welche in das Reinwassersammelrohr abgeführt wird, ist konstant. (Vgl. *Lueger* II, S. 42.)

Für das Druckwaschwasser ist ein zylindrischer Eisenbetonhochbehälter von 14,0 m Durchmesser, 3,05 m Wasserstandshöhe, 587 cbm Inhalt (Fig. 87), ausreichend für die Spülung eines Filters von 4 Minuten Dauer mit 61 cm/Min. Geschwindigkeit vorgesehen. Der Überlauf liegt 17,6 m über Verteilungsnetz. Der Abfluß aus dem gleichzeitig als Speiseleitung dienenden zentrisch eingeführten Rohr des Behälters muß daher gedrosselt werden, um die nur erforderlichen 2,9 m Druckhöhe des Spülwassers zu erzielen. Der Sand steigt dabei auf 20 cm über Filteroberfläche.

Sämtliche hydraulischen Schieber werden von einer Schalttafel aus elektrisch betätigt. Hubbegrenzungen und farbige Zeigerlampen befähigen den Wärter, die Stellung der Schieber zu erkennen.

Die Filter liegen über dem Ostende eines Reinwasserbehälters (140 · 120 · 6,7 m) und können bis auf die doppelte Zahl vermehrt werden.

Ein Lagerhaus für Chemikalien enthält im Obergeschoß ein Laboratorium für bakteriologische, chemische und biologische Untersuchungen.

Die Bakterienzahl wird täglich zweimal für das Ohiowasser, das sedimentierte, das behandelte und das Reinwasser festgestellt, der Schlammgehalt nach Bedarf noch öfter. Der Chemiker führt die Aufsicht auch über die Filteranlage. Einschließlich zwei chemischen, einem elektrotechnischen und einem Filterassistenten sind zusammen 12 Mann beschäftigt.

---

[1] Eines dieser Waschwasserzuführungsrohre ist nachträglich verlegt und dient ausschließlich zur Speisung des einen Systems.

# 2. Niagara Falls, N. Y. Städtische Wasserreinigungsanlage.
### (E. R. 65/601. Fig. 123 bis 126.)

Die Typhussterblichkeit 1897 bis 1907 betrug für die 30 000 Einwohner der Stadt Niagarafalls 1,34 im Mittel, stieg bis 1,82 und fiel bis 1,08 für 1000 Einwohner im Jahr.

Das unbehandelte Niagarawasser, mit welchem die Stadt bis 1. I. 1912 versorgt wurde, enthielt die Abgänge von 425 000 Einwohnern der 30 km oberhalb gelegenen Stadt Buffalo mit einem durchschnittlichen Gehalt an Bakterien = 25 000/ccm, an Chlor = 7,5 g/cbm, war bei Sturm schlammig und von trüber Färbung.

Die neue Entnahmeleitung von 1,22 m Durchmesser wurde in 5 m Tiefe 670 m vom amerikanischen Niagaraufer entfernt gelegt.

Eine Einigung mit der vorhandenen Privatwasserversorgung kam nicht zustande, so daß das städtische Werk nur 23 000 Einwohner mit durchschnittlich 53 000 cbm (14 Mill. g.) täglich versorgt. Drei Niederdruckturbinen von je 26 500 cbm heben das Wasser bis Rohwasserspeisekanal (wasserkraft-erzeugter Strom von 13 000 Volt auf 440 Volt transformiert), und sechs doppeltgestaffelte Allisturbinen von ebenfalls je 26 500 cbm Leistungsfähigkeit drücken das Wasser aus dem Reinwasserbehälter unterhalb der Filter (Inhalt 1900 cbm) in das Leitungsnetz. Durch Reihenschaltung kann der Druck daselbst auf 14 Atm gesteigert werden.

Zwei Niederschlagsbecken von je ∾ 3800 cbm Inhalt (16,76 · 37,8 · 6,4 m) liegen zu beiden Seiten des Filtergebäudes und sind mit Betondecken und 61 cm Erde vor Frost geschützt.

Der Einlaß zu jedem Becken besteht in einer Beruhigungskammer mit von Löchern durchbrochener Verteilungswand, der Auslaß nach Umfließen einer Kehrleitwand aus einem Abstreichwehr. Die Niederschlagsbecken können durch einen Umleitungskanal hintereinander geschaltet werden, wodurch die Ruhezeit von 3 auf 6 Stunden erhöht wird. Der Schlamm wird durch 5-cm-Spülschläuche einer Anzahl ventilgeschlossener Sohlenöffnungen, einer unterirdischen Schlammableitung und dem Flusse zugespült.

Der Alaun wird in einem Betontrog gelöst, in zwei Rührwerkgefäßen aufgespeichert und ständig einem Verteilungsgefäß mit Rücklaufüberfall und konstantem Spiegel zugepumpt. Ungelöste Stücke werden durch eine durchlochte Bleiplatte vom Abfluß nach dem Einlaufkanal zu den Niederschlagsbecken — 22 g/cbm, später nur 13 g/cbm — zurückgehalten. Ein zweiter Abfluß aus demselben Gefäß gestattet die Alaunlösung auch an anderen Stellen der Niederschlagsbecken einzuführen.

Zwei weitere gleiche Verteilungsgefäße sind vorhanden, um nach Bedarf auch Soda- und Chlorkalklösung zuzusetzen.

Aus einem Sammelkanal an der Stirnseite des Filtergebäudes gelangt das behandelte Wasser in den senkrecht dazu verlaufenden Rohwasserverteilungskanal von 1,83 m Breite, zu dessen beiden Seiten, getrennt je durch den „Rohrkanal“ von 1,22 m Breite, je acht Filterbecken von 7,62·4,42 m Sandfläche angeordnet sind.

Der Spiegel im Rohwassererteilungskanal liegt 18 cm über Filterspiegel. Der letztere wird durch einen Schwimmer mit Drosselklappe in einem Einlaufgefluter konstant erhalten. Außerdem kann der senkrecht aus dem Verteilungsgefluter abzweigende Rohrstutzen, welcher das Gefluter speist, noch durch einen Schieber gedrosselt oder abgesperrt werden.

Der Filterspiegel liegt 1,14 m über Filtersohle, 30 cm über Filtersandoberfläche und Filtersohle 1,07 m[1] über höchstem Reinwasserbehälterspiegel. Daher ist die Druck- und Saughöhe des Filters mindestens 1,14 + 1,07 = 2,21 m.

Das Reinwassersammelsystem besteht in einem rechteckigen gußeisernen Sammelstrang von 7,6 m Länge mit beiderseitigen eingebleiten Abzweigen von 5 cm Durchmesser in Abständen von 25 cm. Diese tragen in 15 cm Abstand Norwoodstrainer, mit Kappen geschützte Einlauföffnungen, bis zu deren Rande das ganze System einbetoniert ist.

Die Filterschicht besteht aus 23 cm Kies und 76 cm Sand von 0,35 mm wirksamer Korngröße und 1,6 Gleichmäßigkeitsgrad.

Das gefilterte Wasser wird durch einen Krümmer bis in den Reinwasserkanal geführt, der getrennt durch einen begehbaren Zwischenraum unter dem Rohwasserverteilungskanal, ebenfalls symmetrisch zu den beiden Filterreihen, liegt. An dem senkrechten Rohr ist ein seitlicher Abzweig angebracht, der nach Betätigung des unterhalb liegenden Verschlusses zur Absperrung des Einlaufes nach dem Reinwasserkanal das Filter in die Schlammkanäle entleert, welche unterhalb des Rohrkanals den Reinwasserkanal einschließen. Man kann durch diesen Abzweig auch das erste trübe Filtrat nach der Waschung ablassen.

An den Krümmer ist ferner die unterhalb desselben entlang geführte Druckwaschwasserleitung angeschlossen, welche nach Abschluß beider vorgenannten Leitungen die Rückspülung mit 2¹/₂ Proz. der Filterwassermenge

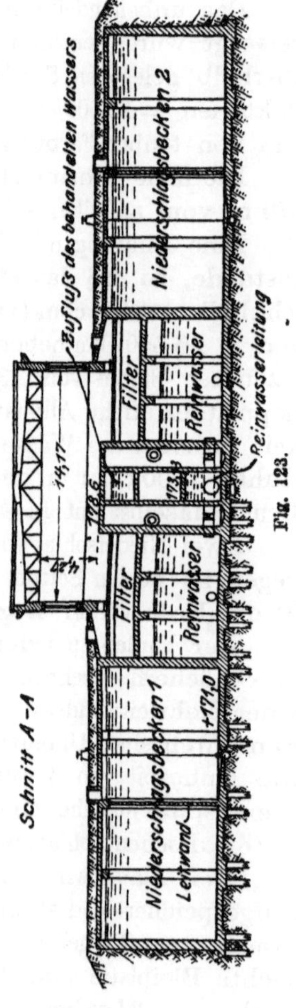


---

[1] Diese Höhe berechnet sich daraus, daß Gesamtfilterfläche 2·8·25·14,6 = 5840 squarefeet = 533,24 qm sich ziemlich genau mit der Fläche des darunter liegenden Reinwasserbehälters deckt. Dessen Inhalt ist 1893 cbm, daher Wasserstandshöhe $\frac{1893}{533} \backsim 3{,}55$ m. Unterschied Filtersohle von Reinwasserbehältersohle 4,62 m, daher Wasserstand 4,62 — 3,55 = 1,07 m.

in 7 Minuten bewirkt. Gleichzeitig wird Druckluft von 0,35 Atm zwischen Trag- und Filterschicht, 23 cm oberhalb Reinwassersammelnetz, durch drei

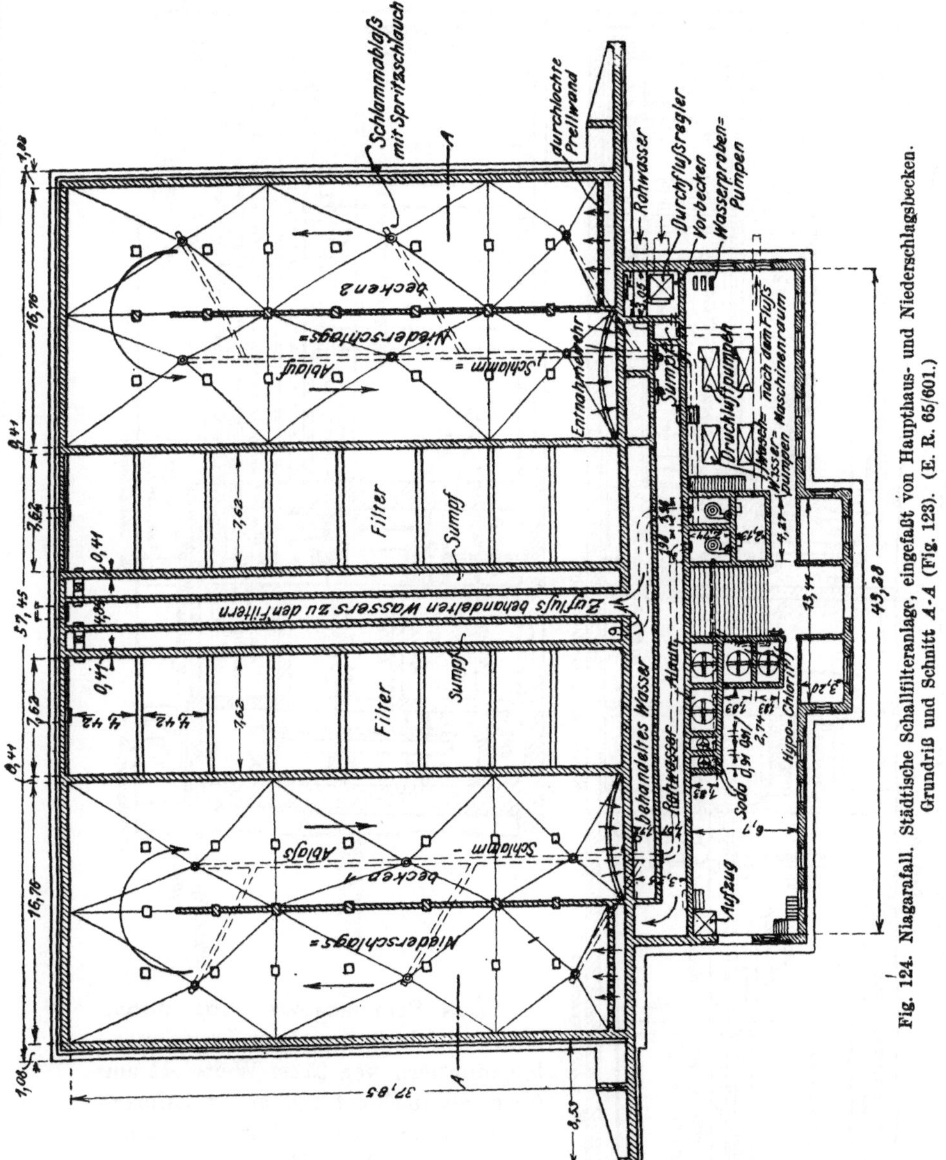



Fig. 124. Niagarafall. Städtische Schnellfilteranlage, eingefaßt von Haupthaus- und Niederschlagsbecken. Grundriß und Schnitt A-A (Fig. 123). (E. R. 65/601.)

Stammrohre von 5 cm Durchmesser für jedes Filter gegeben. Gespeist wird jedes Stammrohr von oben durch die Filterschicht hindurch mittels eines senkrechten 76-mm-Rohres aus je einem Verteilungsrohr für jede Filterreihe von 15 cm Durchmesser. Die drei Stammrohre sind quer zur Längsrichtung des Filters durch zahlreiche geschlitzte Kupferrohre verbunden.

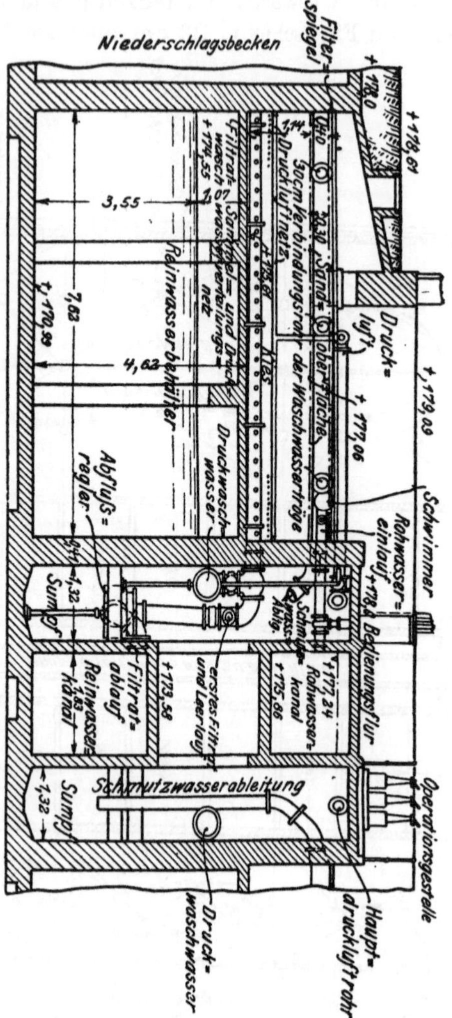





Das Schmutzwasser wird durch zwei seitliche Tröge auf den Trennungs-längsmauern von 35 cm Weite 41 cm über Sandschicht und ein mittleres, oben 15 cm weit geschlitztes Rohr, welches mit den beiden Seitenrohren durch drei wagerechte Querrohre von 30 cm Durchmesser beiderseitig ver-bunden ist, gesammelt und durch heberartige Rohre in den Schlamm-kanal abgeführt.

Die drei Schlammtröge sind durch von ihrer Überfallkante aus abwärts geneigte Schutzbretter gegen das Eintreiben des aufgewirbelten Sandes geschützt.

Der Filterabfluß wird für jede Einheit auf 3785 cbm/Tag reguliert, und das Filter wird gewaschen, sobald die Widerstandshöhe 3,05 m erreicht.

Die sechs Schieber für jedes Filter: Rohwasserzufluß, Reinwasserabfluß, Druckwaschwasser, Druckluft, Filterleerlauf (getrübtes erstes Filtrat) und Filterreinstau von unten, werden von einer marmornen Schalttafel aus hydraulisch betätigt.

Die Typhussterblichkeit soll unter den Verbrauchern des städtischen Wassers aufgehört haben.

## 3. Die Neuanlage für die Reinigung von rd. 76000 cbm/Tag Missouriwasser für Kansas City, Kans.

(E. R. 65/88, 188, 330, 555; 70/55. Vgl. Fig. 40, 94 bis 96 und 127 bis 133.)

Die Anlage befindet sich seit 1897 rund 5 km oberhalb des Zentrums der Stadt und umfaßte zuerst nur 10 Jewellfilter von dem doppelten Holzfaßtyp und 19000 cbm/Tag Leistungsfähigkeit.

Die Erweiterung von 1910/11 besteht zunächst aus drei gleichlaufenden und gleichen Niederschlagsbecken (61 · 9,14 · 7,56 m) aus Eisenbeton von je 3785 cbm Inhalt. (Fig. 127.) An der Stirnseite derselben liegt das sog. Haupthaus, in welchem die Verbindungsschächte und Schieber der drei Becken und dahinter vier Mischtröge (je 8,15 · 3,15 m Grundfläche und 3,51 m tief), sowie drei Sammelkammern für das sedimentierte Wasser jedes Beckens untergebracht sind. Der darunter liegende Raum von rund 3,20 m Tiefe ist für ein Reinwasserbassin benutzt. An der Sohle desselben tritt das Rohwasser von den Pumpen gleichlaufend der Stirnseite der Niederschlagsbecken in geschlossener Leitung ein. Durch einen Abzweig nach dem ersten Becken und Schieber *I* gelangt es in einem 76-cm-Rohr an das Westende desselben und kehrt durch das offene Becken und einen Oberflächenüberfall in eine Einlaßkammer zurück. Aus dieser kann es vermittels Schieber *V*, Schacht und Schieber *II* in das Grundrohr des zweiten Beckens von 91 cm Durchmesser treten und durch das Becken zurück über einen Überfall in die zweite Einlaßkammer fließen. Wieder durch Schieber *VII*, Schacht und Schieber *III* macht es im dritten Becken denselben Weg bis zur dritten Einlaßkammer und zu den Filtern.

Durch Schieber *I* und *II* kann das Rohwasser auch gleichzeitig den beiden ersten Becken zuströmen, gelangt dann durch einen nicht gezeichneten Umlauf nach Schacht und Schieber *IV*, durchströmt das offene Becken *III* von Osten nach Westen und gelangt von dort durch eine Rohrleitung von 1,7 m $\varnothing$ nach Becken *IV*.

Jedes der drei Becken kann durch Umläufe, welche sich oberhalb Reinwasserbehälter (dieser steht in gar keiner Verbindung mit den Niederschlagsbecken, sondern nur mit dem unter den Filtern befindlichen Reinwasserhauptbecken) zwischen Zusatzbehältern und Niederschlagsbeckenstirnwand befinden, ausgeschaltet werden.

Es scheinen noch andere Schaltmöglichkeiten der drei Becken vorhanden, denn es ist angegeben, daß in denselben an Gefälle bei großem Wasserbedarf dadurch gespart wird, daß Becken *I* bis *III* parallel geschaltet werden, also jedes sein Wasser unmittelbar an die Filter abgibt.

Bei Hochflut enthält das Missouriwasser bis 10 kg/cbm Schlamm und verzehrt gewissermaßen das zugesetzte Alaun[1]. Es wird im ersten Becken

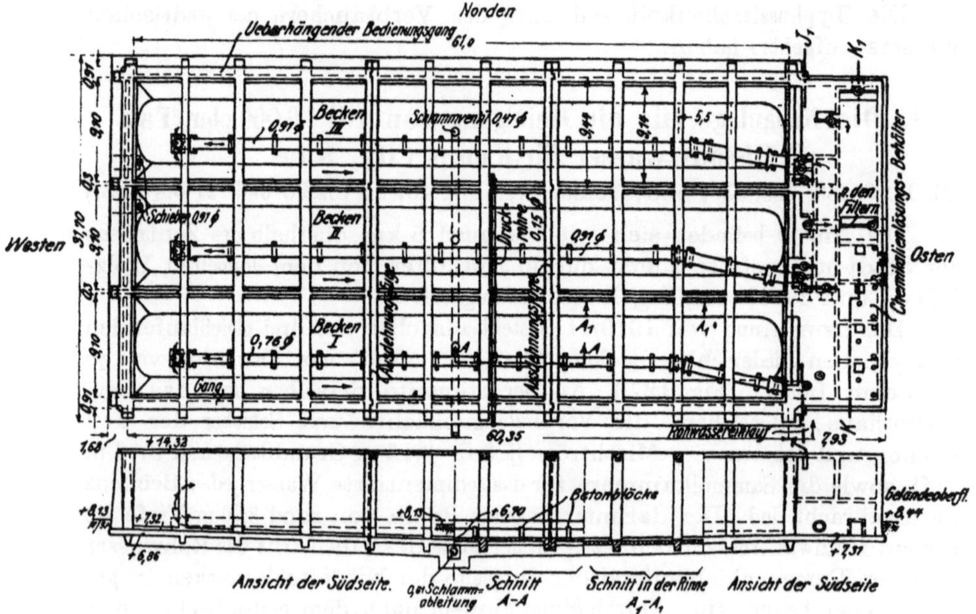

Fig. 127 u. 128. Kansas City, Kans. Oben: Grundriß der Niederschlagsbecken mit Vorkammern. Unten: Längsansichten und Schnitte. (E. R. 65/89.)

von einem Zusatz abgesehen und erst am Überfall vor Eintritt ins zweite Becken und dann nochmals vor Eintritt ins dritte Becken Alaun zugesetzt.

In solchen Fällen füllen die Schlammassen sehr rasch die Becken, beeinträchtigen den Niederschlagsraum und werden durch das Einströmen aufgewühlt. Es muß daher für fortwährende Reinigung gesorgt werden. Sie geschieht durch Spülstrahlen aus Schläuchen, welche den Schlamm nach einem verschließbaren Spülschacht in der Mitte der ins Gefälle gelegten Beckensohle treiben. Ein viertes großes Becken ist vorgesehen.

Es hat sich gezeigt, daß die Schnellfilter Wasser von höchstens 150 bis 200 g/cbm Schlammgehalt zu bewältigen vermögen. Ist der letztere niedrig, so können die Niederschlagsbecken *I* und *II* auch parallel geschaltet und damit an Gefälle und Absitzzeit gespart werden.

---

[1] 25 bis 85 g/cbm.

Die drei Überfälle, welche das Wasser der drei hintereinander ge-
schalteten Niederschlagsbecken passieren muß, liegen je auf Ordinate $+ 13{,}54$,
$+ 13{,}12$, $+ 12{,}70$. Einsatzbretter zur genauen beliebigen Regulierung der
Überfallschneide wären zweckmäßig.

Die Sohlen der Verteilungsbecken, zugleich Deckenoberkante-Rein-
wasserbehälter (Sohle $+ 7{,}31$), liegen auf $+ 10{,}51$, die Oberkante der Wasch-
wasserrinnen auf $+ 11{,}48$ und die Sandfilteroberfläche 76 cm tiefer als diese.

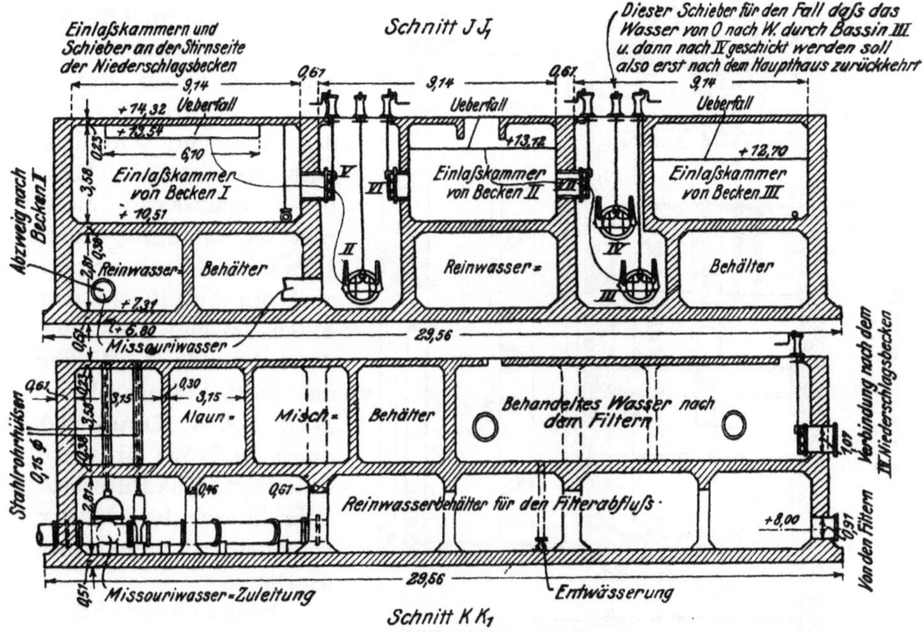


Fig. 129 u. 130. Kansas City, Kans. Schnitt durch die Vorkammern der Niederschlagsbecken.
(E. R. 65/89.)

In der Flucht des Niederschlagsbeckenhaupthauses schließen sich Ḥaupt-
haus für die Filter und daran diese nebst einem einseitigen, oben offenen
Rohrkanal an. Der Raum unter den Filtern ist wieder als Reinwasserbehälter ausgenutzt (Sohle auf $+ 5{,}48$).

Von den 13 Filtern sind vorläufig 5 angelegt.

Der Filterkasten aus Eisenbeton, 30,5 cm stark, ist im Lichten 3,52 m
tief, 9,14 m lang und 5,56 m breit. Parallel der Längswand[1] bildet eine
15 cm starke Betonwand von 1,88 m Höhe einen 53 cm breiten Kanal. Die
Kanalwand ist durch vier Streben von der Filterwand gehalten und gewährt
zugleich eine Unterstützung für vier Betonspülwasserabflußtröge, welche
in 2,275 m Abstand mit Oberkante 76 cm über Filterfläche liegen. Sie über-
spannen die lichte Filterbreite von 4,88 m frei mit wagerechter Oberkante

---

[1] Diese Anordnung, ungünstig für die Beschickung der Tröge, wurde wahrscheinlich gewählt, weil sonst die Spannweite für dieselben zu groß geworden wäre.

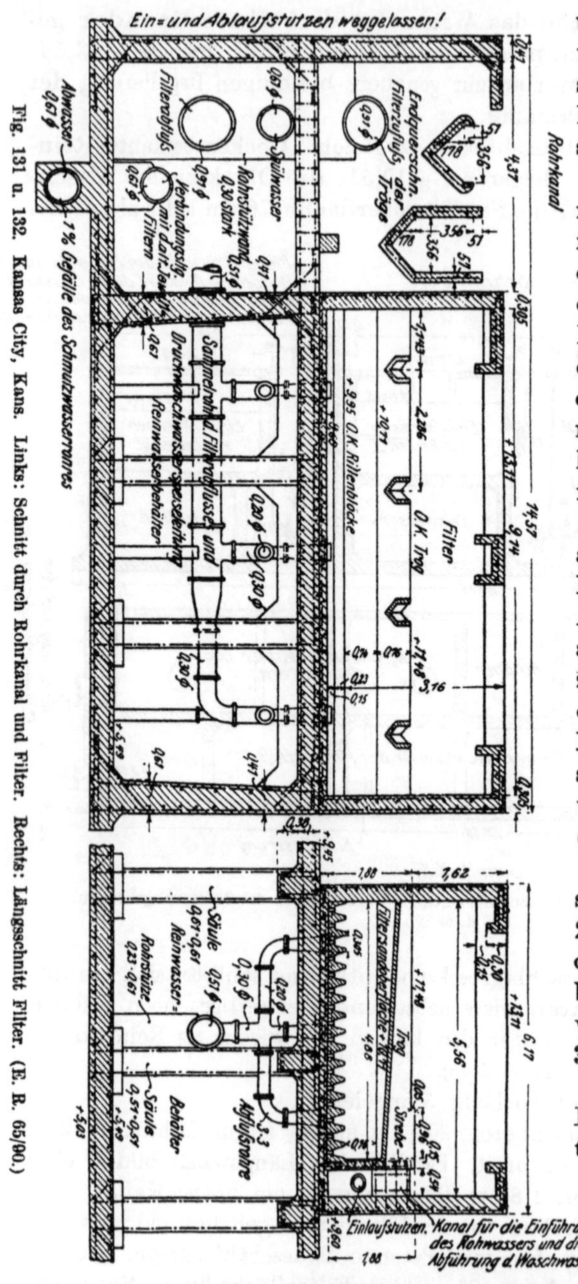


Fig. 131 u. 132. Kansas City, Kans. Links: Schnitt durch Rohrkanal und Filter. Rechts: Längsschnitt Filter. (E. B. 65/90.)

und einem Sohlengefälle von 30,5 cm. Die Filtersandfläche wird durch den Kanal auf 44,6 qm beschränkt. (Fig. 131 bis 133.)

Diese Einrichtung ermöglicht sowohl den Abfluß des Spülwassers, welches aus einem hochliegenden Vorratsbehälter die Filter von unten durchdringt, durch die Tröge in den Kanal und von dort nach einem gemeinschaftlichen Spülwasserabflußrohr von 60 cm $\oslash$ und 1 Proz. Gefälle gelangt, als auch den Zufluß zu den Filtern, welche das mit Alaun behandelte Wasser aus einem Stammrohrabzweig in den Kanal und durch die Tröge über die Filter führt. Das Filterbett selbst ist nach dem Muster von Cincinnati angeordnet (S. 118).

Auf der ebenen Filtersohle bilden 15 ganze und 2 halbe (an den Längswänden) Reihen von Betonblöcken 16 Längsfurchen von 30,5 cm Abstand und 36 cm Tiefe.

13 cm über Sohle des Filters ruht auf beiderseitigen, 16 mm breiten wagerechten Absätzen eine nach unten verankerte ⏟ förmige perforierte Bronzeplatte, welche oberhalb eine Ausfüllung der Fuge mit grobem Kies trägt. Der Kies von 2,5 cm Korngröße ist gegen den Spülstrom durch ein darüber gestrecktes verankertes Bronzedrahtnetz von 2,5 mm Maschenabstand festgehalten, und erst darüber liegt die 76 cm starke Filtersandschicht. Die

Bronzeplatten haben vier Reihen Löcher von 2,4 mm Durchmesser in 19 mm Abstand, im ganzen 0,3 Proz. der Filterfläche als Lichtöffnung. Sie werden durch Hakenanker und Stege in 23 bzw. 38 cm Abstand mittels obenliegender Schraubbolzen niedergehalten. Unterhalb der Bronzeplatte bleibt auf dem Filterboden eine Abflußrinne frei. (Fig. 94 bis 95a.)

Diese 16 Längsrinnen sind unter den Betonblöcken hindurch vermittels drei umgekehrter ⊓förmiger gußeiserner Tröge quer zur Filterlängsrichtung verbunden, unter welchen je drei Abflußstutzen, also insgesamt neun für jedes Filter, in dessen Sohle eingelassen sind. Sie vereinigen sich zu je drei

Fig. 133. [Kansas City, Kans. Rohrkanal. (E. R. 65/90.)

in einem gemeinsamen verjüngten Sammelrohr, welches im Rohrkanal an ein 91-cm-Rohr anschließt. Von diesem kann es jedoch abgesperrt und statt dessen mit dem Spülwasserrohr verbunden werden.

Die Spülung dauert 5 Minuten mit einer Geschwindigkeit des Spülstromes von 76 bis 81 cm/Min., würde demnach also $4,88 \cdot 9,14 \cdot 5 \cdot 0,8$ = 178,4 cbm Wasser verbrauchen.

Druckluft wird nicht benutzt.

Wasch- und Spülwasser für die Niederschlagsbecken wird durch besondere Pumpen von 35, 25 und 10 PS gefördert.

Die Filtergeschwindigkeit beträgt 116,91 m/Tag, die Leistung eines Filters also rund 5000 cbm.

Der Filterwasserzu- und -abfluß, Leerlauf, Waschwasserzu- und -abfluß wird für jedes Filter durch fünf hydraulische Schieber an der Filterwand des Rohrkanals betätigt. An dem Schiebergestange des Filterabflusses ist ein Mitnehmer angebracht, welcher durch ein Rohr den Filterabfluß mit der Luft in Verbindung setzt, um eine Saugwirkung zu verhindern. Diese Verbindung wird beim Schließen des Abflußschiebers vor dem Waschen wieder unterbrochen, damit das Waschwasser nicht durch das Lüftungsrohr, welches gleichzeitig den Druckhöhenverlust im Filter anzeigt, überfließt.

Das Filtergefälle wird durch je einen „Vivian rate controller" im Reinwasserabfluß geregelt.

Das Reinwassersammelrohr mündet in einen Schacht mit Überfall nach dem Reinwasserbehälter, so daß der Abfluß etwas über Filtersohlenhöhe annähernd konstant erhalten wird.

Die Alaunlösung fließt durch Schwerkraft in ständig gleicher Menge zu und wird nur durch den Gehalt der Lösung nach Menge und Schlammgehalt des Rohwassers geregelt.

Der Höchstverbrauch ist 35 bis 70 g/cbm. Die Alkalinität des Missouriwassers beträgt 85 g/cbm, ist daher ohne Zusatz hinreichend, da jedes Gramm Alkaligehalt des Wassers genügt, um etwa 2 g Alaun zu zersetzen.

Um die Spülwassergeschwindigkeit von $\infty$ 0,8 m/Min. zu erzielen, war angenommen, daß etwa 5 m Unterdruck gegen die Bronzeplatten genügen würde. Wahrscheinlich ist dieser Druck beim zu raschen Öffnen des Spülventils oder durch Verstopfung einer Anzahl der 2,4-mm-Löcher in den Platten überschritten worden, denn die 6-mm-Bronzeankerbolzen rissen und mußten mit erheblichen Unkosten durch 10- und 11-mm-Ankerbolzen ersetzt werden. (Fig. 94 bis 96.)

Bei vier neu errichteten Filtern sind die Bronzeplatten nur einfach nach 63 mm Halbmesser gebogen, unter Benutzung von Überlags-Sattelplatten durch 11 mm Bolzen verankert und ruhen auf den Betonabsätzen mit Bleistreifen auf.

Das Bronzegewebe ist quer zu den Furchen statt längs mit 11-mm-Ankern befestigt.

Neuerdings hat man dasselbe weggelassen und dafür die Tragschicht verstärkt.

## 4. Die Wasserenthärtung und -reinigung von Mississippiwasser für St. Louis.

(E. R. 69/340; E. N. 70/808, 1329, 396. Vgl. Fig. 115/116, 134 bis 144.)

Bis zum Jahre 1904 wurde St. Louis mit Mississippiwasser versehen, welches beim langsamen Durchfließen einiger Klärbecken im Zeitraum von ein paar Stunden nach Beobachtungen des Jahres 1902 seinen Schlammgehalt von 100 bis 7000 g/cbm (im Durchschnitt 2000 g) auf 50 bis 600 g/cbm (im Durchschnitt 200 g) verminderte.

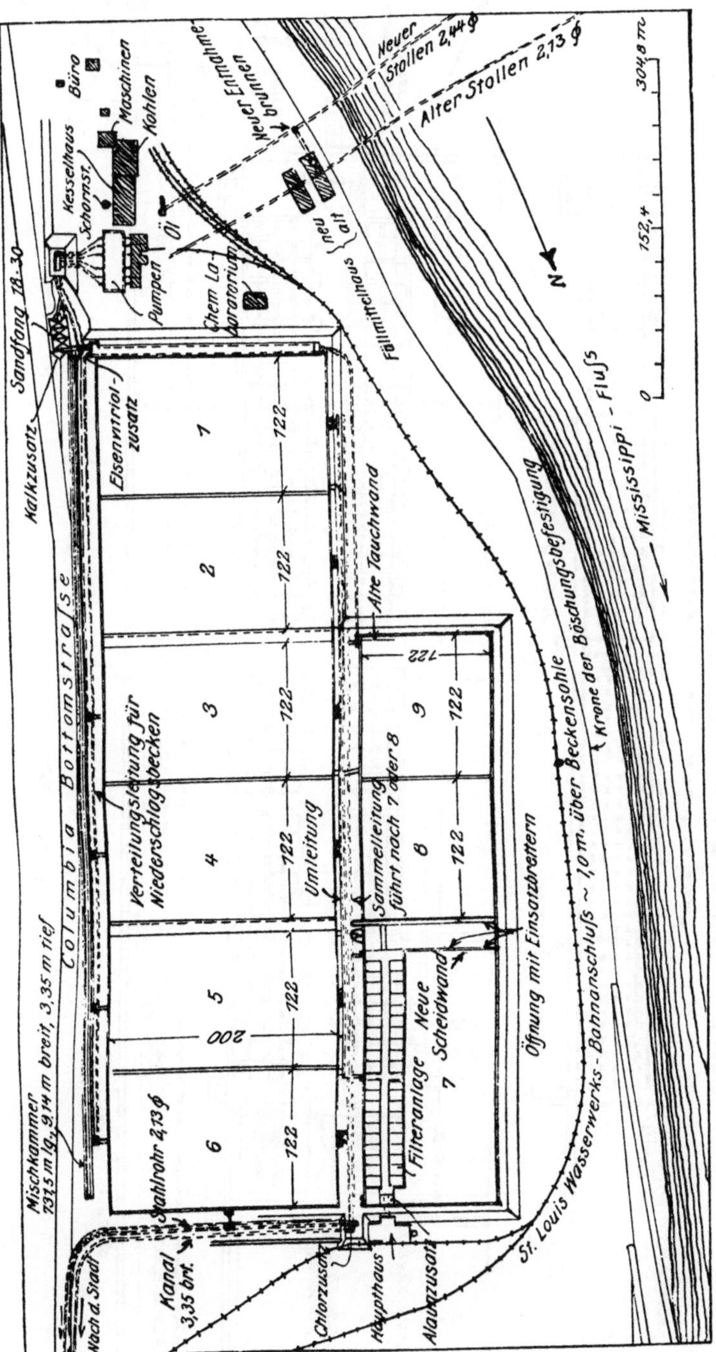


Fig. 134. St. Louis-Filter. Lageplan. (E. N. 70/810.)

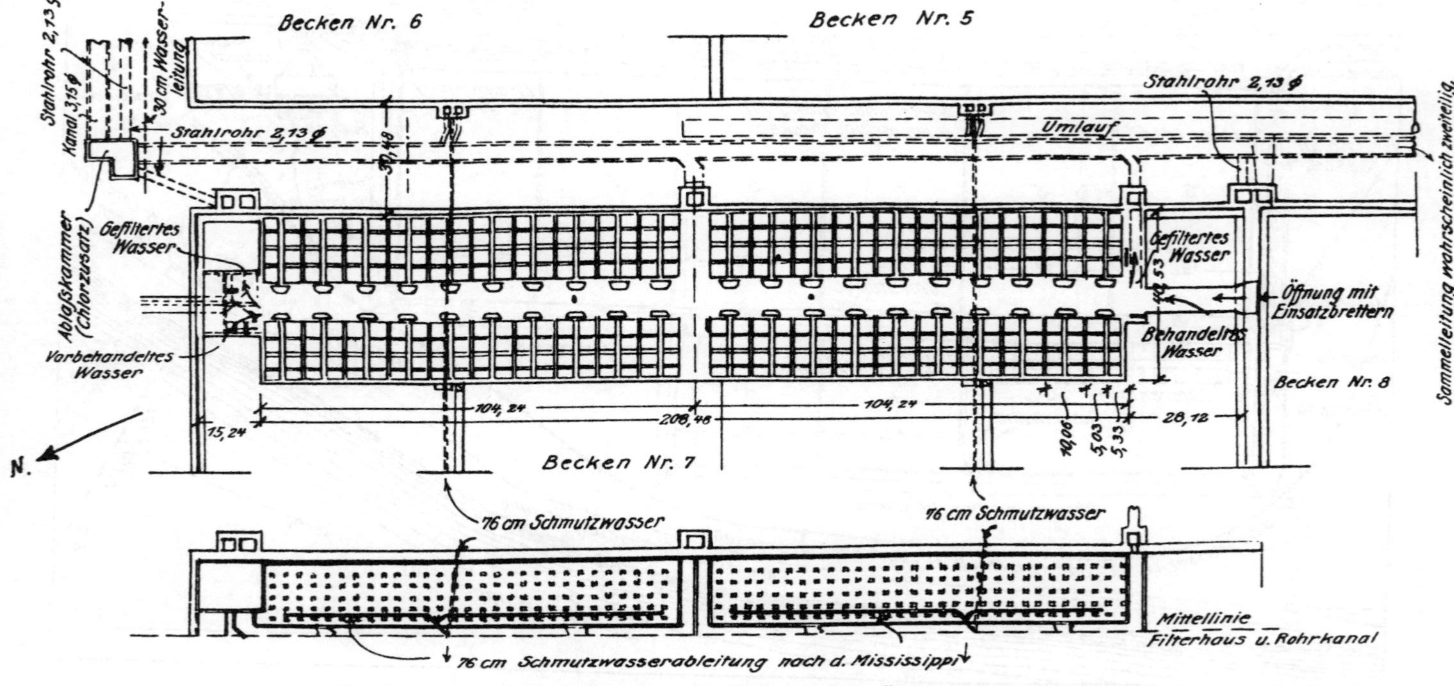



Fig. 135 u. 136. St. Louis. Filteranlage im Absitzbecken Nr. 7. Übersichtsplan. (E. N. 70/810.)
Oben: Aufsicht auf die Filterkasten, deren Versteifungsbalken und Bedienungsstege und die im mittleren Bedienungsgang (Rohrkanal) ausgesparten Licht- und Einsteigeöffnungen. Unten: Wagerechter Schnitt durch die Säulenstellung unterhalb Filterboden (Hälfte des Filtergrundrisses).

Vom Jahre 1904 ab wurde durch Fäll-
mittelzusatz eine Verbesserung erzielt und 1907
durch Vermehrung der Klärbecken der Nutz-
inhalt derselben von 681 000 auf 946 000 cbm
gesteigert.

Die großen Unterschiede im Schlammgehalt des Flußwassers und in der Pumpen-
fördermenge machten eine regelmäßige „Klärung" unmöglich. Die ursprüngliche Trübung
von 30 der Platinskala ließ sich auf 12, eine
solche von 100 aber nur auf 45 vermindern.

Es wurde 1912 die Anlage von Schnellfiltern mit $\sim$560 000 cbm Tagesleistung be-
schlossen.

Als Bauplatz für die 213,4 · 42,67
= 9106 qm Grundfläche der Filteranlage
konnte ohne weitere Kosten und Zeitverlust
die Betonsohle des Klärbeckens Nr. 7, welche
etwa 7,0 m unter Geländesohle liegt, verwendet werden.

Der Rest der Grundfläche dieses Eckbeckens von rund 250 · 122 m ursprünglicher
Grundfläche und das daranstoßende Becken
Nr. 8 mit 122 · 122 m Grundfläche sollen für
einen Alaunzusatz vor der Filtration zurück-
behalten werden.

Die übrigen 7 Becken (Nr. 9 Grundfläche
122 · 122 m, in gleicher Reihe mit Nr. 7 und 8;
Nr. 1 bis 6, Grundfläche je 122 · 200 m, von
den übrigen drei Becken durch einen 30 m
breiten Geländestreifen mit Sammelkanal getrennt) bleiben als Niederschlagsbecken in Betrieb. Sie sollen im Gegensatz zur früheren
Reihenschaltung nebeneinander benutzt werden. (Fig. 134 bis 136.)

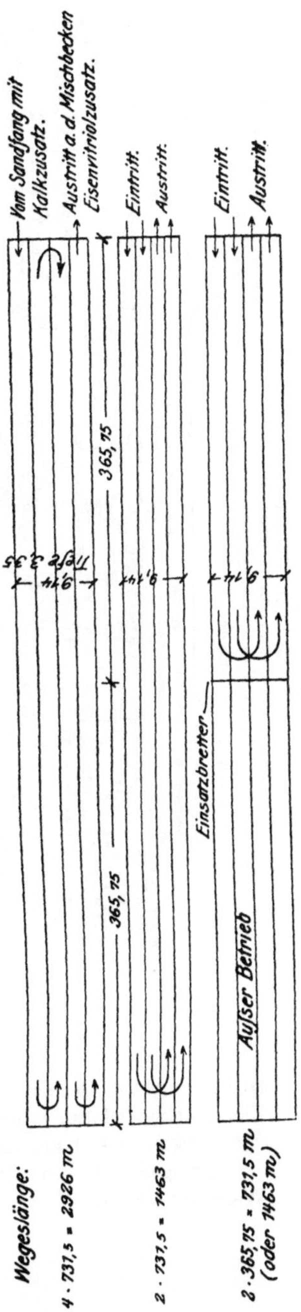

Das Mississippiwasser wird durch zwei
gleichlaufende Stollen senkrecht zum Ufer entnommen und in ein Vorbecken von 18 · 30 m
Grundfläche gepumpt, wo sich der gröbste
Schlamm ausscheidet und während des Betriebes nach dem Flusse zurückgespült werden kann. Beim Austritt aus diesem Schlammfang erfolgt zwecks Beseitigung der vorüber-
gehenden Härte der Kalkmilchzusatz, dessen innige Durchdringung mit dem
Rohwasser durch ein Mischbecken gesichert wird. Dasselbe besteht aus vier



Fig. 137. Drei schematische Darstellungen der Benutzung der Mischkammer. (E. N. 70/810.)

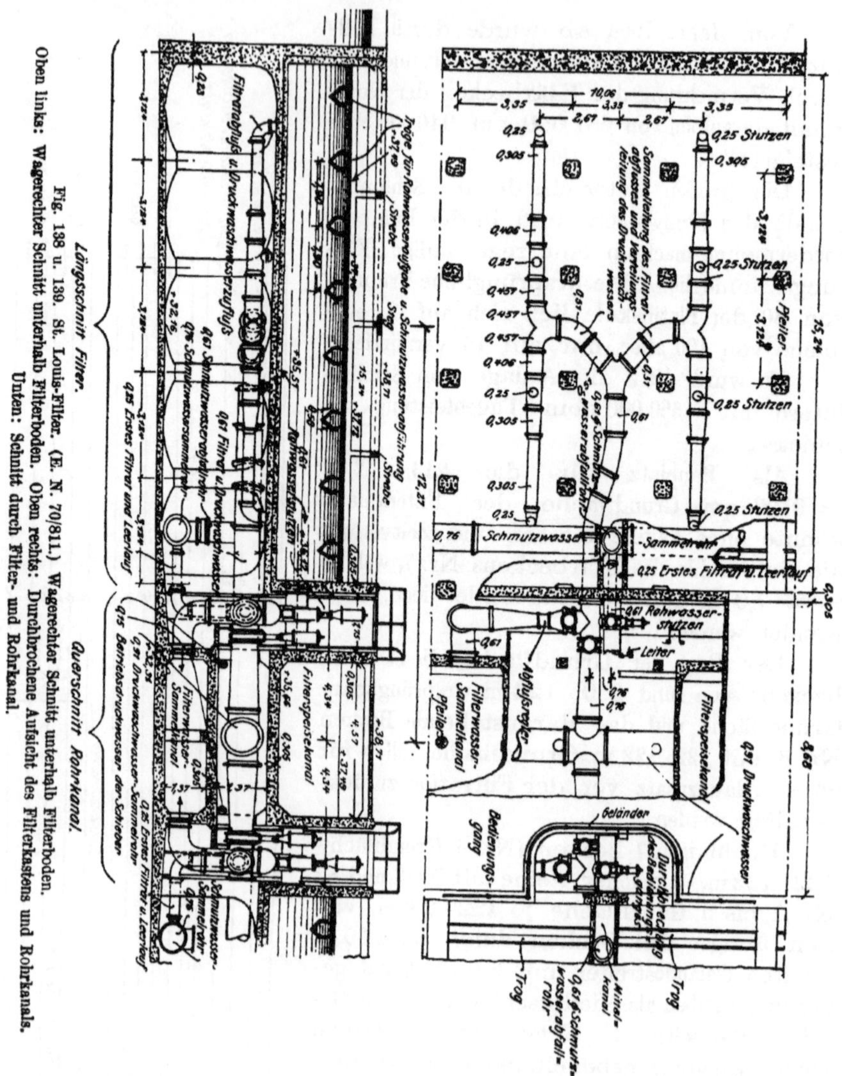

Fig. 138 u. 139. St. Louis-Filter. (E. N. 70/811.) Wagerechter Schnitt unterhalb Filterboden. Oben rechts: Durchbrochene Aufsicht des Filterkastens und Rohrkanals.
Oben links: Wagerechter Schnitt unterhalb Filterboden.
Unten: Schnitt durch Filter- und Rohrkanal.

engen, in 9,14 m Gesamtbreite nebeneinander liegenden Kanälen von **3,35 m Tiefe**, welche sich auf ganze Länge von etwa **731,5 m** hinter und gleichlaufend den Becken 1 bis 6 erstrecken. (Fig. 137.)

Entsprechend der Pumpenförderung und dem Schlammgehalt des Wassers kann das Wasser:

1. alle vier Kanäle nacheinander durchfließen und an die Einlauf-

stelle zurückkehren, $4 \cdot 731,5$
= 2926 m;

2. in zwei Kanäle eintreten
und durch die anderen beiden zurückkehren, $2 \cdot 731,5$
= 1463 m;

3. es kann durch Einsatzbretter die Mischbeckenlänge auf
die Hälfte beschränkt und
wie vor benutzt werden.

Beim Verlassen des Misch-
beckens und vor Eintritt in. einen
Verteilungskanal zwischen Mischbecken und den sechs Niederschlagsbecken erfolgt der Eisenvitriolzusatz,
ebenso wie vorher der Kalkzusatz,
durch Pumpenförderung aus dem
alten Fällmittel-Lösehaus.

In den Niederschlagsbecken soll
der Schlammgehalt bis auf 40 g/cbm
zurückgeführt werden, und es wird
eine wesentliche Ersparnis an Zusatz — bisher $\sim 90$ g/cbm Kalk und
50 g/cbm Eisenvitriol — erwartet.
Ein zweiter Verteilungskanal von
wechselnder Höhe (1,06 bis 2,13 m)
und Breite (4,26 bis 7,92 m) sammelt das Wasser aus den Niederschlagsbecken Nr. 1 bis 6 und Nr. 9
und führt es nach Becken 7 und 8.
Hier empfängt es, wenn nötig, noch
einen Alaunzusatz und kann dann
von den beiden Stirnseiten aus in
den 4,58 m breiten offenen Filterspeisekanal treten, welcher beiderseits mit 0,61 m Durchmesser
Anschlußstutzen nach jedem der
ihn in zwei Reihen einschließenden
40 Filter versehen ist. (Fig. 138
bis 141.)

Die Betonsohle des Filterspeise-
kanals, 305 mm stark, ruht mittels
Pfeilern auf den Wandungen des
gleichbreiten Filterwassersammelkanals. Letzterer, allseitig.ge-

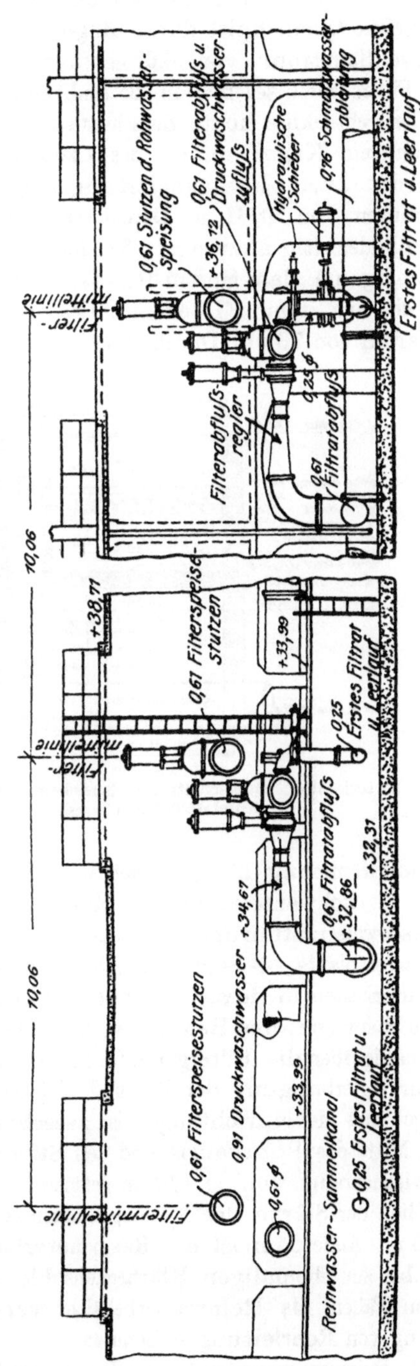

Fig. 140. St. Louis-Filter. Längsschnitt durch den Rohrkanal. (E. N. 70/811.)

schlossen, ist nur 1,37 m hoch und die gerade Decke, ebenfalls 305 mm stark, in der Mitte Querschnitt durch Längsbalken und Pfeilerstellung unterstützt.

Das Hauptrohr von 0,61 m Durchmesser des Reinwasserablaufs jedes Filters wird seitlich in die senkrechte Kanalwange eingeführt.

Der rechteckige lichte Zwischenraum von 1,32 m Höhe zwischen oberem und unterem Kanal nimmt das Längsrohr von 91 cm Durchmesser der Filterdruckwaschwasserleitung auf, von welchem ebenfalls wagerechte Rohrstutzen von 0,61 m Durchmesser rechtwinklig nach den einzelnen Filtern beiderseitig abzweigen. Sie sind in der wagerechten Ebene in leichter Krümmung um das Schmutzwasserabfallrohr herumgeführt, welches senkrecht aus dem Filtermittelkanal nach einem Schlammabführungsrohr von 76 cm Durchmesser auf der früheren Beckensohle herabfällt.

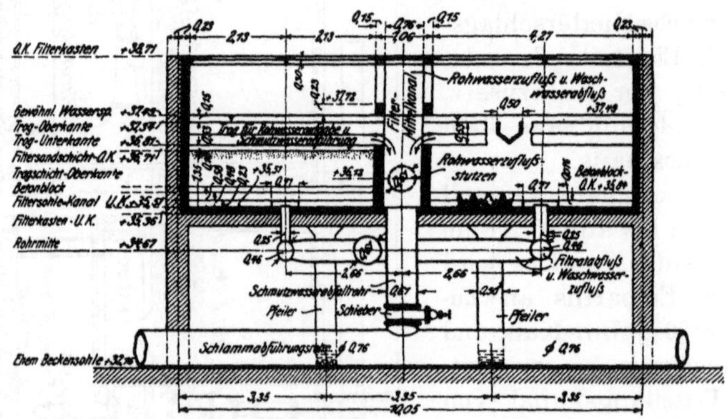



Fig. 141. St. Louis-Filter. Querschnitt der Filtereinheit. 15,24 · 2 · 4,27 ≃ 130 qm nutzbare Sandfläche. Rund 15 000 cbm Tagesleistung. (E. N. 70/811.)

Die Krümmung hängt damit zusammen, daß die drei erwähnten Abzweige: 1. Rohwasserzuführung oberhalb Filtersohle, Rohrmitte + 36,12; 2. Waschwasserzuführung unterhalb Filtersohle, zugleich Hauptrohr des Reinwasserablaufs + 34,67; 3. Schmutzwasserabfallrohr, wenigstens unter dem Filterkasten in dessen senkrechter Längssymmetrieebene liegen müssen, um das Rohwasser, das Reinwasser, das Waschwasser und das Schmutzwasser gleichmäßig über die Filtergrundfläche verteilt zu- und abführen zu können.

Zur Unterbringung der Zu- und Ableitungen zum Filter und der Regulierungs- und Meßeinrichtungen ist zwischen dem dreiteiligen Kanalaufbau in der Mitte des Rohrkanals und den Stirnwänden der beiderseitigen Filter ein Zwischenraum von je 1,75 m gelassen: die Rohrkanalweite ist also einschließlich der Stärke der Filterspeisekanalwände 2 · 1,75 + 2 · 0,305 + 4,58 = 8,70 m. Außerdem ist der Raum unterhalb der Decke, welche die Filter trägt, bis zur ehemaligen Klärbeckensohle von 2,97 m Höhe nicht, wie in anderen Fällen, als Reinwasserbehälter verwandt, sondern nur zur Unterbringung von Rohrleitungen benutzt.

Die Reinwassersammel- und Druckwaschwasserverteilungsleitungen sind an dieser Decke aufgehängt, die Schmutzwasserabführungsleitungen senkrecht zur Längsachse der Filterkästen unter den senkrechten Abfallrohren des Schmutzwassers auf der ehemaligen Klärbeckensohle verlegt.

Die Achsteilung der Wand- und Pfeilermitten (Querschnitt 50·50 cm), welche den Filterkasten unterstützen, ist in der Längsrichtung des Filters 3,124 m, in der Breite 3,35 m.

Die rechteckigen Filterkästen mit gemeinsamer Trennungslängswand sind zunächst im Rohbau hergestellt und dann durch Einstampfen wasserdichter Kasten in einem Stück auf die lichten Maße von 15,24 m Länge, 10,06 m Breite und 3,2 m Tiefe gebracht. Die nutzbare Filterfläche entspricht dieser Grundrißfläche jedoch nicht, sondern ist durch einen zwischen die Stirnwände gespannten trogartigen Kanal von 0,76 m lichter und 1,06 m Gesamtbreite auf zwei gleiche nutzbare Flächen von 15,24 · 4,27 m beschränkt.

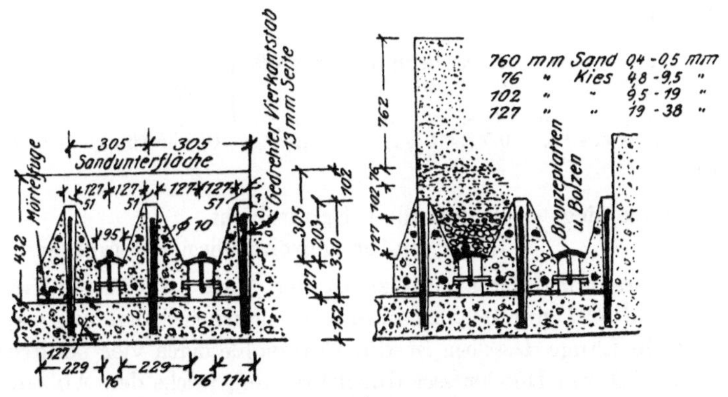


Fig. 142. St. Louis-Filter. Rillenblocksystem. (E. N. 70/810.)

In Höhe der Filterkastenoberkante (+ 38,71) ist über jedes Filter in seinen Mittellinien ein Balkenkreuz gestreckt, welches zugleich als Verankerung der Umfassungswände und Bedienungssteg dient. Ein gleicher Steg versteift die Stirnaußenwand des Filters, und gleichlaufend dieser sind noch zwei weitere Balken eingefügt. Die ganze Verankerungskonstruktion ist durch sechs Pfeiler auf den Wänden des trogartigen Kanals unterstützt. Diese Wände und die Filtertrennwände dienen weiterhin zur Unterstützung der Spültröge, welche, je acht für jede Filterhälfte, auf 4,27 m freie Länge das Filter überqueren. Oberkante + 37,34.

Die Tröge von je 0,5 m oberer Breite und 1,9 m Abstand ermöglichen die Aufgabe des Rohwassers, welches aus dem Filterspeisekanal durch einen Abzweigstutzen an der Stirnseite des trogartigen Kanals und dann an der Stirnseite der offenen Tröge eintritt und über ihre Ränder nach außen überfließt. Sie dienen aber auch umgekehrt zur Abführung des Waschwassers. Nachdem dieses die Filterschichten spülend durchdrungen hat, fließt es über den Rand der Spültröge durch diese in den trogartigen Mittelkanal und durch das senkrechte Abfallrohr nach dem Schlammabführungsrohr.

Die Filterentwässerung ist nach dem sog. Rillenblocksystem angeordnet.

Quer zur Längsachse des Filters, stumpf gegen die Trennungswand vom Nachbarfilter und gegen die Mittelkanalwand stoßend, sind auf der Filtersohle durch Betonblöcke für jede Filterhälfte Querkanäle von 127 mm Höhe und 76 mm Breite gebildet (Fig. 142). Sie werden von einer nach oben gewölbten durchlochten Bronzeplatte abgedeckt, welche auf Absätzen der Blöcke ihr Längsauflager findet. Durch einen senkrechten Hakenbolzen mit oberer Schraubmutter, welcher einen den Kanalquerschnitt durchkreuzenden Queranker umfaßt, werden sie gegen den Spülwasserdruck auf ihr Auflager gepreßt. Oberhalb der Bronzeplatte bilden die Nachbarbetonblöcke, welche in 305 mm Achsabstand liegen, eine Furche mit 95 mm unterer, 203 mm oberer Weite und 203 mm Tiefe.

Die Furchen sind bis 100 mm über die 51 mm breiten oberen Schneiden der Betonblöcke von der „Tragschicht" überdeckt. Die Filterschicht setzt sich zusammen aus

| | | | | | | | |
|---|---|---|---|---|---|---|---|
| 127 | mm | Kies | von 38 | bis 19 | mm | Korngröße | ⎫ |
| 101,6 | „ | „ | „ 19 | „ 9 | „ | „ | ⎬ Tragschicht |
| 76,2 | „ | „ | „ 9 | „ 5 | „ | „ | ⎭ |
| 762 | „ | Sand e. s.[1] | „ 0,5 | „ 0,4 | „ | „ | Gleichmäßigkeitsgrad 1,65 |
| 1066,8 mm | | | | | | | |

Trogunterkante liegt $\infty$ 100 mm über Sandschicht.

Trogoberkante        „    $\infty$ 150 „    unter gewöhnlichem Filterspiegel.

Der Betonquerschnitt der Blöcke ist in der Mitte der Filterhälfte auf 711 mm Breite und 127 mm Höhe zu einem Längssammelkanal ausgespart. (Fig. 141.) Auf die Länge desselben ist die Filtersohle durch vier senkrechte Rohrstutzen von 250 mm Durchmesser durchbrochen, welche den Ablauf des Filtrates und den Eintritt des Waschwassers durch ein unter der Decke aufgehängtes, nach beiden Enden zu verjüngtes Rohr vermitteln. Dasselbe wird mit dem entsprechenden der anderen Filterhälfte unter der Filtermitte verbunden und in einem gemeinsamen Stammrohr von 0,61 m Durchmesser wagerecht an das Waschwasserhauptrohr angeschlossen. Von dem Stammrohr zweigt einerseits mit Schieberverschluß und eingebautem Venturiregler der Reinwasserabfluß in doppelter Krümmung nach dem Filterwasserkanal in der Mitte des Rohrkanals ab. Andererseits ist ein 25-cm-Abzweig nach dem Schlammwasserabfluß von 76 cm Durchmesser auf der ehemaligen Klärbeckensohle geführt, um den ersten noch nicht ganz klaren Filterabfluß unmittelbar nach der Spülung des Filters oder die Leerung desselben bewirken zu können.

Die erste Füllung und der Wiedereinstau des Filters scheint durch Waschwasser bewirkt zu werden.

Auf der Decke des Filterwassersammelkanals, zu beiden Seiten des Waschwasserhauptrohres, sind zwei Druckwasserleitungen von je 15 cm Durchmesser entlang geführt, welche wahrscheinlich mit Schlauchanschlüssen

---

[1] e. s. = effective size = wirksame Korngröße.

zur Spülung der Kanäle und Filterkästen versehen sind, in der Hauptsache aber zur Betätigung der hydraulischen Schieberverschlüsse sämtlicher Leitungen dienen.

Außer dem Filtern, Waschen der Filter und Beseitigung des schmutzigen Spülwassers ist für den Betrieb die Messung und Regelung des Filter- und Waschwasserabflusses von Wichtigkeit.

In jeden der 40 Filterabflußstutzen von 61 cm Durchmesser ist ein Venturiregler eingeschaltet, durch welchen die Abflußmenge auf 5677 bis 18 926 cbm[1] (45 bis 145 m/Tag Geschwindigkeit) unabhängig von der Druckhöhendifferenz beiderseits des Reglers — bis 4,27 m — eingestellt werden kann. (Vgl. Fig. 115/116.)

Sämtliche Einzelregler sind mit einem Sammelregler verbunden, welcher, auf eine bestimmte Filtergeschwindigkeit eingestellt, sie automatisch auf dieselbe einstellt.

Die tatsächliche Wassermenge, die Widerstands- und Spiegelhöhe jedes Filters werden fortlaufend selbsttätig aufgezeichnet.

Die Bedienung jeder Einheit erfolgt von einer gemeinsamen Schalttafel.

Ein selbstaufzeichnender Pegel am Auslaß des Reinwasserabflusses gestattet die Richtigkeit der Einzelmessungen im ganzen zu prüfen.

Der Waschwasserverbrauch bis zu Mengen von 160 cbm/Min. wird von einem besonderen Venturimeter in der 91-cm-Leitung aufgezeichnet.

Die ganze Filteranlage ist durch ein dreischiffiges Eisenbetongebäude überdacht. Die mittlere Laterne hat die Breite des Rohrkanals von 8,7 m, dessen Decke als Bedienungsflur dient. Dieser ist oberhalb der Hauptschieber — Filterspeiseleitung, Waschwasser-, Reinwasser- und Filterentleerungsschieber — von eingefriedigten Einsteigeöffnungen durchbrochen. Das Filtergebäude wird vom Haupthaus aus, welches in 10 m Abstand von der Stirnseite liegt, mit Dampf geheizt.

Das Haupthaus ist im Grundflur mit drei Kesseln zu je 150 PS, mit drei Zentrifugalpumpen von 30 cm Durchmesser zur Speisung der Waschwasservorratsbehälter von 15,24 m Durchmesser und 612 cbm Inhalt, welche einen großen Teil des dritten und vierten Stocks einnehmen, mit zwei Druckpumpen von 15 cm Durchmesser zur Lieferung des Druckwassers für die Schieberbetätigung, einer Eismaschine, Vorratsräumen, Misch- und Lösebehältern für Alaun, Chlorkalk und Chlor, Verwaltungs- und Laboratoriumsräumen ausgestattet.

Alaun wird nach einem kleinen Becken an der Nordseite der Filter gepumpt. (Fig. 134 u. 135.)

Chlor oder Chlorkalk zur Abtötung der Keime fließt im Bedarfsfall nach einem in die Reinwasserabflußleitung eingeschalteten Becken ebenfalls an der Nordseite der Anlage.

Zur Versorgung des Baues ist ein Anschlußgleis am oberen Rande des Beckens 7 entlang geführt, welches die Filteranlage aufnehmen soll. Die vor-

---

[1] Die Fehlergrenze soll bis 9463 cbm/Tag 3 Proz., darüber $1^1/_2$ Proz. betragen.

Fig. 143. Der Bau der St. Louis-Filter im früheren Niederschlagsbecken 7. (E. N. 70/1330.) Der Aufzug und das Verteilungsgerinne des Mörtels längs der Baustelle. Im Vordergrund die Sohlengewölbe zur Aufnahme der Säulenstellung.

handene Sturzhöhe von 7,0 m wird durch eine Sandtasche von 8,84 · 9,14 m Grundfläche und 3,66 m Tiefe (10 Wagen), eine Kiestasche von 12,2 · 12,2 m Grundfläche und ebenfalls 3,66 m Tiefe (14 Wagen) und einen Zementschuppen für 1500 Sack ausgenutzt. (Fig. 134 u. 143.)

Ein Betonmischer von 600 l Beschickung ist am Fuße eines 36 m hohen Aufzugturmes in den Boden eingelassen. Von diesem verteilen Holzrinnen, mit Eisenblech 30 · 30 cm im Lichten ausgekleidet, in 20 Proz. Gefälle den flüssigen Mörtel nach beiden Seiten am Rande auf die Länge des Bauplatzes.

Quadratische Holzfachwerkpfeiler[1] von gleicher Bauweise wie der Aufzugsturm unterstützen die Rinnen in Lichtabständen von 13,72 m.

In der Querrichtung des Bauplatzes zweigen von jedem der 12 Türme bewegliche, durch Hängewerk verstärkte U-Eisengefluter (30 · 25 cm im Lichten) ab. Die Betonmischung in den Sohlengewölben, Säulen und Außenkästen der Filter ist: 1 Tl. Zement zu $5^1/_2$ Tln. Sand und Kies, in den Filterkästen, Bedienungsgang, Kanälen und Anschlüssen 1 : $4^1/_2$.

Zur Erhöhung der Wasserdichtigkeit wird im letzteren Falle jeder Tonne Zement noch etwa 10 kg gelöschter Kalk hinzugefügt. Die Mischung von 600 l dauert 1 Minute, die Entleerung in den Aufzug 25 Sekunden und das Durchfließen des Gefluters mit 2,44 m/Sek. Geschwindigkeit 20 bis 50 Sekunden. Im Mittel werden für eine Entfernung von 122 m $2^1/_2$ Minuten gebraucht, bis die Beschickung an Ort und Stelle ist.

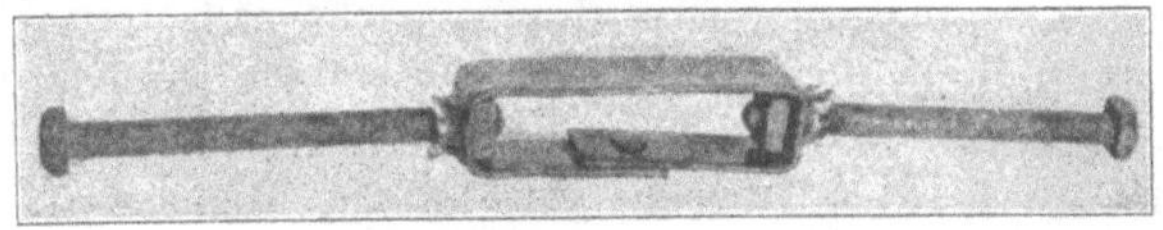

Fig. 144. St. Louis-Filter. Verspannungsanker für die Wandschalung. (E. N. 70/1330.)

Die Leeren bestehen aus Holz, mit Eisenblech beschlagen und mit Paraffin gestrichen.

Als Zugbänder werden flache geschlossene Bügel benutzt, welche die Muttern der beiderseits herausragenden Schraubbolzen an der Drehung verhindern. Letztere werden nach Erhärtung des Betons von außen an den festen Köpfen herausgedreht. Bügel und Muttern bleiben in mindestens 5 cm Abstand von Außenfläche Beton stecken.

Die Anschlüsse frischen Betons an alten werden durch Falze oder Wellblechsplinte gesichert, welche beiderseits 15 cm tief eingreifen.

Jeder innere Filterkasten, enthaltend 80 cbm Beton, wird in einem Stück innerhalb 5 bis 6 Stunden gegossen. Die Rohranschlußstücke werden vorher eingesetzt. Die Hängeeisen für die Rohre sind mit Spannschrauben versehen, um die Rohrleitungen in die richtige Höhenlage zu bringen.

Der Bau ist Mitte Juli 1913 begonnen und war am 1. Februar 1914 im Rohbau mit ∿12 000 cbm Beton nahezu fertig.

Die Gesamtkosten mit den notwendigen Änderungen der vorhandenen Anlagen betragen rund 5 Mill. Mk.

---

[1] Die abnehmende Höhe der Türme erweckt auf dem Lichtbild den irrtümlichen Eindruck, als ob das Gefluter beiderseits rechtwinklig vom Aufzugsturm abzweigte. Es liegt im Grundriß gleichlaufend der alten Beckenmauer.

## 5. Baltimore - Schnellfilter.
### (E. R. 69/521.  Fig. 145/146.)

Die Entnahme erfolgt aus der Talsperre im Loch Raven durch einen Felstunnel von 1,1148 qm Querschnitt.

Es waren Langsamfilter von 8,1 ha Fläche und 454 000 cbm/Tag[1] geplant.

Durch heftige kurze Güsse zeigte sich eine viel größere Trübung des Talsperrwassers als durch langanhaltende Regen, welch letztere diesem Entwurf zugrunde gelegt waren. Die Beseitigung der „Rotwasser''- (Eisenoxydhydrat-) Gefahr ist durch die Bindung der Kohlensäure mittels Kalk und Eisenvitriol in Cincinnati, New Orleans und Grand Rapids gelungen, wenn keine Pflanzenfärbung vorhanden, wie hier.

Das Einfrieren und Aufeisen von 8,1 ha Filterfläche und die Sandwäsche schien Schwierigkeiten zu bieten.

Der Kostenanschlag ergab 9 statt 6,4 Mill. Mk. für Schnellfilter und entschied zugunsten von 32 Schnellfiltern von je 131,4 qm Sandfläche und 16,91 · 9,75 m Außenmaß.

Die einzige Schwierigkeit des Bauplatzes bei Lake Montebello war die Beseitigung des Schlammes. Derselbe durfte nicht nach dem Hafen und nicht ungeklärt nach dem Herringbach geleitet werden, welcher den Landkreis Baltimore versorgt. Daher sind von dem Aushub des Filterbaues zwei kleinere Dämme in einer Schlucht geschüttet. Aus diesen Klär- und Schlammteichen fließt das Wasser in den Herring ein.

Der Reinwasserbehälter von 11 355 cbm unter den Filtern und einem besonderen überwölbten Becken von 56 778 cbm soll nur zum Stundenausgleich dienen.

Da eine Summe von 4 Mill. Mk. für Grunderwerb fehlte, um die Kronenhöhe der Loch Raven-Mauer statt auf + 58,52 auf + 72,23 zu bringen, mußte eine Pumpenanlage eingeschaltet werden. Von den Pumpen fließt das Wasser durch eine Leitung von 2,44 m Durchmesser und ein Venturimeter von 1,22 m Kehle in ein Beruhigungsbecken, wo ein konstanter Wasserspiegel durch Schwimmerdrosselung der Pumpen erhalten wird. (Fig. 145.)

Kalk wird beim Übertritt des Wassers aus diesem Becken in das Mischbecken zugesetzt und durch die lebhafte Bewegung daselbst mittels Holzeinsätzen schwebend erhalten. Er kommt aus Stahlbehältern durch Regler mittels Schwerkraft. Ebenso Eisenvitriol und Chlorkalk, welche aber in Betonbehältern gemischt und aufbewahrt und an beliebigem Punkte im Verhältnis der Rohwassermenge zugesetzt werden (Hauptventurimeter).

Aus dem Mischbecken gelangt das Wasser in das Mittelabteil eines Verteilungskanals für die Niederschlagsbecken (35,5 · 98,75 m) durch fünf Öffnungen (1,23 · 1,23 m) und entweder in das zweite Niederschlagsbecken (Hintereinanderschaltung) oder über ein Wehr nach dem Sammelkanal (oberes Abteil) nach den Filtern.

---

[1] Gegenwärtig (1914) 284 000 cbm/Tag.

Ruhezeit in einem Niederschlagsbecken 1½ Stunden. Das unterste Ab-teil nimmt das durch Transportwasser (30-cm-Rohwasserrohr) verstärkte

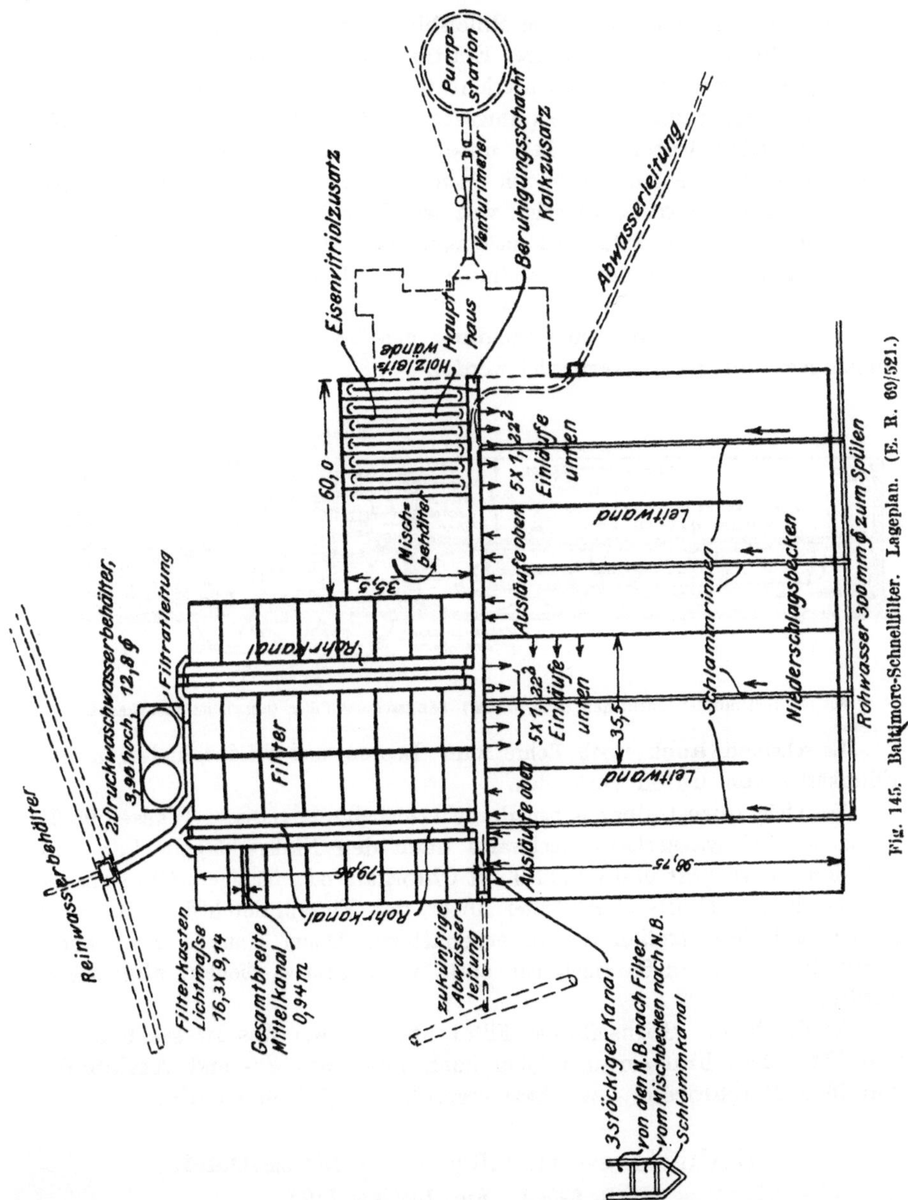


Fig. 145. Baltimore-Schnellfilter. Lageplan. (E. R. 60/521.)

Spülwasser aus zwei Spülrinnen (Gefälle 1,83 Proz.) für jedes Nieder-schlagsbecken auf, welches durch Druckstrahlen aus dem Leitungsnetz er-zeugt wird.

An der Stirnseite der beiden Niederschlagsbecken, getrennt durch den Verteilungskanal, liegen beiderseits zweier senkrecht von ihm abzweigenden Rohrkanäle je 8 Filter.

Das Filter scheint nach dem Rillenblocksystem mit einem Mittelkanal zur Unterstützung der Spültröge, Einführung des vorgeklärten und Abführung des Schmutzwassers eingerichtet, welch letzteres durch ein Rohr mit Schieberverschluß nach dem Abwasser geführt werden kann. (Fig. 146.)

Unter jeder Filterhälfte liegt unter dem Sammelkanal mit vier Anschlüssen durch die Filterdecke ein Sammelrohr. Die beiden Sammelrohre sind durch ein Querrohr vereinigt, von welchem ein Verbindungsrohr nach dem Reinwasserkanal führt und ein eingeschalteter Regler Gelegenheit zum Regulieren und Messen des Filterabflusses gibt. Der letztere kann gegen den Reinwasserabfluß abgesperrt und das Abflußrohr mit dem Druckwaschwasser, welches von oben kommt, in Verbindung gesetzt zum Zuführungsrohr desselben unter das Filter verwendet werden[1].

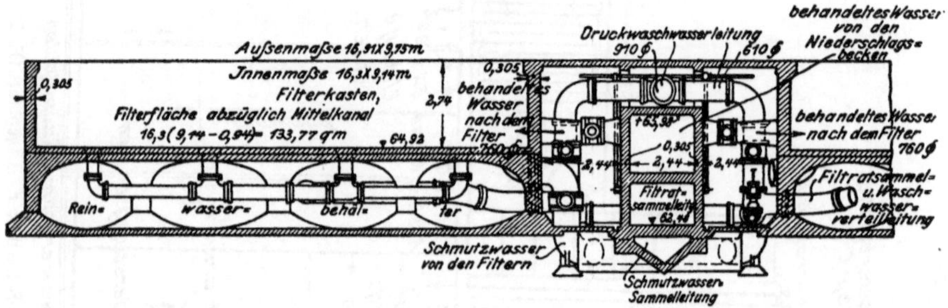


Fig. 146. Baltimore-Schnellfilter. (E. R. 69/522.) Längsschnitt Filter, Querschnitt Rohrkanal.

Es scheinen auch noch Rohre zum Leeren und Wiedereinstauen der Filterkästen von unten vorhanden.

Das nicht unmittelbar in den Reinwasserbehälter geleitete Wasser fließt durch den Reinwasserkanal rückwärts nach den Niederschlagsbecken und tritt dort erst vereint und eventuell mit Chlorkalk oder flüssigem Chlorzusatz versehen in den Reinwasserbehälter unter den Filtern, durchfließt ihn und gelangt nach den großen Reinwasserbehältern. Dahin kann es aber auch unmittelbar aus dem Sammelkanal, statt rückwärts zu fließen, abgelassen werden.

An der freien Stirnseite der Filter stehen zwei Waschwasserbehälter von 12,8 m Durchmesser und 4,0 m hoch mit einem Zu- und Abflußrohr von 76 cm Durchmesser. Waschwassergeschwindigkeit 61 cm/Min.

## 6. Enthärtungs- und Filteranlage für Cleveland.
### (E. R. 69/651. Fig. 147 bis 149.)

Für die Enthärtung und Aufbereitung des Eriewassers, welches durch Niederdruckpumpen, zwei Rohre und einen Betonkanal den an letzteren

---

[1] Wahrscheinlich ist die Einrichtung genau wie in St. Louis (E. R. 69/340).

anschließenden Mischbehältern zugedrückt wird, ist eine Anlage für 568 000 cbm/Tag im Bau. Sie soll später durch eine halb so große ergänzt werden.

Die erstere liegt gleichlaufend dem Seeufer am Steilhang eines alten Flußbettes, die 4 Mischbehälter (4·41,7·25,3 m) am höchsten und entferntesten, dann mit gemeinsamen Längswänden die 6 Niederschlagsbecken (6·43,6·69,18·5,18 m) und die 36 Filter (36·10,82·15,0 m). (Fig.147/148.)

Aus dem Betonrohwasserkanal, welcher sich längs der äußeren Abschlußlängswand der Mischbecken hinzieht, scheint das Wasser aus vier Schächten, welche, zu je zwei symmetrisch zu einem Trennungskanal eingeschlossen, vor je zwei der kurzen Wände der Becken liegen, in die erste Abteilung eines jeden Mischbeckens zu gelangen.

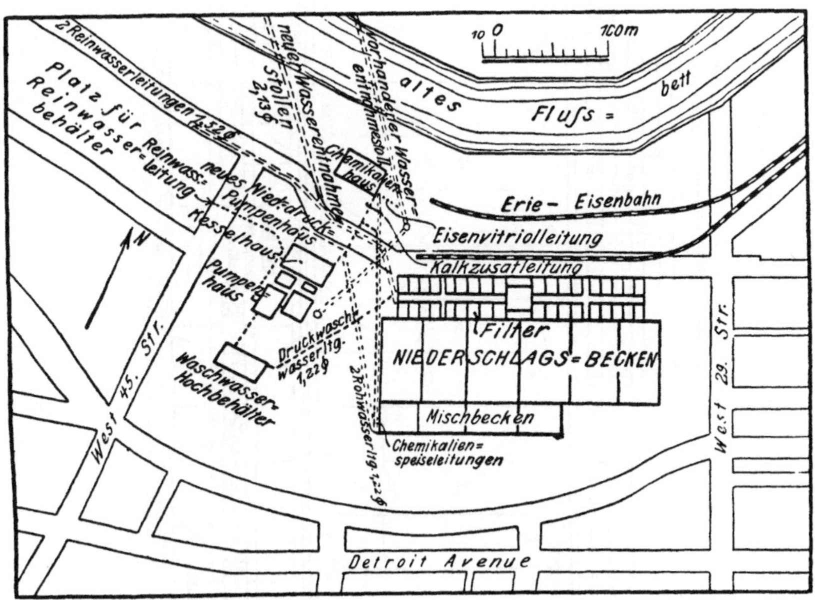


Fig. 147. Cleveland-Schnellfilteranlage. Lageplan. (E. R. 69/651.)

Fünf Kehrleitwände aus Eisenbeton bilden sechs Kanäle von 3,35 m Lichtweite mit hölzernen Auf- und Ableitwänden in 1,6 m Abstand. Die oberen und die unteren Schneiden dieser Einsatzbretter sind veränderlich. Durch verschiedene Kombinationen können acht verschiedene Geschwindigkeiten des Mischwassers erzielt werden. In Aussicht genommen ist 30 cm/Sek. Sohlenneigungen von 1 : 5 führen zu einer Sohlenentwässerung von 30 cm Durchmesser.

Das gemischte Wasser gelangt durch Schützöffnungen von 0,91·1,53 m in einen Verteilungskanal zwischen Misch- und Niederschlagsbecken von 2,44 m Breite. Aus diesem kann es in jedes der sechs Niederschlagsbecken übertreten und nach Umfließen zweier Kehrleitwände mit 3½ Stunden

„Ruhezeit" durch Rohröffnungen von 91 cm Durchmesser in einen zweiten parallelen Sammelkanal zwischen Niederschlagsbecken und Filtern gelangen.

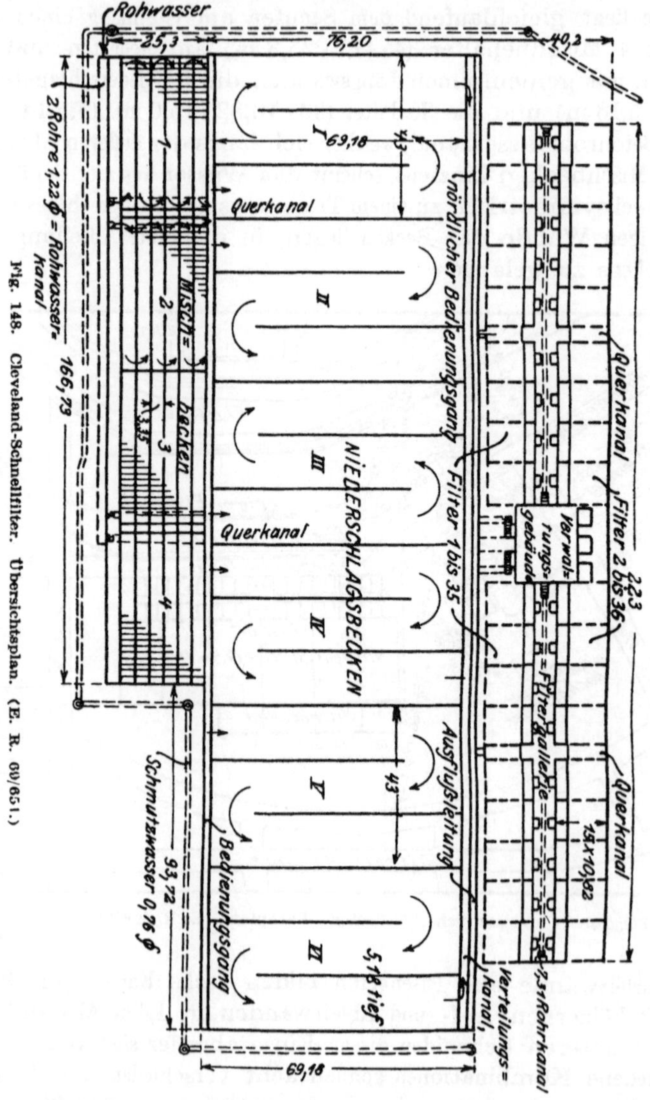


Fig. 148.  Cleveland-Schnellfilter.  Übersichtsplan.  (E. R. 09/651.)

Die Niederschlagsbecken sind auf bewehrten umgekehrten Kreuzgewölben gegründet. Eine Kreuzgewölbedecke wird durch Pfeiler von 4,7 m Achsabstand und 50 cm Querschnittsseite unterstützt.

Inmitten der Kehrleitwandabteilungen befindet sich je ein Kanal mit Schlammventilen, welche die Spülung während des Betriebes gestatten.

Der zweite Sammelkanal ist durch zwei senkrecht dazu gerichtete Querkanäle mit dem Rohrkanal des Filtersystems verbunden. Sie bilden mit ihm zwei Kreuze, in deren Winkeln je 4 bzw. 5 Filter liegen.

Der Rohrkanal liegt parallel den beiden Sammelkanälen und geht unter dem Verwaltungsgebäude hindurch, welches die beiden Kreuze trennt. Zu beiden Seiten des Hauptkanals liegen also je 18 Filter in zwei Gruppen, dem Haupthaus benachbart je vier, und zwei Endgruppen zu je fünf.

Die beiden Querkanäle und das Verwaltungsgebäude durchschneiden diese Gruppen und bieten wahrscheinlich Gelegenheit zu vier Rohrverbindungen von 1,22 m Durchmesser des zweiten Sammelkanals mit dem stählernen durchgehenden Filterspeiserohr des Rohrkanals.

Der letztere ist 7,32 m breit. Von der Filterspeiseleitung führen in Filtersohlenhöhe senkrecht abzweigende Stutzen in einen mittleren Speise-

und Schmutzwasserabführungskanal der Filter, welcher auf seinen Wänden die Tröge von 76 cm Breite in 2,2 m Abstand trägt.

Dieselben Stutzen führen nach Abschluß der Speiseleitung und Öffnung eines Abflußschiebers in der Schmutzwasserleitung das gebrauchte Spülwasser in einen Schlammkanal in der Mitte der Sohle Rohrkanal.

In ähnlicher Weise muß der Filterabfluß in einem Sammelrohr vereinigt in den Rohrkanal geführt und dort mit Regler und Ver-

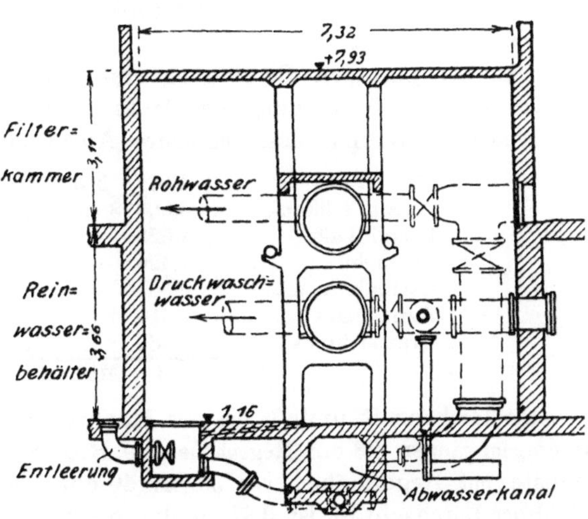


Fig. 149. Cleveland. Querschnitt des Rohrkanals. (E. R. 69/652.)

schlußvorrichtung sowie Anschluß an die Druckwasserleitung versehen werden, welche durch das Reinwassersammelsystem in umgekehrter Richtung ihren Spülstrom schickt.

Es geht nicht an, daß der Filterabfluß unmittelbar in das unter den Filtern befindliche Reinwasserbecken fällt[1].

Aus der Skizze ist ein Reinwasserkanal nicht zu ersehen. Das Filtersystem (wahrscheinlich Rillenblocksystem, wie Baltimore und St. Louis) ist noch nicht festgelegt. Die Waschwassergeschwindigkeit ist 81 cm/Min. In jede Filtermauer ist ein Strahlheber eingebaut, um beim Sandfüllen die Handarbeit zu sparen.

Für die Förderung von $\sim$ 14 000 cbm Beton der dünnen Decken, Pfeiler und Wände sind Schmalspuranschlußgleise an die Eriebahn, eine elektrisch betriebene Betonbereitungsanlage und zwei Paar auf Gleisen laufende Seil-

---

[1] Es scheinen auch Entleerungs- und Filtereinstau-(Waschwasser-)Vorrichtungen von (unten) für die beiden Filterhälften vorhanden.

bahntürme, 23 bzw. 27,5 m hcch, mit zwischengespannten Röblingkabeln von 57 mm Durchmesser ausgeführt. Bis Anfang 1915 sollte die Filteranlage vollendet sein.

## 7. Die Wasserversorgung des Panamagebietes.
(E. N. 70/650, 832, 1010; E. R. 66/402, 715; 67/451; 68/192, 410.
Fig. 150 u. 151.)

Der Ersatz der Zisternen und Vorratsbehälter durch eine Talsperren-wasserversorgung wurde am 4. Juli 1905 in der Kathedrale von Panama durch einen Dankgottesdienst gefeiert. Die Zahl der Erkrankungen an gelbem Fieber, Dysenterie und Typhus ist dann später, außer durch die Moskitoausrottung, durch Schnellfilteranlagen um einen hohen Prozentsatz weiterhin vermindert.

Trotz der geringen Bevölkerungszahl von $\sim$ 130 000 auf dem Kanal-streifen von nur 80 km Länge und 16 km Breite machten die klimatischen und Untergrundsverhältnisse ungeheure Ausgleichbeckenräume erforderlich:

|                    |         |              |            |
|--------------------|---------|--------------|------------|
| Rio Grande         | 1,877   | Mill. cbm,   | für Panama |
| Ancon Hilltank     | 0,00378 | „            | „          |
| Cocoli Lake        | 1,623   | „            | „          |
| Camacho            | 1,426   | „            | „          |
| Caribali           | 0,605   | „            | „          |
| Agua clara         | 2,310   | „            | „      Gatun |
| Brazos brook       | 2,460   | „            | „      Colon |
|                    | $\sim$ 10,3 | Mill. cbm |            |

Die Trockenzeit umfaßt die vier Monate Januar bis April mit je 4 bis 10 cm, im ganzen 28 cm Regenhöhe, die Regenzeit nimmt die übrigen acht Monate, mit Regenhöhen von 30 bis 40 cm (Dezember 56 cm), ein. Der 41 jährige Durchschnitt ist 3,875 m, die größte Stundenmenge 13 cm Regen-höhe. (Fig. 150.)

Die Wasserklemme verschiebt sich gegen die Trockenzeit um etwa einen Monat, weil der Abfluß der Regenzeit so lange vorhält, andererseits die ersten großen Niederschläge von dem verdorrten Pflanzenwuchs und Boden voll-ständig aufgesogen werden.

In dieser Zeit findet auch die große Verdunstung, beinahe die Hälfte der Gesamtjahresverdunstung von 130 cm Höhe, statt.

Die Absicht, die Beckenvorräte durch Erhöhung der Dämme zu ver-mehren, scheiterte daran, daß mit der Wasserdruckhöhe die Sickerverluste weniger durch die Abschlußwerke als wahrscheinlich in den Untergrund an verletzten Stellen der Humusschicht außerordentlich wachsen.

Dagegen wird der Brazossee aus dem Gatunsee durch einen Stollen von $\sim$ 200 m Länge 1,22 m unter des letzteren Niedrigwasserspiegel gefüllt er-halten[1].

---

[1] Warum das Trinkwasser nicht unmittelbar aus dem Gatunsee entnommen wird, ist nicht angegeben.

Die Tagestemperaturen schwanken in der Kanalzone nur zwischen 27 und 36° C.

Die mit dem Wechsel der Jahreszeiten im gemäßigten Klima erfolgenden Umlagerungen der Beckenwasserschichten treten daher nicht ein. Nur eine Oberflächenschicht von 2 bis 5 m Tiefe verhindert durch ihren Sauerstoffgehalt die in größeren Tiefen sich vollziehende Verwesung. Dieser bietet die überstaute üppige Vegetation der seichten Becken reichliche Nahrung.

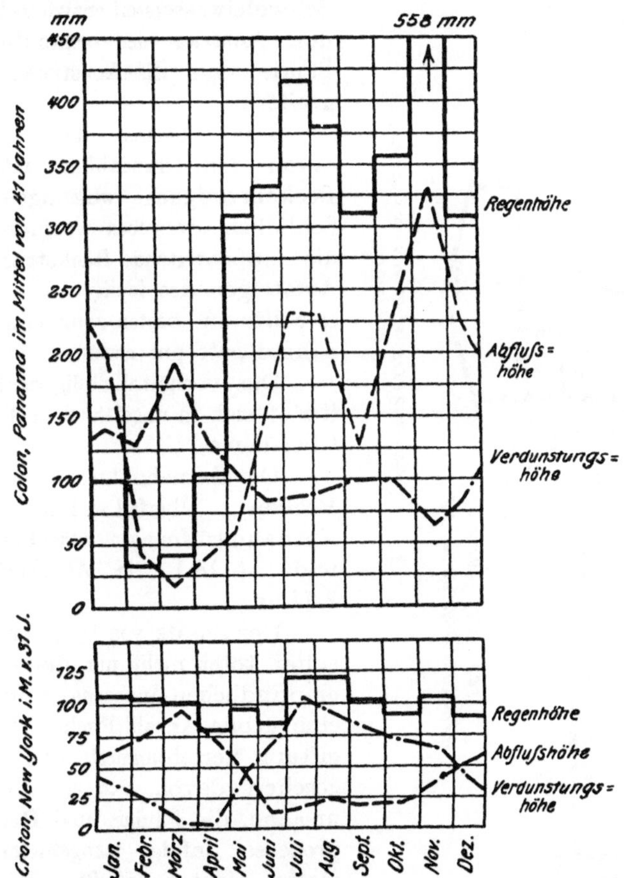


Fig. 150. Vergleichende Darstellung der Abflußverhältnisse in Colon, Panama und Croton, New York. (E. N. 70/1010.)

Die Alkalinität, der Chlorgehalt, der Trockenrückstand weisen in der trockenen Zeit der mangelnden Zuflüsse und großen Verdunstung (20 cm im Monat) die höchsten Zahlen auf. Die Färbung, abhängig vom Eisengehalt (0,1 bis 2 g/cbm Crenothrix), nimmt zu.

Die Sturzregen der Regenzeit verdünnen zwar den Gehalt. Sie bringen aber Abbruchsmassen, Nitrate und vor allem einen großen Bakteriengehalt in die Becken, wirbeln deren faulige Ablagerungen von Grund aus auf, und

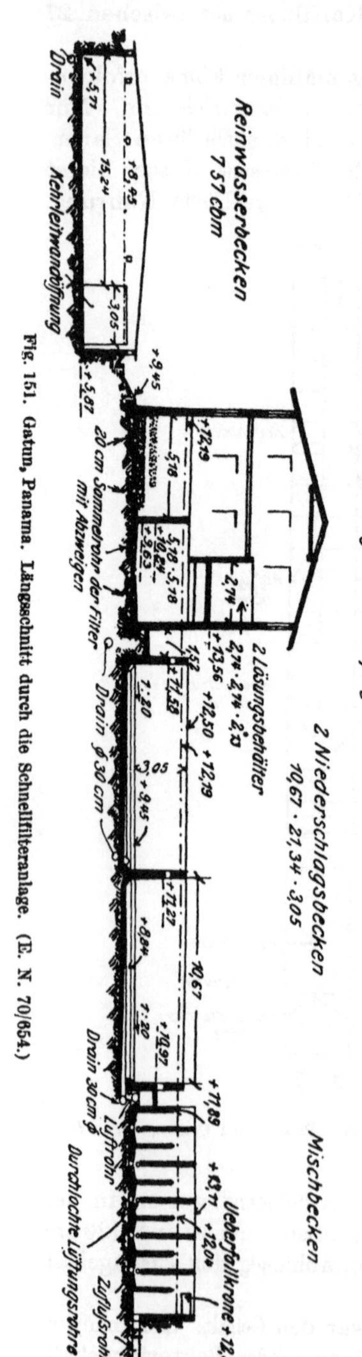



Fig. 151. Gatun, Panama. Längsschnitt durch die Schnellfilteranlage. (E. N. 70/654.)

die Algen (Diatomeen), welche sich hauptsächlich an der Sohle bilden, durchdringen nunmehr den ganzen Beckeninhalt.

Das Wasser ist derartig mit unoxydierten organischen Substanzen gesättigt, daß sich am Gatunüberfall ein Schwefelwasserstoff entwickelt, welcher den Anstrich der benachbarten Gebäude und Eisenkonstruktionen angreift.

Das Ablassen des Hochwassers durch den Grundabfluß ist für die Beckenreinigung wirkungslos. Das Schließen desselben vermehrt durch die unbedeutende Rückströmung das Aufsteigen des fauligen Wassers, und er sollte am besten ganz von der Entnahme getrennt liegen.

Das verhältnismäßig beste Wasser findet sich in ungefähr 3 m Tiefe unter Oberfläche.

Der Entnahmeturm im Agua-clara-Becken — Überfall + 18,3 — hat fünf Entnahmeöffnungen zwischen + 7,16 und + 18,15 in Abständen von 2,74 m.

Der Zusatz von $1/_6$ g/cbm Kupfersulfat tötet nicht nur die Algen (die empfindlichen Anaboena), sondern auch eine große Anzahl Fische. Diese Vergiftung verschlimmerte das Übel, abgesehen davon, daß sie die Hauptursache, die Fäulnis- und Reduktionsprozesse, infolge mangelnden Sauerstoffes nicht beeinflußte.

Das Einpressen von Luft mittels Dampfpumpen hat den Geruch und Geschmack des Wassers verbessert, wie ich vermute durch Entgasung infolge des Aufrührens und Enteisenung.

Eng. News 70/53 nehmen jedoch an, daß diese mechanische heftige Bewegung des Wassers auch das Wachstum der Mikroorganismen stört, trotzdem dieselben den Sauerstoff zu ihrem Gedeihen brauchen.

Für eine durchgreifende Verbesserung des Wassers wurde jedenfalls Lüftung und Filterung als das Richtige erkannt.

Nachdem der Versuch, das Wasser in Cocoli durch eine doppeltwirkende Pumpe von 5 Atm mit 0,56 bis 0,7 Atm Druckhöhenverlust durch eine Filterschicht zu pressen, an der sehr baldigen Verstopfung derselben gescheitert war, ging man zu Alaunzusatz und Misch- und Niederschlagsbecken als Vorklärung und zu Schwerkraft-Schnellfiltern in Gatun über. (Fig. 151.)

Das Wasser tritt am Fuße eines Mischbehälters in dessen erste Abteilung ein, die mit Rosten für Alaunzusatz und einem Notüberlauf versehen ist. Sodann gelangt es durch sechs Auf- und fünf Ableitwände in einen Verteilungskanal vor dem Niederschlagsbecken.

An den Schneiden der Abwärtsleitwände über der Sohle des Mischbeckens sind perforierte Druckluftleitungen angebracht, so daß beim Umfließen der Schneiden das mit Alaun versetzte Wasser auch noch durch die aufsteigenden Luftblasen durcheinandergewirbelt und gemischt wird. Es scheint, als ob unter diesem Druckluftsystem parallel zu demselben in der Betonsohle ein Drainagenetz aus ebenfalls perforierten Rohren verlegt sei, durch welche eine Entschlammung unter Mithilfe von Druckluft während des Betriebes stattfinden kann. Die Überfallschneiden der Aufwärtsleitwände nehmen in ihrer Höhenlage entsprechend dem Gefälle allmählich um etwa 30 cm ab.

Umgekehrt nimmt die Höhenlage der Sohle einer Verbindungsöffnung in einer mittleren Trennungswand des Niederschlagsbeckens und der Austrittsöffnung in den Filterspeisekanal von 1,53 m Breite um 30 bzw. 61 cm gegenüber derjenigen des Verteilungskanals in der Fließrichtung zu. Das Sohlengefälle 1 : 20 der beiden Beckenhälften von 10,67 · 21,34 m Grundfläche und 3,05 m Gesamttiefe ist je entgegengesetzt gerichtet.

Der Schlamm wird alle 7 Tage durch Druckstrahl in diese tiefsten Punkte der Becken gefegt und fließt dort durch 30-cm-Drainrohre ab.

Die vier Filterbehälter von je 5,18 · 5,18 m Grundfläche sind überbaut. In die obere Decke sind zwei Lösungsbehälter, 2,74 · 2,74[1] · 2,13 cm, eingelassen.

Das Entwässerungssystem besteht für jedes Filter aus je zwei Sammelrohren von 20 cm Durchmesser mit perforierten Abzweigen senkrecht zu diesen.

Darüber ruht eine Sandsteinbrockenschicht von 30 cm Höhe als Tragschicht und eine Filterschicht von 76 cm Höhe.

Die Leistungsfähigkeit jedes Filters beträgt 3123 cbm/Tag. Mithin die Filtergeschwindigkeit:

$$\frac{3123}{5,18 \cdot 5,18} \cong 117 \text{ m/Tag.}$$

---

[1] In der Zeichnung E. N. 70/654 steht nicht 9′, sondern 10′, nicht 2,74 m, sondern 3,05 m. Wahrscheinlich sind die kleineren Behälter als Lösungsbehälter auf dem Flur aufgestellt und die gezeichneten tiefer liegenden die Vorratsbehälter, aus denen die Lösung durch Schwerkraft nach dem Mischbecken fließt.

Der Alaunzusatz beträgt 26 g/cbm und die „Ruhezeit" im Niederschlagsbecken 3 Stunden.

Bei einer Neuanlage in Mt. Hope soll dieselbe auf 8 Stunden erhöht
und außer der Lüftung in der Mischkammer noch eine besondere Lüftungs-
kammer vorgesehen werden.

Während man sonst für 2 g Alaunzusatz 1 g Alkalinität rechnet, genügte hier, vielleicht infolge des warmen Wassers, für 26 g/cbm Alaun ein
natürlicher Alkaligehalt von 5 g/cbm[1].

Man machte auch hier die Erfahrung, daß ein geringer Überschuß
(1,7 g/cbm) über eine Zusatzmenge, die überhaupt wirkungslos war, die voll-
ständige Ausfällung hervorbrachte.

Langsamfilteranlagen waren für Panama wegen der Kosten geeigneten
Sandes[2] vollständig ausgeschlossen, wenn auch die Kosten der Chemikalien
hoch und die Qualität des „behandelten" Wassers die Langsamfilterung nicht
gehindert hätte.

---

[1] Vgl. S. 22 bis 23 Anm. 1 u. 2, ferner S. 164.
[2] 117 Mk./cbm im Filter verbaut.